新农村规划与建设丛书

村 镇 规 划

丛书主编　张国兴

本书主编　崔英伟

中国建材工业出版社

图书在版编目(CIP)数据

村镇规划/崔英伟主编. —北京:中国建材工业出版社.
2008.2(2013.8 重印)

(新农村规划与建设丛书/张国兴主编)

ISBN 978-7-80227-329-0

Ⅰ. 村⋯　Ⅱ. 崔⋯　Ⅲ.①乡村规划—中国②城镇—
城乡规划—中国　Ⅳ. TU982.29

中国版本图书馆 CIP 数据核字(2008)第 016211 号

内 容 简 介

本书针对当前我国村镇规划建设的实际,系统地阐述了村镇规划的基本概念、规划设计的基本理论和方法、村镇规划的实施与管理,古镇、古村落的保护与开发,节能省地,环境保护,技术经济等问题。具体内容包括村镇与村镇规划的基本概念,村镇规划的指导思想和编制原则,村镇规划与新农村建设,村镇规划的准备工作,村镇总体规划,镇区建设规划,村庄建设规划,旧村镇改造与更新以及古镇、古村落的保护与开发,村镇规划建设中的节能省地及环境保护,村镇规划中的技术经济工作,村镇规划实例介绍和村镇规划的实施、管理等。

本书针对的读者对象主要是从事村镇规划与建设的专业技术人员和各级村镇规划建设的管理人员。本书可作为相关技术人员的培训教材,也可供高等院校相关专业师生参考。

村镇规划

主编　崔英伟

出版发行:中国建材工业出版社

地　　址:北京市西城区车公庄大街 6 号

邮　　编:100044

经　　销:全国各地新华书店

印　　刷:北京雁林吉兆印刷有限公司

开　　本:787mm×1092mm　1/16

印　　张:17

字　　数:424 千字

版　　次:2008 年 2 月第 1 版

印　　次:2013 年 8 月第 5 次

书　　号:ISBN 978-7-80227-329-0

定　　价:46.00 元

本社网址:www. jccbs. com. cn

本书如出现印装质量问题,由我社发行部负责调换。联系电话:(010)88386906

出 版 前 言

　　整治落后的村容村貌,为农民提供良好的人居环境,是社会主义新农村建设的一个重要方面。我国幅员辽阔,东西南北地域差异明显,各地风俗、气候、环境,以及经济发展条件与现状各不相同,因此,必须因地制宜、突出特色地进行村镇的规划与建设。长期以来,由于我国城乡建设与发展的“二元化”,农村建设远远滞后于社会发展;而某些快速发展起来的村镇则由于缺乏科学、合理、有效的规划指导与建设管理,出现了千篇一律、了无特色,建设高标准,盲目求新、求大,不注重对历史及人文遗迹的保护,环境污染等一系列问题。所以,新农村的规划和建设,问题多,难度大,需要科学的方法进行指导,有效的制度予以保障。

　　国家“十一五”规划提出建设社会主义新农村的重大历史任务之后,党和政府相继出台了一系列相关政策,强调“加强对农村建设工作的指导”,并要求发展资源型、生态型、城镇型新农村,这为我国农村建设的发展指明了方向。同时,这也对进行村镇建设的规划、设计、施工、管理等工作的村镇建设与管理工作者提出了更高的要求。为了推进社会主义新农村建设,提高村镇建设的质量和效益,我们组织人员编写了《新农村规划与建设丛书》。

　　这套丛书包括《村镇规划》《村镇建筑设计》《村镇建设管理》和《建筑材料与施工》,主要针对村镇建设的规划、设计、施工与监督管理环节,系统地介绍和讲解了相关理论知识、科学方法及实践,尤其注重基础设施建设与安全防灾,新能源、新材料、新技术的推广与使用,生态环境的保护,历史文化资源的利用与开发,村庄改造与规划建设的管理。

　　这套丛书依据国家“十一五”规划和《国务院关于推进社会主义新农村建设的若干意见》等有关社会主义新农村建设的政策、法规对新农村建设的部署与具体要求,并结合我国村镇建设的现状而编写,在内容方面,突出时代性、应用性,力求浅显易懂,简洁而全面,既将“新农村建设”“科学发展观”“五个统筹”“节能省地”“生态环保”“乡土文化保护”等思想、原则贯彻到书中,又注重实践应用,多以实例说明,力求最大限度地贴近村镇建设与管理工作的实际。

解决"三农"问题,改变农村的落后面貌,建立健康、安全、舒适、节约、环保、特色鲜明的和谐型新农村,不可能一蹴而就,既需要各级政府有关部门、规划界、建筑界等多方的长期关注与努力,也需要广大村民的理解、支持和参与。而直接负责和参与村镇规划、设计、施工、管理的广大村镇建设与管理工作者,尤其需要掌握科学的方法、先进的技术,才能更好地为农村的整治与建设服务。为广大村镇建设与管理工作者提供科学、系统的技术方法及实践参考,使广大村民了解相关政策及知识,以使农村人居环境建设做得更好,令村民更满意,就是我们出版本套丛书的目的。

《新农村规划与建设丛书》编辑部

2008 年 2 月

前　言

由于我国长期存在的城乡"二元化"体制,使得农村建设长期滞后于社会发展。目前,国家"十一五"规划提出了"建设社会主义新农村"的重要决策,广大农村迎来了一个伟大的建设与发展的历史机遇。"新农村建设,规划要先行",这是新农村建设重要的指导方针之一,但就目前广大乡村规划现状而言,却很不理想,规划专业技术人才异常缺乏。为了配合社会主义新农村建设,更多、更好地培养村镇规划方面的专业技术人才,为广大村镇规划工作者提供技术帮助,特编写此书。

在本书的编写过程中,我们进行了大量的调研工作,根据近年来我国村镇发展的有关政策,认真研究分析了村镇建设的特点、发展规律以及村镇建设的新动向、新问题。本书从村镇规划与建设的工作实际出发,在内容上力求做到系统性、理论性与实用性的统一,并强调理论与实践相结合;通过列举实例,并配以相关介绍,让读者充分理解有关政策和技术内容,掌握村镇规划的有关知识,并利用其指导实践。

此前,有关村镇规划的书籍已有多种,本书的编写主要突出以下几方面的特点:

(1)时代性。将"新农村建设""科学发展观""五个统筹""节能省地""生态环保""乡土文化保护"等思想、原则贯彻到村镇规划理论中去,把广大乡村的人居环境建设作为规划追求的目标,强调规划建设的综合性和可持续发展的要求。与以往相比,更加重视规划的综合效应,特别注重生态建设、基础设施规划、防灾规划以及古民宅、古村落、乡土文化的保护等。此外,还注意国家有关法规、规范、标准等的及时更新,以现行规范、标准为依据。

(2)应用性。对规划理论不作太深入的探讨,更加注重基础性、实用性理论的讲解和实践应用。辅以实例,在对村镇规划运作体系、规划编制体系重点介绍的同时,新增加规划实例介绍和村镇规划实施管理的内容,力求最大限度地贴近村镇规划工作实际。

(3)通俗易懂,简洁而全面。针对读者对象专业基础不强、学习时间有限的特点,尽量使本书的内容做到通俗易懂;在保证对村镇规划原理全面介绍的同时,力求简明扼要。

本书编写的主要依据是我国现行的有关政策、法律法规和标准规范,主要包括:《中华人民共和国城乡规划法》《城市规划编制办法》《村镇规划编制办法》《村镇规划标准》(GB 50188—93)《建制镇规划建设管理办法》《村庄和集镇规划建设管理条例》等。本书在编写过程中还大量参阅了有关书籍和文章(正文中作了相关注解),在此,对相关作者表示衷心的感谢。

参照相关法规、规范,并依据规划建设的内容和工作程序,本书的编写顺序是:第一章村镇与村镇规划,首先介绍村镇以及村镇规划的基本概念、发展历史和现状,以及当前我国村镇规划的编制体系;第二章村镇规划编制的准备工作,介绍规划资料的收集和整理;进而依次是第三章:村镇总体规划;第四章:镇区建设规划(建制镇及一般集镇);第五章:村庄建设规划;第六章:旧村镇改造更新与古镇、古村落的保护与开发;第七章:村镇规划中的节能省地与环境保护;第八章:村镇规划中的技术经济工作;第九章:村镇规划的实施与管理。具体章节内容编排参见目录部分。

本书的主编为崔英伟,具体章节的编著者为:第一章、第六章为崔英伟;第二章为李孟波;第三章为牛焕强;第四章为王力忠、田秋月;第五章为李春聚;第七章为孙晓璐;第八章、第九章及附录一为姜乖妮。董仕君教授主审本书。

由于编者水平有限,书中错误或不妥之处,恳请广大读者朋友和同行、专家批评指正。

崔英伟

2007 年 11 月

目　　录

第一章 村镇与村镇规划

第一节 村镇的形成、特点及发展概况[❶]

一、村镇的基本概念

村镇是乡村居民点的总称,包括村庄、集镇和县城以外的建制镇,它和城市共同组成完整的城乡居民点体系。

(一)村镇的形成

1. 居民点

居民点是由居住、生产、生活、交通运输、公用设施和园林绿化等多种体系构成的一个复杂的有机综合体,是人们按照生活和生产的需要而形成的聚集定居的场所。一般说来,居民点是由建筑群(包括住宅建筑、公共建筑与生产建筑等)、道路网、绿地网及其他公用设施所组成。这些组成部分通常被称之为居民点的物质要素。

2. 村镇的形成

在人类社会发展历史上,并非一开始就有居民点,居民点的形成与发展是社会生产力发展到一定阶段的产物。在原始社会初期,人类并没有固定的栖息之地,也没有形成稳定的居民点,人类常常用自然洞穴藏身,过着完全依赖于自然、采集渔猎的经济生活。随着生产力的进一步发展,人类在新石器时代有了从事农业生产的能力,使人类有了定居的可能性,出现了最早的村落形式。人类在长期与自然斗争的过程中发现并发展了种植业,于是人类社会出现农业与畜牧业分离的第一次社会大分工,从而出现了以原始农业为主的固定居民点——原始村落,如西安半坡村等。由于生产工具的不断改进,生产力不断发展,在2000多年前的奴隶社会初期,随着私有制的产生与发展,出现了手工业、商业与农业、牧业分离的第二次社会大分工,并带来了居民点的分化,形成了以农业为主的乡村和以商业、手工业为主的城市。在18世纪中叶,工业革命导致了以商业、手工业为主的村镇逐渐发展为或以工业、或以金融经济、或以文化教育为主的城镇。

(二)村镇的概念、范畴

我国的居民点依据它的政治、经济地位,人口规模及其特征,可以分为城镇型居民点和乡村型居民点两大类型。

城镇型居民点分为城市(特大城市、大城市、中等城市、小城市)和城镇(县城镇、建制镇)。

乡村型居民点分为乡村集镇(中心集镇、一般集镇)和村(中心村、自然村)。

❶ 本节主要参考文献:金兆森,张晖. 村镇规划. 第2版。

由于县城镇已具有小城市的大多数基本特征,所以本书所阐述的村镇是指村庄、集镇以及县城以外的建制镇。截至 2002 年年底,我国共有乡镇 39054 个,其中建制镇 19811 个;共有村庄 694515 个(不包括台湾地区,以下同)。

1. 建制镇

是农村一定区域内政治、经济、文化和生活服务的中心。1984 年国务院批准的民政部门关于调整建镇标准的有关报告中,关于设镇的规定调整为:

(1)凡县级地方国家机关所在地,均应设置镇的建制。

(2)总人口在 2 万以下的乡,乡政府驻地,非农业人口超过 2000 的,可以建镇;总人口在 2 万以上的乡,乡政驻地,非农业人口占全乡人口 10% 以上也可建镇。

(3)少数民族地区、人口稀少的边远地区、山区和小型工矿区、小港口、风景旅游区、边境口岸等地,非农业人口虽不足 2000,如确有必要,也可设置镇的建制。

2. 集镇

大多数是在集市的基础上发展起来的。"集"的发展带动了镇的发展,在位置适中、交通方便、规模较大的集市上,有人为交易者食宿方便,开设了酒店、饭馆、客栈等饮食服务业。随后又有工业、商业者前来定居、经营,集市逐渐成为具有一定人口规模和多种经济活动内容的聚落居民点——集镇。它是商品经济发展到一定程度的产物,是指乡人民政府所在地和经县级人民政府确认,由集市发展而成的作为农村一定区域经济、文化和生活服务中心的非建制镇。因此,集镇大多数是乡政府所在地,或居于若干中心村的中心。集镇也是农村中工农结合、城乡结合、有利生产、方便生活的社会和生产活动中心,集镇是今后我国农村城市化的重点。

3. 中心村

一般是村民委员会的所在地,是农村中从事农业、家庭副业和工业生产活动的较大居民点,其中有为本村和附近基层村服务的一些生活福利设施,如商店、医疗站、小学等。人口规模一般在 1000～2000 人。

4. 基层村

也就是自然村,是农村中从事农业和家庭副业生产活动的最基本的居民点,一般只有简单的生活福利设施,甚至没有。

二、村镇的基本特点

居民点是社会生产力发展到一定历史阶段的产物,作为城市居民点中规模较小的建制镇和乡村居民点的集镇、中心村也不例外,它们与城市相比,有以下基本特点。

(一)区域的特点

在我国辽阔的土地上,村镇星罗棋布地分布在所有的地区,但由于各地区社会生产力的发展水平不同,即区域经济的发展水平不同,村镇分布呈明显的区域差异,经济相对发达地区的村镇的平均规模与分布密度一般要高于经济欠发达地区。

另外,由于地理的差异,如土地(包括土壤、地形等)、气候等自然因素存在明显的地区差异,决定了村镇在规模分布,平面布局以及建筑的形式、构造等方面有各自的特点。比如在平原与山区、在南方与北方,村镇表现出风格迥异的区域特点。

1. 村庄的特点

村庄是农村人口从事生产和生活居住的场所,它是在血缘关系和地缘关系相结合的基础

上形成的,以农业经济为基础的相对稳定的一种居民点形式。它的形成与发展同农业生产紧密联系在一起。因此,它具有以下特点:

(1)点多面广,结构比较松散

居民点受地域条件的各种影响,农村地广人稀,居住分散,村庄分布极不均匀,表现为点多面广、结构比较松散。

(2)职能单一,自给自足性强

村庄是农民生活和生产的场所。由于其规模一般都偏小,人口集约化程度较低,与外界交通不便,交往不多,各方面表现为一定的封闭性特征,而且经济活动内容简单。因此,村庄在一定地域空间范围内所担负的职能比较单一,自给自足性较强。

(3)人口密度低,且相对稳定

村庄的分布和人口密度受耕作面积及耕作半径的影响。从有利生产、方便生活的条件出发,要求人口不宜过分集中。另外,居民点的规模还受到生产力水平低、机械化程度不高的制约。因此,在当前一定的生产条件下,居民点的规模一般偏小,人口密度较低。从村庄的形成与发展历史来看,村庄人口的增长仅仅局限于自然增长的变化,迁村并点现象很少出现,人口的空间转移极其缓慢并相对稳定。

(4)依托土地现有资源,家庭血缘关系浓厚

土地是农业中不可替代的主要劳动对象和劳动生产资料,是农业人口赖以生存的主要物质条件。土地资源是否丰富,将直接影响到村庄的分布形态、发展速度、经济水平和建设标准。

家庭是村庄组成的基本单元,也是村庄经济活动的组织单位。十一届三中全会以后,广大农村进行经济体制改革,普遍实行家庭联产承包责任制,家庭在组织生产、方便生活、文化娱乐等方面所发挥的作用越来越重要。相应地,历史沿袭下来的家族观念在村庄中仍受重视,家庭血缘关系浓厚。

以上所述四个特点,是从农村现状分析总结出来的,对指导村庄规划和村庄建设有着重大指导意义。

2. 集镇的特点

集镇是介于村庄和城市之间的居民点。其人口结构、经济结构、空间结构等具有亦城亦村、城乡结合、工农结合的特征。

集镇的分布和发展是与一定地区的经济发展水平、社会、历史、自然条件密切相关的。纵观我国农村集镇的现状分布与发展,它一般具有以下几个特点:

(1)历史悠久,交通便利

随着社会生产力的发展和商品交换的出现,在某些交通比较便利的地带出现了集市,这种间歇性的集市,逐步发展形成集镇。目前,我国的大多数集镇都是按其原有区域经济的特点、自然条件、交通条件,或是其他历史原因而形成的,并沿袭至今。大部分集镇都具备一定的交通条件,使村镇各级居民点之间联系方便,有利生产和生活。

(2)集镇是一定区域范围内的政治、经济、文化和生活服务的中心

我国大多数集镇为乡行政机构驻地,或乡村企业的基地及城乡物资交流的集散点。大多数集镇已成为当地政治、经济、文化和生活服务的中心。

(3)星罗棋布,服务农村

不论是新老集镇,还是山区平原集镇,它们的分布和经济联系半径,一般都在 5～10km 之间。它们的服务对象,除本集镇居民外,还包含了周围的农村居民点。

（4）吸引农业剩余劳动力，节制人口盲目外流

党的十一届三中全会以后，农村经济体制的重大变革推动了农村经济的迅速发展，使得农村经济结构、产业结构、人口空间结构发生变化。农村出现越来越多的剩余劳动力，这些剩余劳动力中的一部分涌向城市。加强集镇建设，大力兴办乡镇企业，是吸引农业剩余劳动力、控制人口盲目流入城市的重要措施之一。集镇是今后村镇规划的重点。

（二）经济特点

村镇与城市相比，农业经济所占的比重大，村镇必须充分适应组织与发展农、牧、副、渔业生产的要求。农业生产的整个生产过程，目前主要是在村镇外围土地上进行的，这充分说明村镇与其外围的土地之间的关系十分密切。村镇建设用地与农业用地相互穿插，这是由村镇经济的特点所决定的。

（三）基础设施的特点

从目前的情况看，我国村镇规模较小，布局分散，又普遍存在着基础设施的不足。虽然近几年来，经济的发展使得一些村镇的面貌发生了根本性的变化，但相对于大多数村镇来说，还普遍存在着道路系统分工不明确、给排水设施不齐备、公共设施标准较低等一系列问题。据1996年国家体改委小城镇课题组对我国18个省市随机抽取的1035个建制镇（包括县城镇）的调查表明：非县城镇生活供水自来水普及率为63%；生活燃气普及率47%；道路铺装率70%；电话总装机平均为3084部；垃圾处理率43%；废水处理率26%。因此，从总体上来看，我国村镇的基础设施发展较为滞后。

三、村镇的发展概况及规律

1. 农村城镇化是现代化的重要标志

农村城镇化是人类社会发展的必然趋势，是农业社会向工业社会逐步转化的基本途径，也是衡量一个国家或地区经济发展和社会进步的重要标志。而农村现代化最重要的标志是使农村城镇化。在我国积极推进村镇建设尤其是小城镇建设，能加快农业和农村现代化的步伐，能加快农村城镇化、城乡一体化的进程。所谓城乡一体化是以功能与文化的中心城市为依托，在其周围形成不同层次、不同规模的城乡（镇）村等居民点，各自就地在居住、生活、设施、环境、管理等方面实现现代化。城市之间，城市与乡（镇）、村之间以及乡（镇）与乡（镇）、村与村之间，均由各种不同容量的现代化交通设施和方便、快捷的现代化通讯设施联结在一起，形成一个网络形式的城乡一体化的复杂社会系统，即自然—空间—人类系统，融城乡于自然、社会之中，使村镇能够在具备上述交通及通讯现代化的前提下，充分享受到城市现代文明（包括文化、教育、卫生、信息、科技服务等各方面）。因此，农村城镇化是城乡一体化的必由之路，也是现代化的重要标志。

2. 大力发展村镇是我国现代化建设的重大战略目标

解放后，我国的城市建设取得了巨大的成就，改善和发展了一大批原有城市；改建和发展了一大批新兴的工矿城镇；大量的县城得到了一定程度上的改造和发展。很明显地，这批城镇的发展，适应并且推动着我国社会主义社会和经济向前发展。

党的十一届三中全会以后，由于党在农村的各项政策方针得以落实，农村经济迅猛发展，广大农民收入普遍增加，生活水平大幅度提高，不仅要求改善自身生活条件、兴建各类生产性

建筑,而且要求增加和改善生活服务、文化教育等各类设施。仅住房一项,1978～1981年四年中,全国兴建的农村住宅约15亿 m²。

近年来,随着城市建设的迅猛发展和城镇居民生活水平不断提高,"三农"问题突显,已经成为制约我国经济和社会发展以及实现全面建设小康社会目标的"瓶颈"。针对这种形势,国家适时地将各方面的工作重心向农村转移。党的十六届五中全会通过的《中共中央关于制定国民经济和社会发展第十一个五年规划的建议》,明确提出了建设社会主义新农村的重大历史任务,为做好当前和今后一个时期的"三农"工作指明了方向。2006年年初,中央颁布了《中共中央、国务院关于推进社会主义新农村建设的若干意见》(中发〔2006〕1号文件),进一步出台了一系列加强"三农工作"、推进社会主义新农村建设的具体政策措施。

近十年来,我国新增农村住宅建筑面积6亿～7亿 m²,占全国新建住宅的一半以上。但由于缺乏科学的规划和指导,长期以来,农村建设处于无序和混乱状态:旧村无力改造更新,土地闲置;新宅建设侵占耕地现象严重,且无规划指导,建设水平低;村庄公共空间混乱,公用工程和设施缺失等。此外,农村住宅建设方面也存在一些问题:沿用传统粗放型住宅模式,缺乏节能省地观念;建筑技术落后,配套设施不完善,居住条件差;能源生产、利用方式落后,技术水平低,浪费严重等。

我国村镇的发展,尤其是乡镇的发展是我国城市化的重要组成部分。城市化不仅仅是我国经济发展所提出的迫切要求,也是被世界各国城市化过程所证明了的必然趋势。现代城市化具备多方面的特征,但其本质是城乡人口的再分配过程,即农村人口向城镇人口转移,农业人口向非农业人口转移。通常,人们以城镇人口占总人口的比重作为一个国家城市化水平的标志。

据2000年人口普查显示,我国目前人口约12亿9000多万,如以1981～1996年平均的增长速度4%来统计,至2010年城镇人口至少要净增2.5亿人,这将是一个庞大的数字。如何安排这些人口,是一项重大的战略任务。如果把这么多人都安置在城市里,将会给城市造成重大负担,造成城市人口过多、社会混乱等问题;如果兴建新城,则需成百上千座新城来安置这些人口。

但是,如果在全国的乡镇中,平均每个乡镇增加城镇人口6000人,不仅能较快地解决农村剩余劳动力的安排,而且将加快我国城镇化的发展,促进全国乡镇蓬勃发展。

3. 规划村镇是新世纪现代化建设的一项重要任务

21世纪的村镇,不但应有繁荣的经济,而且应该有丰富的文化,它是村镇综合实力的标志。村镇建设当前已成为农村经济新的增长点,全国各地积极探索村镇建设方式的转变,加快村镇建设的步伐,搞好村镇住宅建设,以基础设施和道路建设为突破口,带动整个村镇的全面发展。这深刻表明,村镇建设是我国现代化建设,特别是农村现代化建设的主要内容。

要建设好村镇,必须先有一个科学合理的规划,21世纪的村镇建设是社会主义物质文明和精神文明高度结合的现代化建设。因此,规划村镇时必须考虑到新情况、新特点和新趋势。

村镇规划,尤其是乡镇规划,要满足农业现代化的要求。农业产业化、工厂化发展是村镇繁荣的经济基础,也是村镇规划建设的新内容。村镇是与大自然最亲近的人居环境。随着经济水平的提高以及人们对生态环境意识的不断增强,人们对生活居住的环境质量和建筑美学的要求也在不断提高。基础设施建设的现代化,使人们能在村镇里和城市人群一样真正享受到现代物质文明和精神文明的成果(即水、电、路、邮、通讯等)。这只有通过立足当前、顾及长远,按照城乡人、财、物、信息、技术流向进行科学分析论证,合理规划建设,才能加快现代化建设的步伐。

通过对村镇形成和发展的历史回顾,以及对我国村镇建设实际情况的分析研究,可以看到村镇的建设和发展具有自身的规律。

(1)村镇的建设与发展必须与农村当前经济状况相适应

农村经济的发展为村镇建设奠定物质基础,村镇建设又为农村经济的进一步振兴创造条件,二者相互促进,相互制约,相辅相成。因此,在确定村镇建设的规模、发展速度和标准时,必须在科学发展观指导下,全面考虑农村经济的承载能力,量力而行。

(2)村镇建设发展具有地区差异性

我国是一个历史悠久、人口众多、疆域广阔的发展中国家。各地自然条件和资源蕴藏优劣多寡不一,区域经济和技术基础强弱不等。另外,各地气候特征、环境条件各异,各民族有着不同的民俗风情,村镇建设存在着明显的地区差异。因此,在村镇规划和建设时,要坚持科学发展观,不能盲目追求一个格式、一样速度和统一标准,必须承认和自觉运用地区经济发展不平衡的规律,因地制宜,发挥优势,使村镇建设各具特色。

(3)村镇建设由低级到高级逐步向城乡一体化过渡

村镇的发展取决于社会生产力的发展。由于社会生产力、社会分工是不断向前发展的,因而作为和生产力相适应的村镇建设,无论性质、规模、内容,还是内部结构,都是沿着由低级到高级、由简单到复杂逐步进化。当前世界是城市化的时代,城乡一体化是世界城镇发展的必然趋势。因此,村镇的发展最终将走向城乡一体化,即村镇的发展将向城市的生产效益、生活条件靠近。党的十六大提出了统筹城乡发展的战略思路,这种新的战略思想和发展思路跳出了传统的就农业论农业、就农村论农村的框框,要求我们站在国民经济和社会发展全局的高度研究和解决"三农"问题,改变了过去重城市、轻农村的"城乡分治"的观念和做法。党的十六届三中全会通过的《中共中央关于完善社会主义市场经济体制若干问题的决定》提出的"统筹城乡发展、统筹区域发展、统筹经济社会发展、统筹人与自然和谐发展、统筹国内发展和对外开放"的新要求,是新一届党中央领导集体对发展内涵、发展要义、发展本质的深化和创新,蕴含着全面发展、协调发展、均衡发展、可持续发展和人的全面发展的科学发展观。对此,我们要深刻理解和准确把握。

(4)农村人口的空间转移遵循"顺磁性"规律

所谓"磁性",在这里指的是居住环境(包括政治、经济、文化生活等)对人们的吸引力。大城市人口集中就是因为其生活、就业等各种条件优于农村和集镇。如果要求人口分布合理,避免大城市所带来的矛盾和问题,就应顺应人口"顺磁性"规律,把村镇建设成为具有强大"磁性"的系统,以村镇的吸引力削减城市的吸引力,减缓大城市的人口压力。当前,随着农村产业结构的变化,农村人口空间流动的重要方向就是按照一定的经济梯度,由不发达地区向发达地区、由山区向平原、由农村向集镇转移,这种人口的空间分布加速了农村人口集聚化的过程,同时也推动了城乡一体化进程。

第二节　村镇体系与村镇规划

一、村镇体系

1. 村镇体系的概念

世界上的任何一个城镇都不是孤立地存在,这是因为,城镇既是物质的生产者,又是物质的消耗者。城镇活动的主要部分即是物质的生产与消耗的过程,为了维持城镇之间正常的活动,城镇与城镇之间,城镇与乡村之间总是不断进行着物质、能量、人员、信息的交换与相互作用。正是由于这种相互作用,才把地表上彼此分离的村镇结合为具有一定结构和功能的有机整体,即村镇体系。

村镇体系是以某一村镇为核心,形成一定引力范围的村镇居民点网络。即在一定区域内,由不同层次的村庄与村庄、村庄与集镇之间的相互影响、相互作用和彼此联系构成的相互完整的系统。村镇系统和城市系统完整地构成了城乡体系。

村镇体系由村庄、集镇及县城以外的建制镇组成,其范围一般以行政边界划分,但村镇体系分析要考虑行政区外的相邻区域,结合实际分析论证,如确有必要时,也可突破行政边界。

村镇体系并不是与城镇、乡村同步产生的,它是在区域内的城镇、乡村发展到一定阶段的历史产物,村镇体系的构成一般应具备以下几个条件:

(1)各村镇内部在地域上应是相邻的,彼此之间有便捷的交通联系。

(2)各村镇应具有自身的功能特征和形态特征。

(3)各村镇从大到小、从主到次、从中心镇到一般集镇、从中心村到自然村,共同构成整个系统内的等级序列,而系统本身又是属于一个更大系统的组成部分。

经济发展是村镇发展的必要条件,而村镇的发展又有力地影响和推动经济的发展。一方面,区域内各村镇和区域是"点"和"面"的关系,区域经济的发展是区域内村镇之间具有纵横方向的相互密切联系,并在其经济中心的带动下发展;另一方面,村镇的建设和发展不能脱离区域的具体条件。因此,要编制一个行之有效的村镇建设规划,必须立足于宏观角度,从现实角度出发,全面综合地分析研究区域经济发展的具体条件,分析研究区域内村镇之间的相互影响和作用,因地制宜地进行整体的、发展的、动态的规划,将其纳入更为科学的轨道。

2. 村镇体系的构成

村镇体系的构成如下:

建制(集)镇(中心集镇、一般集镇)—中心村(行政村)—基层村(自然村)。

村镇体系构成为多层次、多等级的结构模式。建制(集)镇与区域内的其他村庄、建制(集)镇等相互联系,产生区域性的影响和辐射作用。在村镇体系中,村庄和村庄、建制(集)镇和村庄之间的相互联系表现为经济上互相依托、生产上分工协作、生活上密切联系、发展上协调统一。因此,建立起完整的村镇体系,从区域和系统的角度进行村镇规划,对村庄和建制(集)镇定点、定性、分责、分级,明确发展对象,合理布局生产力具有深远的意义。

3. 村镇体系的特征

村镇体系从系统角度而言,与任何其他系统一样,具有群体性、层次性、关联性、开放性、动态性、整体性。

(1)群体性

村镇体系一般是由一群或一组村庄、建制(集)镇共同组成的整体,一个或少数几个村庄、建制(集)镇是无法构成村镇体系的,村镇体系因其具有群体性特征,才使其具有差异性、多样性。差异产生多样,两者又使其群体中的每一部分担负的职能与作用各不相同,从而带来分工。群体协调运转,发挥功能,合理分工是基础要求之一。

(2)层次性

村镇体系具有多层次、多等级的特征,组成村镇体系的各级村庄、建制(集)镇在规模级别、功能大小、作用强弱方面呈现出由小到大、由简单到复杂的组织特征,这反映了村镇体系的纵向结构关系。村镇体系的这种多层次、多等级特征既是村镇体系实现村镇间分工合作的基础,也是形成村镇规模的基础。同时,由于村镇职能的丰富与多样化在相当程度上受其规模级别的影响,所以村镇体系的层次性也在一定程度上决定了村镇的职能类型。

(3)关联性

村镇之间在经济、文化、社会生活等各方面相互依赖、相互依存,彼此之间具有不可分割的关系。其次,村镇体系的存在与发展是与其外部地域条件分不开的。村镇体系的关联具有不同强度及方式的差别,规模级别相近与相差悬殊的村镇之间的关联强度也不会相同,同样,关联方式也根据各种情况出现种种差异。

(4)开放性

所谓村镇体系的开放性特征,是指村镇体系本身及其所有的村镇在其发挥作用、正常运行的过程中,与外界环境产生密切的相互作用,呈现出不同程度的扩散特征。村镇体系的开放性程度反映了村镇体系向外界开放及与外界相互依存的程度;开放方式是村镇体系向外界开放的具体行为特点,具体表现为社会系统与自然环境的交流和社会系统与社会环境的交流。

(5)动态性

村镇体系的状态不是静止不变的,而是随着村镇体系由外部因素及时间因素产生种种变化。其动态性特征有两层含义:一是指村镇体系内部各村镇的规模、地位与作用的大小因种种因素的影响随时产生消长进退的变化;二是指村镇体系的整体完善和整体作用,也呈现出不断变化的动态特征。

(6)整体性

村镇体系的整体性特征是指村镇体系由所有村镇共同担负着区域社会经济运行和区域发展的任务,并在这一方面达到了统一。村镇体系整体功能的大小,一方面取决于各村镇发挥功能作用的程度;另一方面也由村镇体系整体性大小所决定。

二、村镇规划

村镇规划是乡(镇)人民政府为实现村镇的经济和社会发展目标,确定村镇的性质、规模和发展方向,协调村镇布局和各项建设而制订的综合部署和具体安排。它是一定时期和一定地域范围内,指导和控制村镇建设的依据,是村镇建设的前期工作和首要环节。村镇规划是一门综合性很强的学科,它涉及政治、经济、社会、生态、文化、建筑技术和艺术等多方面的内容。

(一)村镇规划的规模

村镇规划的规模分级,按其不同层次及规划常住人口,分为大、中、小三级,如表1-1所示。

表1-1 村镇规模分级

村 镇 层 次	村 庄		集 镇	
	基层村	中心村	一般镇	中心镇
大 型	>300人	>1000人	>3000人	>10000人
中 型	100~300人	300~1000人	1000~3000人	3000~10000人
小 型	<100人	<300人	<1000人	<3000人

（二）村镇规划的任务和内容

规划通常兼具两种意义：一是指达到目的或任务；二是为实现目标而建立的具有动态的连续的系统控制。村镇规划是村镇在一定时期内的发展规划，是村镇政府为实现村镇的经济和社会发展目标，依据区域和自身发展条件而建立的具有区域综合性的动态连续的系统控制，是一定时期内村镇发展与各项建设的综合性部署和村镇建设与管理的依据。

1. 基本任务

村镇规划的基本任务是在一定的规划年限内，从经济社会的可持续发展出发，从区域的角度，客观地研究和确立村镇各级居民点及相互间的联系，协调好村镇人口、资源与环境的关系，确定村镇的性质与发展规模和方向，合理安排和组织各项建设用地，确定各项基础服务设施的规模，制定旧村镇改造规划，协调村镇布局和各项建设项目而制定的综合布置和全面安排，使村镇能够科学、有计划地进行建设。

2. 研究内容

在村镇规划中，应针对下列问题进行深入研究：村镇的规模、等级、性质和发展方向，它的合理经济联系范围；乡镇的各种生产活动、社会活动；村镇居民的各项生活要求；建设资金的来源；工程基础资料和村镇的现状等。在此基础上，合理安排村镇的各项建设用地，研究各项用地之间的相互联系，进行功能分区；安排近远期建设项目，确定先后顺序，以利于建设。简言之，村镇规划即是根据国家、市、县的经济和社会发展计划与规划，以及村镇的历史、自然和经济条件，合理确定村镇的规模、性质，进行村镇的结构布局，做到布局合理、功能齐全、交通便利、设施配套、居住舒适、环境优雅、颇具特色，以获得较高的社会效益、经济效益和生态效益。

（三）村镇规划的工作阶段

村镇规划分为村镇总体规划（含村镇体系规划）和镇、区或村庄的建设规划两个阶段，在编制村镇总体规划前可以先制定村镇总体规划纲要，作为编制村镇总体规划的依据，如下所示：

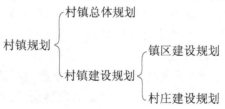

第三节　村镇规划的编制

一、村镇规划编制的指导思想

根据村镇经济发展的需要，建立起一定区域的村镇体系，从整体建设部署上全面适应生产发展与生活提高的需要，综合规划、统筹安排村镇各项建设并协调发展。要坚持在生产发展的基础上，正确处理生产和生活关系，因地制宜，从实际出发，以改造为主，量力而行，循序渐进，逐步建设，使村镇布局合理紧凑、设施完善实用、交通便利、环境优美宜人，建设成具有地方特色的现代集镇和文明新村；要坚持全面规划、合理布局、节约用地、充分利用旧村，统筹安排住房和各级各类设施的建设；要坚持因地、因时制宜，确定建设规模、建设方式和建筑形式；要坚持走群众路线,采取正确引导、典型引路的办法,注意社会效益、经济效益、环境效益的统一,不搞强迫命令,不搞形式主义。

二、村镇规划的工作特点

村镇规划关系到人民的生活,涉及政治、经济、技术和艺术等方面的问题,内容广泛而繁杂,村镇规划的工作具有以下特点:

(1)综合性。村镇规划建设涉及面广泛,包括生产和生活各方面,要通过规划工作把复杂、广泛的内容有机地组织安排和统一在村镇规划之中,进行全面安排、协调发展。因此,村镇规划是一项综合性的技术工作。

(2)政策性。村镇建设项目涉及国家、集体、个人,要注意处理好三者的关系,认真学习国家有关各项方针、政策,把集体和个人的力量和智慧吸收并汇总到村镇规划当中去。因此,规划工作要加强政策观点,身体力行,在工作中认真贯彻执行党的有关政策、法规。

(3)地方性。我国地大物博、幅员辽阔,南方与北方、沿海与内地、平原与山地的自然条件、经济条件、风俗民情和建设要求都不相同,村镇规划必须因地制宜、就地取材,反映当地村镇特点和民俗特色。

(4)长期性。村镇建设是百年大计,需循序渐进,逐步实施。因此,在规划中,既要适应当前村镇建设的需要,又要考虑近、远期结合,对规划内容不断加以改进、补充,逐步完善。

三、新时期村镇规划的基本原则

建设好一个村镇,就首先要有一个适应村镇发展的规划。村镇规划是指导村镇建设的蓝图,规划新世纪现代化村镇,要遵循以下几个基本原则:

(1)根据国民经济和社会发展计划,结合当地经济发展的现状和要求,以及自然环境、资源条件和历史情况等,统筹兼顾,综合部署村庄和集镇的各项建设;

(2)处理好近期建设与远景发展、改造与新建的关系,使村庄、集镇的性质和建设的规模、速度、标准,同经济发展和农民生活水平相适应,切不可求新过急,大拆大迁;

(3)合理用地,节约用地,各项建设应当相对集中,充分利用原有建设用地,新建、扩建工程及住宅应当尽量不占用耕地和林地;

(4)有利生产,方便生活,合理安排住宅、乡(镇)村企业、乡(镇)村公共设施和公益事业等的建设布局,促进农村各项事业协调发展,并适当留有发展余地;

(5)保护和改善生态环境,防治污染和其他公害,加强绿化和村容镇貌、环境卫生建设,促进村镇的可持续发展。

四、我国当前村镇规划的编制办法和审批程序

根据我国《村镇规划编制办法》(本办法适用于村庄、集镇和县城以外的建制镇),村镇规划可分为村镇总体规划和村镇建设规划两个阶段。在编制村镇总体规划前可以先制定村镇总体规划纲要,作为编制村镇总体规划的依据。

村镇总体规划纲要的主要任务是:综合评价乡(镇)发展条件;确定乡(镇)的性质和发展方向;预测乡(镇)行政区域内的人口规模和结构;拟定所辖各村镇的性质与规模;布置基础设施和主要公共建筑;指导镇区和村庄建设规划的编制。

村镇总体规划是对乡(镇)域范围内村镇体系及重要建设项目的整体部署。村镇总体规

划的主要任务是：综合评价乡（镇）发展条件；确定乡（镇）的性质和发展方向；预测乡（镇）行政区域内的人口规模和结构；拟定所辖各村镇的性质与规模；布置基础设施和主要公共建筑；指导镇区和村庄建设规划的编制。

村镇建设规划是在村镇总体规划的指导下，对镇区或村庄建设进行的具体安排，分为镇区建设规划和村庄建设规划。村镇建设规划的任务是：以村镇总体规划为依据，确定镇区或村庄的性质和发展方向，预测人口和用地规模、结构，进行用地布局，合理配置各项目基础设施和主要公共建筑，安排主要建设项目的时间顺序，并具体落实近期建设项目。

依照《村镇规划编制办法》，村镇总体规划和镇区建设规划，须经乡级人民代表大会审查同意，由乡级人民政府报县级人民政府批准。村庄建设规划，须经村民会议讨论同意，由乡级人民政府报县级人民政府批准。根据社会经济发展需要，经乡级人民代表大会或者村民会议同意，乡级人民政府可以对村镇规划进行局部调整，并报县级人民政府备案。涉及村镇的性质、规模、发展方向和总体布局重大变更的，则须按原审批程序办理。

村镇规划期限，由省、自治区，直辖市人民政府根据本地区实际情况规定。

村镇规划经批准后，由乡级人民政府公布。

第四节　村镇规划与社会主义新农村建设

党的十六届五中全会提出了建设社会主义新农村的重大战略任务，并将其作为我国"十一五"规划的重要内容之一，要求全面落实科学发展观，统筹城乡经济社会发展，按照"生产发展、生活宽裕、乡风文明、村容整洁、管理民主"的要求，协调推进社会主义新农村建设。在此背景下，对社会主义新农村建设相关问题进行分析研究，探索推进我国社会主义新农村建设的村镇规划方法，是促进我国广大乡村健康发展的必经之路。

一、建设社会主义新农村的目标和要求

《中共中央关于制定国民经济和社会发展第十一个五年规划的建议》指出："要按照生产发展、生活宽裕、乡风文明、村容整洁、管理民主的要求，坚持从各地实际出发，尊重农民意愿，扎实稳步地推进新农村建设。"这实际上从物质文明建设、精神文明建设和政治文明建设三个角度全面揭示了建设社会主义新农村的目标和要求。

"三农"问题始终是关系我国社会主义现代化建设的全局性问题。当前，我国总体上已经达到以工促农、以城带乡的发展阶段，初步具备加大对农业和农村支持保护的条件和能力。因此，必须加快建设社会主义新农村，实现城乡经济社会的全面协调发展。同时，建设新农村，是提高农业综合生产能力、建设现代化农业的重要保障；是增加农民收入、繁荣农村经济的根本途径；是缩小城乡差距、全面建设小康社会的重大举措。

二、建设社会主义新农村规划必须先行

新农村建设，是一项综合性很强的工作，涉及经济、社会、规划、建设、生态、管理等各个方面，但规划是龙头，是先导，规划必须先行。建设社会主义新农村需要的不仅仅是资金、国家的惠农政策，还必须首先有一个合法、合理和贯彻可持续发展原则的规划。村镇规划在社会主义新农村建设中是极其重要的，它是保证农村经济社会协调、可持续发展的第一步。

顾名思义，村镇规划是乡、镇人民政府为实现村镇的经济和社会发展目标，确定村镇的性

11

质、规模和发展方向,协调村镇布局和各项建设而制定的综合部署和具体安排,是村镇建设与管理的依据。具体来说,村镇规划就是运用规划学、策划学、市场经济学、现代行为科学、环境美学等理论方法,以社会效益和经济效益为中心,以资源、人力、财力、物力、信息的最优分配和利用为手段,以农民日益增长的精神生活和物质文化需要为导向,建立一个人口、资源、科技、环境及区域定位相协调的、可持续发展的社会环境所做出的总体的最优规划,是村镇未来发展的蓝图和时空连续的依据,是管理的准则和法律。

三、目前村镇规划工作中存在的主要问题

目前,我国村镇规划工作整体相对滞后,不能适应新的发展形势,地区之间也存在较大差异。主要存在以下几方面的问题:

(1)由于规划意识不强、法制观念淡薄,很多地方的村镇规划修编不及时,甚至根本没有编制规划。以江西省为例,到 2003 年年底,建制镇、集镇规划编制率为 78.2%,村庄规划编制率仅为 7.3%,与统筹城乡发展、加快社会主义新农村的要求极不适应。

(2)编制的规划质量相对较差。主要表现在:编制乡(镇)域总体规划和村镇体系规划时,在空间上,缺乏区域的观点、整体的观点,存在就村镇论村镇的现象;在时间上,对规划的动态连续性把握不够,规划缺少应有的弹性;规划文本和图纸均较简单,达不到国家标准要求;规划设计缺乏特色;村镇规划在与上一层次的规划衔接方面存在不协调,或缺少县域城镇体系规划与村镇体系规划的指导。

(3)规划审批不规范。按照城市规划相关法规的要求,村庄、集镇总体规划和集镇建设规划,经乡级人民代表大会审查同意,由乡级人民政府报县级人民政府审批。村庄建设规划,经村民会议讨论同意后,由乡级人民政府报县级人民政府审批。但实际存在未组织审批及未按规定程序报县级人民政府批准的问题。

(4)规划执行不够严格,建设随心所欲。"一任领导一个规划"的现象较普遍。规划的法令性和严肃性在一些地方得不到很好的执行。

由于目前我国村镇规划工作存在上述问题,在一定程度上导致了农村建设的无序,如农村居民的饮用水源被工业、养殖业或自己的生活污水污染;公路穿村而过,路面高于住宅,威胁村民生命财产安全;发展家庭养殖业过程中"人畜混杂",留下人畜共患病的公共安全隐患;把生活垃圾填埋到不应填埋的地方;把住宅建在了泄洪区、泥石流波及区和地下采空区;随意建房或堆放柴草,没有留出消防通道;厕所搭建不合理等。其次,因为缺乏统一规划,部分基础设施和公共服务设施重复建设,在一定程度上也造成了资源和有限建设资金的浪费。最后,由于规划的缺失,村镇建设发展过程中对生态环境的破坏也不容忽视。相反,如果以科学合理的规划为先导,指导村镇建设,则会取得良好的效果。例如,江西省各地近年来以村镇规划为切入点,开展村庄整治,加强农村基础设施和生态环境建设,给广大农村带来了巨大变化。例如高安市八景镇上堡蔡家村、赣州市美陂村、瑞金市叶坪村等。

四、村镇规划在社会主义新农村建设中的作用

村镇规划在新农村建设中的作用体现在以下几点:

(1)科学的村镇规划是农村协调、可持续发展的基本依据。规划在前,发展在后,这是我们应遵循的一个基本原则,一定要事先进行科学、全面、系统的规划,尽可能掌握全面的基础资料,对村镇的现状、内外部环境进行深入的分析研究,准确认识和把握村镇发展的内在矛盾和

问题,从而确定规划主攻方向。规划一旦编制并被认可,就要作为该村镇今后发展与建设的基本依据,严格按照规划实施和管理。

(2)科学的村镇规划是农村协调、可持续发展的重要手段。协调、可持续发展是新农村建设的重要内容,以科学的发展观为指导,促进经济、社会、环境、人口、资源相互协调和共同发展,既满足当代人的需求,又不影响后代人发展的可持续发展战略,其核心就是人与环境、人与资源的和谐平衡问题。把规划作为一种重要的手段来协调这几种关系,对保证新农村建设的健康发展十分重要。

(3)科学的村镇规划是充分利用有效投入的根本前提。新农村建设,要本着节约的原则,充分立足现有基础进行各项建设和改造,提高有效投入的利用率,防止盲目的大拆大建、重复建设和二次改造所造成的人为浪费。科学的村镇规划就是要综合考虑现状基础和未来发展,统筹安排。同时也是反对领导意志、政绩工程的有效措施。

(4)科学的村镇规划是立足当前、兼顾长远的基本保证。规划最基本、最重要的特征是它对未来的导向性。即不仅要有效地解决当前的发展建设问题,还要高瞻远瞩地预见未来。科学的村镇规划能够保证村镇发展和建设的系统性、连贯性和整体性。

(5)科学的村镇规划是确保提高农民生活质量的有效途径。建设社会主义新农村是我们党解决"三农"问题的又一重大举措,其目的在于进一步缩小城乡差距,切实增加农民收入,提高农民生活质量。科学的村镇规划,是促进农村全面、协调、可持续发展的有效途径。要改善农村旧有的生活环境,从根本上提高农民的生活质量,制定科学的村镇规划在目前形势下是极其重要和紧迫的。

第二章 村镇规划编制的准备工作

在编制村镇规划前必须做好基础资料的搜集、整理、分析等准备工作。村镇规划是对今后相当长时期内村镇的未来发展与建设作出的战略部署，影响比较深远，所以一定要作科学的规划。而科学的规划要以科学的预测为基础，如人口发展预测、经济发展形势的预测、自然资源供给与需求的预测等。科学的预测又要以准确、翔实的基础资料的搜集、整理、分析为前提。否则，规划就不能切合实际，从而失去其指导村镇建设的功能。例如，人口资料不准确就不能准确预测人口发展的规模，人口发展规模预测不准确，又会影响到村镇规模和性质的确定。又比如，没有准确掌握水资源的数量、质量及分布情况，就布局耗水量很大的产业，村镇发展可能会受到水资源短缺的限制等。

总之，基础资料是村镇规划的重要依据，是提高规划质量的基础和保障，必须予以重视。同时，调查应结合实际，区别对待，因时、因地、因事制定，提高工作效率。

第一节 村镇规划的资料内容

村镇规划是一门综合性学科，村镇资料调查研究的内容多、涉及面广。村镇规划所依据的基础资料主要有以下几个方面：

一、地形图资料

地形图是分析地形、地貌和建设用地条件的不可缺少的依据。在地形图上除了能表示出地面上各种物体的形状大小外，还能表示出地面的高低起伏，即地貌特征，如平原、丘陵、山地以及农业耕地的利用情况。

在村镇规划的不同阶段，需要选用适当比例尺的地形图。一般来说，村镇总体规划使用1:5000的地形图，详细规划使用1:2000或1:1000的地形图。

二、自然条件资料

自然条件是村镇形成和发展的外部条件，是村镇赖以生存的物质基础。收集和研究村镇的自然条件资料，不仅为村镇规划提供建设和发展方面的依据，而且也是为了充分利用这些物质基础。自然条件主要包括地质、水文、气象等情况。

（一）地质条件

地质条件的分析主要体现在村镇用地选择和工程建设有关的工程地质方面的分析。

1. 建筑地基

村镇各项工程建设都由地基来承载，由于地层的地质构造和土层的自然堆积情况不一，其组成物质也各不相同，因而对建筑物的承载力也就不一样。了解建设用地范围的地基承载力，对村镇用地选择和建设项目的合理分布以及工程建设的经济性，无疑是重要的。

村镇建设对工程地基的考虑,不仅限于地表的土层,也必须通过勘探掌握确切的地质资料。如可溶性岩洞、因矿藏开采所形成的地下采空区等。

2. 滑坡与崩塌

滑坡与崩塌是一种物理地质现象。滑坡是指斜坡上的土石由于风化作用、地表水或地下水作用、人为的原因,特别是在重力的作用下,向下滑动的现象。这种现象常发生于丘陵或山区。滑坡的破坏作用还经常发生在河道、路堤等处。因此,规划时必须对建设用地的地形特征、地质构造、水文、地质、气候以及土岩体的物理力学性质作出综合分析与评定,以避免滑坡所造成的危害。崩塌的原因主要是岩层或土层的层面由于重力作用而突然崩落,它对山坡稳定造成影响。

3. 冲沟

冲沟是由间断流水在地表冲刷形成的沟槽。用地选择时,应分析冲沟的分布、坡度、活动与否以及弄清冲沟的发育条件,以采取相应的治理措施。

4. 地震

地震是一种自然地质现象。强烈地震破坏性大,影响范围也较大。由于目前还不能精确预报,因此对地震的预防必须引起人们的重视。为预防地震灾害,村镇规划与建设应注意以下问题:①强震区一般不宜设置村镇;②确定建设区的地震烈度,制定各项工程建设的设防标准;③村镇规划时,应按照用地的设计烈度及地质、地形情况,安排相宜的村镇设施。此外,在详细规划布置中,对建筑疏密程度的确定、疏散避难通道和场所的安排,都必须按照抗震的安全需要来统一考虑。

(二)水文资料

水文是指村镇所在地区的水文现象,如河湖水位、流量、潮汐现象以及地下水情况等。这些是选择村镇生活用水和工业用水的水源的重要因素,也是村镇防洪工程规划的主要依据之一。

1. 地表水情况

地表水主要掌握各河湖的洪水和流量情况。

(1)洪水情况。主要掌握各河段最大洪水位、历年的洪水频率、淹没范围及面积、淹没概况。在山区还应注意山洪暴发时间、流量以及流向等。

(2)流量情况。主要包括河湖的最高水位、最低水位和平均水位,河流的最大流量、最小流量和平均流量等资料。

2. 地下水情况

对于地下水,要掌握各类地下水的分布、水量、变化规律、性质等情况。

地下水可分为上层滞水、潜水和承压水三类。它们的分布、运动规律以及物理、化学性质有很大的不同。前两类在地表下浅层,主要来源是地面降水渗透,因此与地面状况有关。其中,潜水的深度各地情况差别很大。承压水因有隔水层,受地面影响小,也不易受地面污染,具有压力,常作为村镇的水源。

水源对村镇规划和建设有决定性的影响,如水源水量不足或者水质不符合饮用标准,就会限制村镇的建设和发展。同时还要掌握村镇用水情况,如是否存在过量使用地下水,而导致水位下降、地面沉降等情况。

（三）气象资料

气候条件对村镇规划与建设的许多方面都有影响。尤其是为居民创造舒适的居住生活环境、防止环境污染等方面，与其关系十分密切。有关气象方面的资料内容主要包括以下几点：

1. 历年、全年和夏季的主导风向、风向频率、平均风速

根据风向资料绘制"风向玫瑰图"。"风向玫瑰图"是进行功能分区的重要依据之一。只有掌握风向资料才能正确处理好工业区同居住区之间的关系，避免形成将对环境有污染的工业布置在居住区的上风位的不合理布局。

2. 降雨量

降雨量是地面排水规划和设计的主要资料。在山区，暴雨可能引发泥石流、山洪暴发等，对居民的生产、生活危害很大。所以掌握了降雨量资料和暴雨概况，就可以提出需要采取哪种防御措施或修建水库的建议。

3. 日照

日照与人们生活关系十分密切。在北方地区，不同建筑对日照时数有不同的要求。为保证居民居住建筑、幼儿园建筑、学校建筑等有足够的日照时数，在村镇规划中，要考虑日照条件，以此确定道路的方位、宽度，建筑物的朝向、间距以及建筑群的布局等。

总的来讲，自然条件资料是选择村镇用地和合理经济地确定村镇用地范围的依据，是做好规划设计的前提条件之一。

三、区域概况

（一）资源条件

广义的资源是指人类生存发展和享受所需要的一切物质的和非物质的要素。狭义的资源就是指自然资源。本文主要是指狭义的资源。

1. 土地资源

对于土地资源要掌握土地资源的数量、质量情况；已利用土地情况和待开发土地情况；土地分等定级情况；土地开发利用的程度；土地承载力；土地权属等。村镇规划的目标之一就是要提高土地的利用率。通过掌握土地数量、质量的分布及利用情况，可以分析不同用途的土地的供求情况，为合理配置土地资源、缓解不同用途用地之间的矛盾、制定科学的土地政策打下基础。土地承载力的大小是确定合理人口规模的基础，土地权属情况可以影响到土地利用的效益，因此也应该调查。

2. 矿产资源

对于矿产资源要掌握附近矿藏资源的种类、储量、开采价值、开采及运输条件、品位、利用情况及产销量等情况。

3. 旅游资源

掌握旅游资源种类、开发前景等。旅游资源的开发，一方面是依托自然旅游资源，如草原、独特的动植物、地质景观等；另一方面是依托人文旅游资源，如有纪念价值的古老的建筑群、少数民族的独特生活习俗等。对于一些欠发达地区来讲，这些资源的开发是帮助当地脱贫致富的重要途径。

（二）村镇农业

包括村镇农作物的构成,全县和村镇附近地区内农作物的种类,农作物的加工、储运情况和对村镇建筑的关系和影响;农业为工业生产提供的原料和调运情况、蔬菜和经济作物的种植面积及产量、提供商品粮及经济作物数;农业产值,主要运销地;农业发展计划,专业户、重点户的概况,农村剩余劳动力的现状及发展趋势等。

对于适宜农林牧渔多种农业综合发展的地区,还需要详细掌握有关林业、牧业、渔业的发展情况。如林地面积、蓄材量,运销及加工地点,运输条件,经济林地面积、种类及产量、运销及加工地点,发展规划等;畜牧现有品种、数量,牧草场面积,运销地,发展计划等;渔业养殖面积、亩产量及总产量、运销地、发展计划等。

（三）周围居民点概况

包括周围的集镇、农村居民点的性质、规模、发展方向及其与本村镇的距离和相互关系。

（四）对外交通联系

包括铁路站场、线路的技术等级及运输能力,现有运输量,铁路布局对村镇的关系,存在的问题,规划设想;公路的技术等级、客货运量及其特点,公路走向,长途汽车站的布局及其与村镇的关系,同周围村镇及居民点的联系是否方便,有无开辟公路新线的设想;周围河流的通航条件、运输能力,码头设置的现状及其与村镇的关系,存在的问题和有关部门的计划或设想。

四、村镇历史资料

(1)解放前村镇形成的时期及其演变的概况;有没有重要的历史事件或历史人物;有无标志村镇历史文化特征的名胜古迹,古迹的地点和现状。对一些历史比较悠久的村镇,以上情况尤其需要调查和掌握。

(2)解放后村镇建设的主要成就,村镇兴衰变化,行政隶属的变迁,建设过程中的经验教训等。有关村镇建设的各项政策信息、会议资料、文件也需要搜集,以便更详细、准确地了解村镇发展中存在的问题和能够影响村镇发展的主要因素。

对历史沿革资料的掌握,有助于确定村镇的性质,从而作出富有地方特色的规划方案。

五、社会经济资料

社会经济的发展是村镇形成和发展的基本因素。社会经济资料的收集为推测村镇规模等级,为村镇当前建设和今后的发展计划提供可靠的经济依据。

（一）人口资料

人口资料是确定村镇分布与人口规模,配置住宅和各项生活服务设施以及工程设施的重要依据。内容主要包括村镇现状总人口、自然构成、社会构成、历年村镇人口的自然增长率和机械增长率等。

自然构成主要包括性别构成和年龄构成。年龄构成按照3岁以下(托儿年龄组)、4~6岁(幼儿组)、7~12岁(小学组)、13~18岁(中学组)、19~60岁(成人组)、60岁以上(老年组)分成若干组,算出每一组占总人口数的百分比,据年龄统计作出百岁图,并画出村镇人口年龄构成图。

社会构成主要分析农业人口与非农业人口、劳动人口与非劳动人口、常住人口与非常住人口的数量及其在总人口中所占的百分比；不同文化程度构成、就业情况、从事不同行业的人数以及占总人口的比例。

历年村镇人口的自然增长率与机械增长率，是预测村镇人口发展的重要依据之一。如果村镇历年的资料比较齐全，可以分别画出人口自然增长和机械增长（或减少）的曲线，从中找出一定的规律和发展趋势。

现状人口资料是确定村镇性质和发展规模的重要依据之一。通过对村镇人口的劳动构成、年龄构成、家庭构成和性别构成的分析，还可了解村镇劳动力后备力量的情况，确定公共福利和文教设施的数量和规模。根据村镇人口的发展规模，确定村镇各个时期用地的面积。

(二)村镇建设与管理情况

(1)村镇建设与管理的主要机构、用地管理的概况及存在的主要问题。

(2)村镇建设的资金来源，基建和维修施工队伍的生产能力。

(3)建筑材料基地以及就地取材的可能性。

(三)村镇工、副业生产情况和发展计划资料

(1)村镇、工副业的现状及近期计划兴建和远期发展的设想。包括产品及数量、生产项目、职工人数、家属人数、原料来源、用地面积、建筑面积、用水量、用电量、运输量、运输方式、三废污染及综合利用情况、新扩建项目及规模、企业协作关系等。

(2)村镇手工业和农副产品加工工业的种类、产品、产量，职工人数，场地面积，原料来源，产品销售情况和运输方式。

(3)村镇工业组成特点分析，各类工业、手工业产品的发展前景。

村镇工业是村镇经济发展的主体，也是村镇形成和发展的基本因素。工业布局常常决定村镇的基本形态、交通流向和道路走向。因此掌握村镇工业现状和发展的基础资料，才能比较合理地安排村镇总体布局，较好地进行功能分区。具体分析时，要结合现状基础和建设条件，从村镇需要扩建或新建哪些工业项目，其规模有多大，劳动力如何平衡等方面入手。

(四)村镇集市贸易

(1)各村镇集市贸易场地的分布、占地面积、服务设施情况、存在的主要设施。

(2)各村镇集市贸易主要商品的种类、成交额，平日与高峰日的摊位数量，赶集人数。

(3)各村镇集市贸易的影响范围、赶集人群距离村镇的一般距离和最远距离、集市的发展前景预测。

集市贸易是村镇商业活动的特征，对发展村镇经济具有重要作用，因此，在总体布局和详细规划时都必须认真考虑。在目前对集市贸易场地的规模尚无成熟经验的情况下，尤其应通过现场踏勘、调研来确定规划设计思想。

六、村镇建设现状、工程设施与环境能源资料

(一)村镇建设现状资料

村镇的建设现状一般指村镇的生产、生活所构成的现有物质基础和现有的土地使用情况，

如各种建筑以及占地情况。在村镇规划中,需重点掌握以下方面的资料:

1. 居住建筑

(1)村镇居住用地的分析、生产与生活的关系、居住用地的功能组织。

(2)村镇现有居住面积和建筑面积总量的估算,根据建筑层数、建筑质量分类统计的现状居住面积和居住建筑面积的数量,公房与私房的数量,宅基地面积的数量。

(3)典型地段的住宅建筑密度和居住面积密度、户型构成及生活居住的特点。

(4)平均每人居住面积数量、历年修建数量,近期和远期计划修建的数量及投资来源。

(5)居住建筑的风格、特色等。

住宅建设是村镇建设的重要组成部分。通过上述资料的调查分析,可以掌握村镇现有的居住水平,估算出需增建的住宅数量,在总体布局中合理安排居住用地。

2. 生产建筑

村镇中的生产建筑主要包括村镇的工业建筑、农业生产设施,如饲养场、兽医站等。调查中需要掌握这些建筑的用地面积及其与居住建筑、公共建筑之间的关系;在村镇中的位置等。

3. 公共建筑

这里所说的公共建筑是指为本村镇及附近地区生产和居民生活服务的建筑,其项目和内容很多,主要有医院(卫生所)、政府办公楼、中小学校、儿童机构、影剧院、俱乐部、图书馆、文化中心、旅馆、商店、百货商店、仓库、运动场、公厕等。

在对以上这些公共建筑的调查中,应了解它们的分布,数量,建筑面积,规模,质量,占地数量,历年修建量和近、远期的发展计划。另外,还需对公共设施的数量进行统计与分析,对一些必要的大型公建项目,应考虑备用地,增强环境意识,创造舒适的生活环境。

(二)工程设施

(1)交通运输。村镇交通运输的方式、种类,村镇机动车、自行车、马拉车的拥有量,主要道路的日交通量,高峰小时交通量,交通堵塞和交通事故概况。

(2)道路、桥梁。各街道名称和长度、宽度、道路横断面及各部分组成宽度、路面情况,主要道路运行和利用情况,主要交叉口的运行量,道路网密度,路灯,绿化情况;桥梁的位置、跨度、结构类型、载重等级。

(3)给水。水源分布、水量、水质、水厂位置,供水能力,供水方式,村镇管网分布情况,管径、水压,漏水率,给水普及率,工业用水量,生活用水量,消防用水量及消防栓分布情况,饮用水的补给情况,自来水厂和管网的潜力,扩建的可能性等。

(4)排水。排水体制,下水道总长度,排水普及率,管网走向,干管尺寸及出口位置和标高;防水处理情况;雨水排除情况。

(5)供电。电厂、变电所的容量,位置;区域调节,输配电网络情况;村镇用电负荷特点,高压线走向等。

(6)通信。电信局位置,容量,电话数量,线路定向、埋设方式,其他通信方式情况,建筑面积、用地面积,职工人数,使用情况。广播电视差转台的位置、功率,建筑面积、用地面积,职工人数。

(7)村镇防洪。防洪采用的形式、措施和体系,用地面积,防洪标准,包括防洪堤的长度、布置形式、断面尺寸及用地面积,防洪标高,防洪效果,泄洪沟的长度、最大排水量、断面尺寸,泄洪走向和出口位置,占地面积;其他设施的建筑面积、用地面积,职工人数,防洪设施的各种水文数据及其简况。

(三)环境能源资料

1. 村镇环境资料

村镇规划的目的之一,就是要为村镇居民的生产、生活提供良好的环境,取得良好的环境效益。通过对村镇环境的调查,了解和掌握环境现状、污染程度及发展趋势,对于研究制订村镇污染综合防治措施具有重大的现实意义。

环境调查一般可分为三部分:

(1)环境污染(废水、废气、废渣及噪声)的危害程度。包括污染源、有害物质成分、污染范围及发展趋势。

(2)作为污染源的有害工业、污水处理现场、屠宰场、养殖场、火葬场的位置及其概况。

(3)村镇及各污染源采取的防治措施和综合利用途径。

因此,村镇规划环境资料的调查是一项重要内容,需要有目的地做专项调查。

2. 能源资料

按照能源形态特征可以把能源分为:固体燃料、液体燃料、气体燃料、水能、电能、太阳能、生物质能、风能、核能、海洋能和地热能。能源不仅是经济发展的必要物质基础,而且与环境关系非常密切。能源的大量开发和使用,是造成大气及其他多种类型环境污染与生态破坏的主要原因之一。因此有必要掌握村镇能源供求情况,如能源的种类、构成、数量、质量、分布,可开发利用的新能源的数量、技术等情况,能源消费情况等,为制定科学合理的能源规划提供依据。特别应重视对生物质能、风能、太阳能、小水电、海洋能、地热能、氢能等新能源和可再生能源资源资料的调查与收集。加大对新能源与可再生能源的开发利用,是改善能源消费结构、建立环境友好型社会的重要措施之一。

能源规划资料一般可以从发改委、经委和统计部门搜集,也可按国民经济部门分类。由于各部门统计单位不同,为使资料具有可比性,通常是把多种能源的生产、消费的实物量(t 或 m^3)按其热量相等折算成标准煤量(kg 或 t),标准油量(kg 或 t)和标准气量(m^3),一般常用标准煤量表示。

第二节　村镇规划的资料工作

资料的收集和分析整理工作,应根据不同的规划阶段和实际情况进行。村镇总体规划阶段应侧重于分析、研究乡(镇)域体系总体布局资料,如乡(镇)经济结构、产业结构及其构成比重,各级居民点的职能作用、地理位置及存在的优势与劣势等,而村镇建设规划阶段则侧重于分析研究村镇建设用地和建设项目的现状情况等。

一、资料收集的途径与方法

资料收集,首先要求目的明确,了解每项资料在村镇规划中的用途和作用;其次是做好收集资料的准备工作,结合规划工作的内容拟定资料收集提纲,并明确重点。这样做既可以避免重复和遗漏,还可以抓住重点,节省时间。搜集资料主要是作调查,最好是规划人员亲自调查,掌握第一手的资料和情况;也可由规划人员写出调查提纲,提出各项调查内容和具体要求,印好表格请村镇的有关人员进行填写。对村镇的山林、耕地、江河、建筑等地形、地物、地貌还要踏勘,这样才能在搞村镇用地功能布局时做到心中有数。

基础资料的收集与现场调查研究是我们对村镇从感性认识上升到理性认识的必要过程。调查研究所获得的基础资料是规划定性、定量分析的主要依据。村镇的情况是比较复杂的,进行调查研究既要实事求是、深入实际,又要讲究科学的工作方法,要有针对性,切忌盲目、繁琐。

基础资料收集的方法和途径主要有:

1. 拟定调查提纲,做好准备工作

为了在收集资料的过程中做到有的放矢,避免盲目性,提高工作效率,应先拟好调查提纲,做好充分准备。这些准备工作主要包括:所需资料的内容及其在规划中的作用,目的明确,心中有数,在此基础上拟定调查提纲、列出调查重点,根据提纲要求,编制各个项目的调查表格;研究用什么方法、到什么部门去收集有关资料。

2. 访问、座谈调查

根据拟定的调查提纲,采用访问、座谈的方式向省、地、市、县有关部门进行资料收集,主要是有关村镇所在地的区域经济、交通组织、居民点分布等方面的资料;向当地发展与改革委及有关村镇建设、工业、商业、文化、教育、卫生、民政、交通、地质、气象、水利、电力、环保、公安等部门了解有关现状与长远发展的计划资料。

3. 实地调查

对所要规划的现场,在编制村镇规划之前必须进行详细的调查研究,通过现场实地调查,按照资料收集提纲的要求逐步进行详细的收集和整理。既要掌握文字和数据资料,又要把这些资料的内容同现场实际情况紧密联系起来。在编制规划的过程中,遇到资料不够充分时,应深入现场进一步做有针对性的补充调查,以满足编制规划的需要。

实地调查,必须做到"三勤两多"。

三勤:脚勤,要多走,以步行为最好,在行走中把村镇的地形、地物、地貌调查清楚;眼勤,要仔细看、全面看,对特殊的情况要多看并记忆下来,发现问题时应联想去规划改变的方法;手勤,把实地调查中看到的记录下来,把地形测量图中不符合实际或遗漏的地方修改填补完整,因为地形图测量时有许多地形、地物人为变化了。

两多:一是多问,即多向当地有关单位和主管人员进行询问和请教;二是多想,即多思考,对调查发现的现状情况要反复研究,以避免建设规划脱离实际。

二、基础资料的分析整理

资料的收集不是目的,而是作为规划的一种方法和手段。收集资料是为了编制切合实际情况并能指导今后发展的村镇规划,这就需要对我们收集到的大量资料进行分析和整理,找出村镇建设发展过程中存在的主要问题,进而提出有针对性的整理和改进的文字方案。整理分析的方法很多,在村镇规划中常用的方法有:典型剖析法、随机变量的均值算法、回归分析法等。资料整理的成果可用图表、统计表、平衡表以及文字说明等来反映。

在具体进行基础资料的分析、整理工作时,应注意以下几个问题:

1. 保证资料的真实可靠性

要勇于去伪存真。保证资料的真实可靠性,是保证规划质量的重要条件。资料不真实、不齐备等于没有资料,甚至会比没有资料更糟,造成不必要的损失。

2. 善于调整矛盾

要善于调整各专业资料之间的矛盾。由于资料收集涉及面广,个人、单位对规划人员的协调工作少,各专业部门所提供的规划资料之间往往会发生矛盾,这就需要我们规划工作者在详细分析、研究的基础上进行调整。

3. 全方位进行动态性分析

对于各个方面的资料,应着重从不同的角度全方位进行动态分析。如:对作为规划依据的基础经济资料,除了注意发现该地区的经济发展优势以外,还要注意发挥这些优势的现实性和实施的具体措施。

三、基础资料调查收集的表格

基础资料的表现形式可以多种多样,图表与文字说明是都可以采用的形式。有些资料利用表格的形式,更加清晰,一目了然。由于各表差异较大,很难用统一表格来反映,下面提供一些表格(表2-1 ~ 表2-19),以供参考。

表2-1 村镇人口及其变动的情况统计表

村(镇)名称: 　　　　　　　　　　　调查时间: 　　　　　　　调查人:

年代	总户数(户)	年末人口数(人)														备注
		总人口			在总人口中		自然增长率				机械增长				净增(减)人数	增长(减)率(%)	
		合计	男	女	非农业人口	农村人口	出生数	死亡数	净增(减)数	增长(减)率(%)	迁入	迁出	净增(减)数	增长(减)率(%)			

表2-2 村镇人口年龄构成统计表

村(镇)名称: 　　　　　　　　　　　调查时间: 　　　　　　　调查人:

年份	人口总计(人)	入托年龄0~3岁	入托幼儿年龄4~6岁	上小学年龄7~13岁	上初中年龄14~16岁	上高中年龄17~19岁	劳动年龄 男19~62岁 女19~55岁	退休年龄 男61岁以上 女56岁以上	备注

表2-3 ××年村镇社会经济状况调查记录表

村(镇)名称: 　　　　　　　　　　　调查时间: 　　　　　　　调查人:

村镇名称	总户数(户)	总人口(人)	总人口中		城镇化水平	区(乡)行政区划面积(km²)	按区(乡)为单位的人口密度(人/km²)	按区(乡)为单位的粮食产量(万斤)	社会经济简况(主要手工业、工业、农贸集市及人数、吸引范围、立足条件等)
			农业人口(人)	非农业人口(人)					
××镇									
××乡(镇)									
××村									
××乡(镇)									
××村									

注:1. 可根据最新全国人口普查资料统计和计算。

2. 村镇总人口(包括农业人口和非农业人口)小于1000人以下不作考虑。

3. 根据此资料可绘制村镇系统分布图和人口密度图。

表2-4 村镇土地利用现状调查表

村(镇)名称： 单位:亩 调查时间： 调查人：

项目／村镇名称	总人口	土地总面积	其中	1 企业用地	2 仓库用地	3 对外交通用地	4 生活居住用地							5 农业用地		
							合计	住宅	道路广场	绿地	机关学校科研	商业及服务业	其他用地	合计	耕地	其中蔬菜

表2-5 村镇工业企业情况调查表

村(镇)名称： 调查时间： 调查人：

序号	主管单位	类别	厂矿名称	职工人数(人)	用地面积(km²)	建筑面积(km²)	生产情况			定价方式	年运输量		工业用水(t/a)	工业排水(t/a)	工业用电(kW/d)	工业用煤(t/d)	发展设想
							产品	年产值(万元)	年产量(t)		运入(t/a)	运出(t/a)					

表2-6 村镇仓库情况调查表

村(镇)名称： 调查时间： 调查人：

所属单位			仓库性质		
地点			年度质量 t		
总用地面积（km²）		其中	中转量		
			本镇产销量		
建筑面积(km²)			最大库容量 t		
仓库面积(km²)			年周转次数（次）		
堆场面积(km²)			堆存指标(t/km²)		
职工人数	固定工（人）		有效面积(m²)		
	常年临时工（人）		年运输量(t)		
	季节临时工（人）		月不平衡系数		
主要储存物	主 要 来 路			主 要 去 向		
	地点	数量(t/a)	运输方式	地点	数量(t/a)	运输方式
存在问题及发展意义（包括安全卫生条件）						

表2-7 村镇非地方行政机关经济机构调查表

填表单位： 调查时间： 调查人：

机关名称	所属单位	地址	职工人数(人)	办 公 用 房					生 活 居 住					备注
				占地面积(m²)	建筑面积(m²)	层数(层)	食堂(m²)	车库(m²)	其他	占地面积(m²)	建筑面积(m²)	层数(层)	居住户数(户)	居住面积(m²)	

表2-8 村镇居住建筑总表

村(镇)名称：　　　　　　　　　　　　　调查时间：　　　　　　　调查人：

街道名称	总户数（户）	人口数（人）	平均每户人口（人/户）	住房户数（户）	平均层数（层）	户数（户）	平均每户建筑面积（m²/户）	平均每户居住面积（m²/户）	建筑质量综合评价百分比			居住建筑用地面积（m²）	存在的主要问题及备注
									好的	中等	较差及危房		
××路													
建成区													

注：1. 本表根据居住调查表，经分析、整理汇总而成。
　　2. 对建筑质量综合评价的分类，要根据当地具体情况定出分类标准，一般可根据建筑的材料结构、使用年限、保管情况、受灾情况及当地生活标准等因素来划分。

表2-9 村镇中、小学、托幼现状调查表

村(镇)名称：　　　　　　　　　　　　　调查时间：　　　　　　　调查人：

校名	地点	职工人数			教学班数及学生人数								教学建筑面积（m²）	占地面积（m²）
		总计（人）	教师（人）	职工（人）	高中		初中		小学		托幼			
					班数（个）	学生数（人）	班数（个）	学生数（人）	班数（个）	学生数（人）	班数（个）	学生数（人）		

表2-10 村镇商业服务行业调查表

村(镇)名称：　　　　　　　　　　　　　调查时间：　　　　　　　调查人：

单位名称	隶属单位	建成年代（年）	层数（层）	建筑面积（m²）			占地面积（m²）	服务范围	使用情况	职工人数（人）		现状存在问题
				营业	办公	库房				总计	营业员	

表2-11 村镇医疗卫生机构调查表

单位名称：　　　　　　　　　　　　　调查时间：　　　　　　　调查人：

项　目	现　状	发展计划	备　注
病床数（床）			
门诊人数（人）			
职工人数（人） 其中：医护人员数（人）			
占地面积（m²） 其中：生活居住用地面积（m²）			

续表

项　　　目	现　状	发展计划	备　注
建筑面积(m²) 　其中:医疗设施建筑面积(m²) 　　　生活居住建筑面积(m²)			
污水排放量(t/d)			
污水性质及处理情况			
使用情况: 　门诊及住院人数中城乡人数百 分比,服务半径及医疗质量等			

表 2-12　村镇集贸市场情况统计表

村(镇)名称:　　　　　　　　　　　　　调查时间:　　　　　　　调查人:

占地 面积 (m²)	集市贸 易货物 品种 (个)	集市贸易人数 (人次/d)		成交 金额 (万元/ 年)	成交货 物数量 (t/a)	税务金额(万元)			工作人员(人)			工作人 员平均 工资 (元/月)
		热集 (大集)	冷集 (小集)			商业 行政所	农民 服务部	小计	工商所	服务部	小计	

注:应说明集贸市场在历史上的发展状况、目前的组织领导工作、经济活跃程度与今后发展的要求。

表 2-13　村镇矿藏资料汇总表

村(镇)名称:　　　　　　　　　　　　　调查时间:　　　　　　　调查人:

名称	储　　量(万 t)		品位	分布	掌握 条件	利用 情况	交通 情况	村镇居 民点依 托情况
	累计探明量	保有工业量						

表 2-14　村镇道路广场调查表

村(镇)名称:　　　　　　　　　　　　　调查时间:　　　　　　　调查人:

道 路 名 称	起 点	讫 点	长度 (m)	道 路 性 质	最小 曲线 半径 (m)	交 叉 口 间 距 (m)	宽度(m)				面积(m²)				路 面 结 构	桥梁		广场 用地 (m²)	备 注
							红线 之间 距	车 行道	人 行道	分隔 带 (绿 地)	车 行道	人 行道	分隔 带 (绿 地)			结 构 形 式	荷载 标准 (kN/ m³)		

表 2-15　村镇给水工程调查表

村镇名称:　　　　　　　　　　　　　调查时间:　　　　　　　调查人:

给水管理单位名称				工业用水	
水厂位置			全年供水量 (万 t)	生活用水	
供水能力(t/d)				其他用水	
管线长度(m)	干道(>φ100)			合计	
	支管(<φ100)				

水处理构筑物	处理能力（t/d）		水厂职工人数（人）	
	构筑物简况		制水成本（元/t）	
高地水池（或水塔）容积（m³）		水源类别	
高地水池（或水塔）座数（座）		供水工艺	
用水人口（万人）		泵房面积（m²）	
水厂占地面积（hm²）		水泵型号	
水耗平均日用水量（t/d）		水泵台数（台）	
水厂上属单位			

表 2-16　村镇排水工程调查表

村（镇）名称：　　　　　　　　　　　调查时间：　　　　　　　　调查人：

排水管理单位名称			职工人数（人）		
排水体制			工业生活量（t/d）		
干道长度（m）			生活污水量（t/d）		
排水沟管长度（m）	土明沟		分散的污水处理（座）	化粪池	
	石明沟			其他	
	混凝土管		集中的污水处理构筑物（座）	处理厂	
	其他沟管			其他	

表 2-17　村镇供电现状汇总表

村（镇）名称：　　　　　　　　　　　调查时间：　　　　　　　　调查人：

村镇动力资料								村镇变配电站所				规划范围高压输电线路					村镇电力负荷			
水 电 厂				热 电 厂				名称	位置	容量（kW）	电压等级	现有负荷（kW）	电压项目	35 kV	110 kV	220 kV	合计（kW）	工业负荷（kW）	农业负荷（kW）	市政生活负荷（kW）
名称	位置	装机容量（kW）	最高发电负荷（kW）	名称	位置	装机容量（kW）	最高发电负荷（kW）													
													导线与截面							
													走向							
										村镇电力网及其他										
										线路走向	导线截面	电压等级	家用电器使用户数（户）	发展计划						
合计				合计				合计				合计								

表 2-18　村镇及其附近地区风景、文物古迹调查汇总表

村(镇)名称：　　　　　　　　　　　　　　　　　　调查时间：　　　　　　　　调查人：

文物名胜分类	名称	形成年代	所在地点	完好程度	建筑面积（m²）	占地面积（m²）	交通情况	文物保护级别	保护单位或管理单位	职工人数（人）	服务设施情况及绿化情况	参观游览人数（人）			
												日最高	日平均	月最高	月平均

表 2-19　村镇水资源汇总表

村(镇)名称：　　　　　　　　　　　　　　　　　　调查时间：　　　　　　　　调查人：

河流或水库名称	年径流量（亿 m³）	枯水流量（m³）	水库库容（m³）		水　运		农业用水		水电装机容量（kW）	工业用水量（m³）	距村镇距离（km）	备注
			总库容	有效库容	适航河段	适航航运等级	用水量（m³）	其中:灌溉面积（ha）				

第三节　村镇规划图例的应用 ❶

村镇规划图是完成村镇规划编制任务的主要成果之一。规划图纸在表达规划意图,反映村镇分布、居民点用地布局、建设及各项设施的布置等方面,比文字说明简练、直观和准确。

在编制村镇规划图时,规划人员把规划的内容(包括住宅建筑、公共建筑、生产建筑、绿地等用地,道路、车站、码头等位置及给排水、电力、电讯等工程项目)用简洁、明显的黑白或彩色符号把它们表现于图纸上,所采用的这些符号称之为规划图例。

规划图例不仅是绘制规划图的基本依据,而且是帮助我们认读和使用规划图纸的工具。它在图纸上起着语言和文字的作用。

一、村镇规划图例的分类

一般地,村镇规划图例是按照土地使用情况、图纸性质和管理方法来进行分类的。

(1)按土地使用情况及图纸所表达的内容来划分,村镇规划图例一般可分为用地图例和工程设施图例两大类。

(2)按村镇现状及规划意图来划分,村镇规划图例可分为现状图例和规划图例两大类。

(3)按表现的方法和绘制特点来划分,村镇规划图例可分为单色图例和彩色图例两大类。

二、绘制图例的一般性要求

现将不同类型的图例在绘制时的要求进行说明。

(一)线条、形象、符号与彩色图例

(1)线条图例。图例用线条来进行表现时,线条的粗细、间距必须适度。同一图例在图纸上应粗细匀称、疏密有间、颜色线条更应注意色调统一。

---

❶ 本节主要参考文献:骆中钊等. 小城镇规划与建设管理. 第30-31 页。

（2）形象图例。注意比例适当、表达确切、形象简明、道理易懂、简单易画。

（3）符号图例。用符号（点、线、圆等）来表达图形时,应注意符号的大小统一、排列整齐、疏密适当。

（4）色块图例。同一色块图例应注意颜色一致,涂绘均匀,对比适度,色调和谐。

（二）用地图例

包括编号地$_1$、地$_2$……地$_{41}$,这41个用地图例（见附录二）,基本上可满足村镇总体规划及建设规划图纸的使用要求。

（1）村镇建设规划图常使用的比例尺为1:1000或1:2000。在村镇规划中,一般的,用地布局与建筑布局使用同一比例尺的图纸。集镇可采用与城市规划相近似的做法分两步来完成,先采用1:5000的比例进行用地布局,然后采用1:1000的比例分区进行建筑布置。

住宅建筑、公共建筑、生产建筑可采用附录二所示的图例地$_4$、地$_5$、地$_6$来进行绘制;也可采用各项建设的图例（地$_1$、地$_2$、地$_3$）绘制;还能在同一图纸上两类兼用,即近期建设用地以地$_1$、地$_2$、地$_3$的图例进行表示,但应注意的是,在同一地段内两类图例不应重叠使用。

（2）由于村镇中公共建筑、生产性建筑的种类繁多,各地建设情况区别较大,名称又不统一,所以在规划中不再采用符号进行区分,而是用文字在地段中加以标注,表明其具体用途。如,公共用地可标注商业、文化、办公、学校、医疗、邮电、银行等;生产性建筑用地可标注为农机、化肥、饲养、加工、仓库等。

（3）要注意区分同一项目的规划图例和现状图例。一般用外框线的粗细、符号的粗细、填充程度和色彩的不同浓度来区分。

（4）彩色用地图例。根据规划图的绘制惯例,不同性质的用地采用的颜色分别是:

1）米黄色:住宅建筑;

2）浅米黄色:住宅建筑用地;

3）红色:公共建筑;

4）粉红色:公共建筑用地;

5）褐色:生产建筑;

6）淡褐色:生产建筑用地;

7）淡蓝色:湖水面;

8）绿色:绿地、农田、果园、菜地、林地、苗圃;

9）白色:道路广场;

10）黑色:铁路线和站场;

11）灰色:交通运输等设施用地;

12）红色:村镇用地边界。

为了尽量减少用地性质较接近时的色彩变化,可采用统一的底色,再采用不同的颜色符号来表示。

（三）工程设施图例

包括编号I$_1$、I$_2$……I$_{18}$共18个工程设施及其构筑物图例和管$_1$、管$_2$……管$_{16}$共16个工程管线图例,主要供绘制有关工程设施规划使用。在工程设施较简单时,可不单独绘制工程设施规划图,而在村镇建设规划图中加以标注即可。

一般,工程设施彩色图例的习惯用色为:

(1)黑色:道路、桥梁、铁路、涵洞及工业管道;

(2)湖蓝色:水塔、水闸、泵站、给水管线;

(3)绿色:雨水管线;

(4)褐色:污水管线;

(5)红色:电力、电讯管线;

(6)灰色、黄色:工业管道。

村镇规划有关图例,可参考本书附录一。

第四节 村镇规划现状分析工作

一、村镇规划用地的适用性评价[●]

村镇规划用地的适用性评价是在对村镇自然环境条件进行分析的基础上,按照其自身规划和建设的要求,对村镇用地进行综合质量评定,以确定用地的适用程度,从中得到在这些用地上需要进行的工程技术措施方案及其经济效益预测。村镇用地评价为选择村镇建设用地提供了主要依据。

(一)村镇自然条件分析

对村镇用地适用性评价有影响的主要自然环境条件因素是:

(1)地质。分析因素主要有土质、风化层、冲沟、滑坡、熔岩、地基承载力、地震、崩塌、矿藏等;

(2)水文。主要包括江河流量、流速、含沙量、水位、水质、洪水位、地下水位等;

(3)气象。分析因素有:风向、日辐射、雨量、气温等;

(4)地形。包括:坡度、标高、地貌、景观等;

(5)生物。包括:野生动植物的种类、分布,生物资源,植被,生物生态等。

(二)村镇用地适用性评价的方法

村镇用地按适用性评价一般可分为三类:一类用地,即适宜于修建的用地;二类用地,基本适宜修建,但要采取一定工程措施的用地;三类用地,不适宜修建或需要大量工程措施才能使用的用地。各类用地基本要求如下:

1. 一类用地

适宜修建的用地是指地形平坦、规整、坡度适宜、地质良好,没有洪水淹没危险的用地。这些地段因自然条件比较优越,一般不需要或只需稍加工程措施即可进行修建。属于这类用地的有:

(1)非农田或者在该地段是产量较低的农业用地。

(2)土壤的允许承载能力满足一般建筑的要求。

(3)地下水位低于一般建筑物基础的埋置深度。

● 本节主要参考文献:王宁. 村镇规划. 第40-42 页。

（4）不被 10~30 年一遇的洪水淹没。

（5）平原地区地形坡度一般不超过 5%~10%；在山区或丘陵地区，地形坡度一般不超过 10%~20%。

（6）没有沼泽现象，或采用简单的措施即可排除渍水。

（7）没有冲沟、滑坡、岩溶及膨胀土等不良地质现象。

2. 二类用地

基本适宜修建用地是指需要采取一定工程措施才能使用的用地。属于这类用地的有：

（1）土壤承载力较差，修建时建筑物的地基需要采取人工加固措施；

（2）地下水位较高，修建时需降低地下水位或采取排水措施的地段；

（3）属洪水淹没区，但洪水淹没的深度不超过 1~1.5m，需要采取防洪措施的地段；

（4）地形坡度大约在 10%~20%，修建时需要有较大的土石方工程的地段；

（5）地面有渍水或沼泽现象，需采取专门的工程准备措施加以改善的地段；

（6）有活动性不大的冲沟、沙丘、滑坡、岩溶及膨胀土现象，需采取一定工程准备措施的地段。

3. 三类用地

这类用地是指不宜修建，或必须经大量工程措施才能修建的用地。属于这类用地的有：

（1）农业价值很高的丰产农田；

（2）土壤承载力很低，一般容许承载能力小于 $0.6kg/cm^2$ 和厚度在 2m 以上的泥炭层、流沙层等。这类用地需要采取很复杂的人工地基和加固措施，才能修建；

（3）地形坡度超过 20%，布置建筑物难度很大的地段；

（4）经常受洪水淹没，淹没深度超过 1.5m 的地段；

（5）有严重的活动性冲沟、沙丘、滑坡和岩溶及膨胀土现象，防治时工程量大、需花费很大费用的地段；

（6）其他限制建设的地段。如具有开采价值的矿藏，开采时对地表有影响的地段，给水水源保护地带，现有铁路用地、机场用地以及其他永久性设施用地和军事用地等。

二、村镇规划的现状分析工作

村镇规划现状分析的对象主要是指村镇生产、生活所构成的物质基础和现有土地的使用情况，如建筑物、构筑物、道路、工程管线、绿地、防洪设施等。它是在对村镇进行详细的调查后，所作的一种综合的分析。

村镇大多数是在原有村镇基础上规划建设的，村镇规划不能脱离这些原有的基础。现状条件资料的综合分析对于研究村镇的性质、规模及其发展方向，对于合理利用和改造原有村镇，对于解决村镇各种矛盾，调整不合理布局是极为重要的。

三、现状分析图的绘制

现状分析图是用图的形式表现规划范围内村镇建设的现状，它分为乡（镇）域、镇区和村庄现状分析图。

（一）绘制现状分析图应注意的问题

（1）绘制现状分析图应当以适当比例的地形图为底图。乡（镇）域现状图比例尺一般为

1:10000,可根据规模的大小在 1:5000～1:25000 之间选择;镇区现状图比例尺一般为 1:1000～1:5000;村庄现状图比例尺一般为 1:1000 或 1:2000。

(2)规划人员在绘制现状分析图前,应当进行调查研究,取得准确的基础资料。基础资料主要包括自然条件、经济社会情况、用地和各类设施现状、生态环境以及历史沿革等。

(二)绘制现状分析图应包括的内容

(1)乡(镇)域现状分析图应当包括下列内容:

1)乡(镇)域现状行政辖区内的土地利用情况,包括农业、水利设施、工矿生产基地、仓储用地以及河湖水系、绿化等的分布;

2)行政区划,各居民点的位置及其用地范围和人口规模;

3)道路交通组织、给排水、电力、电讯等基础设施的管线、走向,以及客货车站、码头、水源、水厂、变电所、邮政所等的位置;

4)主要公共建筑的位置、规模及其服务范围;

5)防洪设施、环保设施的现状情况;

6)其他需要在现状分析图上表示的内容。

另外,现状分析图上还应当附有存在的问题。

(2)镇区现状分析图上应当包括下列内容:

1)行政区和建成区界线,各类建设用地的规模与布局;

2)各类建筑的分布和质量分析;

3)道路走向、宽度,对外交通以及客货站、码头等的位置;

4)水厂、给排水系统,水源地位置及保护范围;

5)电力、电讯及基础设施;

6)主要公共建筑的位置与规模;

7)固体废弃物、污水处理设施的位置,占地范围;

8)其他对建设规划有影响的,需要在图纸上表示的内容。现状分析图上还应当附有存在问题的说明。

(3)村庄现状分析图的内容可参照镇区现状分析图的内容适当简化。

第三章 村镇总体规划

第一节 村镇总体规划的基本任务、内容、编制原则和依据

一、村镇总体规划的任务

村镇总体规划是对乡(镇)域范围内村镇体系及重要建设项目的整体部署。村镇总体规划的任务是以乡(镇)行政辖区及其与之有直接、间接或潜在联系的区域为规划对象,依据县城规划、县农业区划、县土地利用总体规划和各专业的发展规划,在确定的发展远景年度内,确定乡(镇)域范围内居民点的分布和生产企业基地的位置;根据各自的功能分工、地理特点和资源优势,确定村镇的性质、人口规模和发展方向;按照相互之间的关系,确定村镇之间的交通、电力、电讯以及生活服务等方面的联系。村镇总体规划体现了农业、工业、交通、文化教育、科技卫生以及商业服务等各行业系统对村镇建设的全面要求和相应建设的总体部署。

二、村镇总体规划的期限和主要内容

(一)村镇总体规划的期限

村镇总体规划的期限是指完全实现总体规划方案所需要的年限。其期限的确定应与当地经济和社会发展目标所规定的期限相一致,一般为 10～20 年。

(二)村镇总体规划的主要内容

(1)对现有居民点与生产基地进行布局调整,明确各自在村镇体系中的地位。

(2)确定各个主要居民点与生产基地的性质和发展方向,明确它们在村镇体系中的职能分工。

(3)确定乡(镇)域及规划范围内主要居民点的人口发展规模和建设用地规模。

1)人口发展规模的确定。用人口的自然增长加机械增长的方法计算出规划期末乡(镇)域的总人口。在计算人口的机械增长时,应当根据产业结构调整的需要,分别计算出从事一、二、三产业所需要的人口数,估算规划期内有可能进入和迁出规划范围的人口数,预测人口的空间分布。

2)建设用地规模的确定。根据现状用地分析,土地资源总量以及建设发展的需要,按照《村镇规划标准》确定人均建设用地标准。结合人口的空间分布,确定各主要居民点与生产基地的用地规模和大致范围。

(4)安排交通、供水、排水、供电、电讯等基础设施,确定工程管网走向和技术选型等。

(5)安排卫生院、学校、文化站、商店、农业生产服务中心等对全乡(镇)域有重要影响的主要公共建筑。

（6）提出实施规划的政策措施。

上述总体规划内容主要可归结为"三定"、"五联系"。"三定"就是定点（定居民点和主要生产企业、基地的位置）、定性（定村镇的性质）和定规模（定村镇的规模）；"五联系"就是交通运输联系、供电联系、电讯联系、供水联系和生活服务联系（主要公共建筑的合理配置）。

三、村镇总体规划编制的主要原则和依据

（一）村镇总体规划的主要原则

（1）编制村镇总体规划，应当以科学发展观为指导，以构建和谐社会、建设社会主义新农村为基本目标，坚持城乡统筹，因地制宜，合理确定村镇发展战略与目标，促进城乡全面协调可持续发展。

（2）编制村镇总体规划，应当立足于改善人居环境，有利生产，方便生活；节约和集约利用资源；保护生态环境；符合防灾减灾和公共安全要求；保护历史文化、传统风貌和自然景观，保持地方与民族特色。

（3）编制村镇总体规划，应当坚持政府组织、部门合作、公众参与、科学决策的原则。

（4）编制村镇总体规划，应当遵守国家有关标准、技术规范。

（二）村镇总体规划的依据

1. 村镇总体规划纲要

在编制村镇总体规划前可以先制定村镇总体规划纲要，作为编制村镇总体规划的依据。

村镇总体规划纲要应当包括下列内容：

（1）根据县（市）域规划，特别是县（市）域城镇体系规划所提出的要求，确定乡（镇）的性质和发展方向；

（2）根据对乡（镇）本身发展优势、潜力与局限性的分析，评价其发展条件，明确长远发展目标；

（3）根据农业现代化建设的需要，提出调整村庄布局的建议，原则确定村镇体系的结构与布局；

（4）预测人口的规模与结构变化，重点是农业富余劳动力空间转移的速度、流向与城镇化水平；

（5）提出各项基础设施与主要公共建筑的配置建议；

（6）原则确定建设用地标准与主要用地指标，选择建设发展用地，提出镇区的规划范围、用地的大体布局。

2. 县级各项规划的成果

如县域规划、县级农业区划、县级土地利用总体规划等。这些规划都是比村镇总体规划高一层次的发展规划，对村镇总体规划都具有指导意义。因此，在编制村镇总体规划之前，应尽量搜集上述规划成果。并应认真分析它们对本乡（镇）范围内村镇发展的具体要求，使之具体体现和落实到村镇总体规划中来。否则，编出的总体规划，就会偏离全县发展规划的大目标，脱离实际陷入盲目性。

3. 国民经济各部门的发展计划

包括工业交通、科技卫生、文化教育、商业服务等各行业系统,它们在一定的地域内都有各自发展的计划。编制村镇总体规划时,也要认真分析、研究它们对当地乡(镇)的具体要求,将其纳入村镇总体规划中,以便与之相协调,具体体现出来。

4. 当地群众及乡(镇)政府领导干部对本乡(镇)村镇建设发展的设想

当地群众和领导干部,最熟悉本地区的情况和存在问题,对发展当地村镇生产和建设事业也都有一定的计划或设想。他们最有发言权。因此,要认真了解他们的计划或设想,特别是要了解这些计划或设想的客观依据。

上述规划成果及搜集的各项资料,都是村镇总体规划的依据。在没有编制县级区域规划的地区,在编制村镇总体规划时,应由县人民政府组织有关部门,从县域范围进行宏观预测,提出本乡(镇)范围内村镇的性质、规模、发展方向和建设特点的意见,作为编制村镇总体规划的依据。位于城市规划区内的村镇,应在城市规划的指导下进行编制。

第二节　村镇体系规划

村与村、村与镇之间相互矛盾、相互联系的社会、经济、环境、资源等各方面错综复杂的联系,构成了村镇体系形成的基础和内容,村镇体系规划就是对这些内容所进行的调查、研究、分析,并反映到物质规划建设方面并付诸实施的过程。

村镇体系规划的内容主要涵盖以下方面:

第一,综合研究村镇体系内的各种矛盾和联系,综合评价村镇体系在规划期限内的有利发展条件、潜力和制约因素,制定村镇体系发展战略。

第二,明确村镇体系规划编制的主要任务和重点内容,明确并制定重点规划区域、重点镇、重点建设中心村的建设标准和发展策略,提出村庄整治与建设的分类管理策略。

第三,预测村镇体系人口增长和城市化水平,合理进行村镇体系内生产力的布局;确定村庄布局原则和管理策略,村镇体系内各村庄的职能分工、等级结构,协调村镇体系内资源保护与产业配置、布局发展的时空关系和有效措施。

第四,编制村镇体系规划近期发展规划,明确规划强制性内容,特别是要在规划中划定禁建区、限建区、适建区范围,提出各管制分区空间资源有效利用的限制和引导措施。

第五,统筹安排区域基础设施和社会设施,确定空间管制分区和阶段实施规划及规划实施措施等各项规划内容,引导和控制村镇体系的合理发展和布局,指导村庄、集镇总体规划和建设规划的编制。

村镇体系布局是在乡(镇)域范围内,解决村庄和集镇的合理布点问题,也称布点规划。包括村镇体系的结构层次和各个具体村镇的数量、性质、规模及其具体位置,确定哪些村庄要发展,哪些要适当合并,哪些要逐步淘汰,最后画出乡(镇)域的村镇体系布局方案,用图纸和文字加以表达。村镇体系布局是村镇总体规划的主要内容之一。县域村镇体系规划是调控县域村镇空间资源,指导村镇发展和建设,促进城乡经济、社会和环境协调发展的重要手段。编制县域村镇体系规划,要以科学发展观为指导,以构建和谐社会和服务"三农"为基本目标,坚持因地制宜、循序渐进、统筹兼顾、协调发展的基本原则。各级人民政府和城乡规划行政主管部门应高度重视县域村镇体系规划,结合当前社会主义新农村建设重点工作,切实加强村镇体系规划编制和审批工作。

一、村镇体系规划的基本要求

(一)要有利于工农业生产

村镇的布点要同乡(镇)城的田、渠、路、林等各专项规划同时考虑,使之相互协调。布点应尽可能使之位于所经营土地的中心,以便于相互间的联系和组织管理,还要考虑村镇工业的布局,使之有利于工业生产的发展。

对于广大村庄,尤其应考虑耕作的方便,一般以耕作距离作为衡量村庄与耕地之间是否适应的一项数据指标。耕作距离也称耕作半径,是指从村镇到耕作地尽头的距离,其数值同村镇规模和人均耕地有关,村镇规模大或人少地多、人均耕地多的地区,耕作半径就大;反之,耕作半径就小。耕作半径的大小要适当。半径太大,农民下地往返消耗时间较多,对生产不利;半径过小,不仅影响农业机械化的发展,而且会使村庄规模相应地变小,布局分散,不宜配置生活福利设施,影响村民生活。在我国当前农村以步行下地为主的情况下,比较合适的耕作半径可这样考虑:在南方以水稻或棉花为主的地区,人口密度大,人均耕地少,耕作半径一般可定为0.8~1.2km。在北方以种植小麦、玉米等作物为主的地区,相对的人口密度小,人均耕地多,耕作半径可定为1.5~2.0km。随着生产和交通工具的发展,耕作半径的概念将会发生变化。它不应仅指空间距离,而主要应以时间来衡量,即农民下地需花多少时间。国外常以30~40分钟为最高限。如果在人少地多的地区,农民下地以自行车、摩托车甚至汽车为主要交通工具时,耕作的空间距离就可大大增加,与此相适应,村镇的规模也可增大。在作远景发展规划时,应该考虑这一因素。

(二)要考虑村镇的交通条件

交通条件对村镇的发展前景至关重要,当今的农村已不是自给自足的小农经济,有了方便的运输条件,才能有利于村镇之间、城乡之间的物资交流,促进其生产的发展。靠近公路干线、河流、车站、码头的村镇,一般都有较好的发展前途。布点时其规模可以大些,在公路旁或河流交汇处的村镇,可作为集镇或中心集镇来考虑。而对一些交通闭塞的村镇,切不可任意扩大其规模,或者维持现状,或者逐步淘汰。考虑交通条件时,应考虑远景,虽然目前交通不便,若干年后会有交通干线通过的村镇,仍可发展,但更重要的还是立足现状,尽可能利用现有的公路、铁路、河流、码头,这样更现实,也有利于节约农村的工程投资。具体布局时,应注意避免铁路或过境公路横穿村镇内部。

(三)考虑建设条件的可能

在进行村镇位置的定点时,要进行认真的用地选择,考虑是否具备有利的建设条件。建设条件包括的内容很多,除了要有足够的同村镇人口规模相适应的用地面积以外,还要考虑地势、地形、土壤承载力等方面是否有利于建筑房屋。在山区或丘陵地带,要考虑滑坡、断层、山洪、冲沟等对建设用地的影响,并尽量利用背风向阳的坡地作为村址。在平原地区受地形约束要少些,但应注意不占良田、少占耕地,并考虑水源条件。只有接近和具有充足的水源,才能建设村镇。此外,如果条件具备,村镇用地尽可能在依山傍水、自然环境优美的地区,为居民创造出适宜的生活环境。总之,尽量利用自然条件,因地制宜地来确定村址。

（四）要满足农民生活的需要

规划和建设一个村庄,要有适当的规模,便于合理配置一些生活服务设施。特别是随着党在乡村各项政策落实后,经济形势迅速好转,农民物质文化生活水平日益提高,对这方面的需要就显得更加迫切了。但是,由于村庄过于分散、规模很小,不可能在每个村庄上都设置比较齐全的生活服务设施,这不仅在当前经济条件还不富裕的情况下做不到,就是将来经济情况好一些的时候,也没有必要在每个村庄都配置同样数量的生活服务设施,还是要按着村庄的类型和规模大小,分别配置不同数量和规模的生活服务设施。因此,在确定村庄的规模时,在可能的条件下,使村庄的规模大些,尽量满足农民在物质生活和文化生活方面的需要。

（五）村镇的布点要因地制宜

应根据不同地区的具体情况进行安排,比如南方和北方、平原区和山区的布点形式显然不会一样。就是在同一地区以农业为主的布局和农牧结合的布局也不同。前者主要以耕作半径来考虑村庄布点;后者除考虑耕作半径外,还要考虑放牧半径。在城市郊区的村镇规模又同距城市的远近有关。特别是城市近郊,在村镇布点、公共建筑布置、设施建设等方面都受到城市的影响。城市近郊应以生产供应城市所需要的新鲜蔬菜为主,其半径还要符合运送蔬菜的"日距离",并尽可能接近进城的公路。这样根据不同的情况因地制宜作出的规划才是符合实际的,才能达到"有利生产,方便生活"的目的。

（六）村镇的分布要均衡

力求各级村镇之间的距离尽量均衡,使不同等级村镇各带一片。如果分布不均衡,过近则会导致中心作用削弱,过远又受不到经济辐射的吸引,使经济发展受到影响。

（七）慎重对待迁村并点问题

迁村并点,即是指村镇的迁移与合并,是村镇总体规划中考虑村镇合理分布时,必然遇到的一个重要问题。

我国的村庄,多数是在小农经济基础上形成和发展起来的,总的看来比较分散、零乱。这种状况既不符合农村发展的总趋势,也不利于当前农田基本建设和农业机械化。因此,为了适应乡村生产发展和生活不断提高的需要,必须对原有自然村庄的分布进行合理调整,对某些村庄进行迁并。这样做不仅有利于农田基本建设,还可以节省村镇建设用地,扩大耕地面积,推动农业生产的进一步发展。规划中应当结合当地实际,综合考虑下列因素,以确定不同地域的村庄迁并标准:

(1)人口规模。人口规模过小的村庄。

(2)安全隐患。存在自然灾害安全隐患的村庄,包括地处行洪区、蓄滞洪区、矿产采空区,泥石流、滑坡、塌陷、冲沟等地区的村庄。

(3)环境问题。存在严重环境问题的村庄,包括供水、供电、通讯、交通等基础设施严重匮乏且修建困难的村庄;位于水源地、自然生态保护区、风景名胜核心区等生态敏感区的村庄;地方病高发地区的村庄。

(4)其他方面。重点建设项目占地或压占矿产资源的村庄;位于城镇内部和近郊逐步与城镇相融合的村庄;地域空间上接近且逐渐融为一体的村庄等。

二、村镇体系布局规划

(一)村镇体系的概念

村镇体系是乡村区域内相互联系和协调发展的居民点群体网络。农村居民点,包括集镇和规模大小不等的村庄,从表面看起来它们是分散、独立的个体,实际上是在一定区域内,以集镇为中心,吸引附近的大小村庄组成的群体网络组织。它们之间既有分工,又在生产和生活上保持了密切的内在联系,客观地构成了一个相互联系、相互依存的有机整体。例如,在生活联系方面,住在村庄里的农民,看病、孩子上中学、购物、看电影等,要到镇上去;在生产联系方面,买化肥、农药和农机具,交公粮等,也要到镇上去。就行政组织联系来说,中心村或基层村都受乡(镇)政府领导,国家和上级的方针政策都要通过乡(镇)政府来传达、贯彻、执行。就农村经济发展而言,也是相互促进,相互依存的关系:广大农村经济发展了,为集镇提供了充足的原料和广阔的市场,提供大批剩余劳动力,促进了集镇的繁荣和发展;反过来,集镇的经济发展和建设,对广大农村的经济发展又起到推动作用,为农业发展和提高农民生活水平提供了更便利的条件。

(二)村镇体系的结构层次

村镇体系由基层村和中心村、一般集镇和中心集镇四个层次组成。

村庄是乡村中组织生产和生活的基本居民点。基层村一般是村民小组所在地,设有仅为本村服务的简单的生活服务设施;中心村一般是村民委员会所在地,设有为本村和附近基层村服务的基本的生活服务设施。集镇是乡村一定区域的经济、文化和服务中心,多数是乡(镇)人民政府所在地。一般集镇具有组织本乡(镇)生产、流通和生活的综合职能,设有比较齐全的服务设施;中心集镇除具有一般集镇的职能外,还具有推动附近乡(镇)经济和社会发展的作用,设有配套的服务设施。

这种多层次的村镇体系,主要是由于农业生产水平所决定的。为了便于生产管理和经营,形成了我国乡村居民点的人口规模较小、布局分散的特点。这个特点将在一定的时期内继续存在,只是,基层村、中心村和集镇的规模和数量随农村经济的发展会逐步有所调整。基层村的规模或数量会适当减少,集镇的规模或数量会适当增加,这是随着农村商品经济发展而带有普遍性的发展趋势。

(三)建立村镇体系的意义

村镇体系不是凭空想出来的,而是在村镇建设的实践基础上获得的。过去在村镇建设上曾出现过"就村论村,以镇论镇"的问题,忽视了村镇之间具有内在联系这一客观实际,盲目建设、重复建设,造成了不必要的浪费和损失。这些经验和教训提醒了我们,不能忽视村镇之间具有的内在联系。村镇体系这一观点,体现了具有中国特色的村镇建设道路,是我国村镇建设的理论基础,并成为我国村镇建设政策的重要组成部分,由此确定了村镇建设中的许多重大问题:

(1)明确了村镇体系的结构层次问题;

(2)进一步明确了村镇总体规划和村镇建设规划是村镇规划前后衔接、不可分割的组成部分;

（3）确定了以集镇为建设重点，带动附近村庄进行社会主义现代化建设的工作方针。这一方针是根据我国国情确定的，在当前农村经济还不是十分富裕的情况下，优先和重点建设与发展集镇，以集镇作为农村经济与社会发展的前沿基地，带动广大村庄的全面发展，逐步提高居住条件，完善服务条件，改善环境条件，这些都具有积极的战略意义。

三、镇（中心村）域基础设施规划

村镇生产、生活等各项经济活动的正常进行，村镇的发展，受约于村镇基础设施的正常保障。因此，村镇在实现人口增加、空间扩展过程中需要重点突出、按部就班地解决好重要基础设施的问题[1]。镇（中心村）域基础设施规划主要包括：交通、给水、排水、供电、燃气、供热、通信、环境卫生、防灾等各项村镇工程系统。

村镇交通工程系统担负着村镇日常的内外客运交通、货物运输、居民出行等活动的职能；村镇供电工程系统担负着向村镇提供高能、高效的能源的职能；村镇燃气工程规划系统担负着向村镇提供卫生的燃气能源的职能；村镇供热工程系统担负着提供村镇取暖和特种生产工艺所需要的蒸汽等职能；村镇供电、燃气、供热工程系统三者共同担负着保证村镇高能、高效、卫生、方便、可靠的能源供给职能；村镇通信工程系统担负着村镇内外各种交通信息交流、物品传递等职能，是现代村镇之耳目和喉舌；村镇给水工程系统担负着供给村镇各类用水、保障村民生存与生产的职能；村镇排水工程系统担负着村镇排涝出渍、治污环保的职能；村镇给水、排水工程系统共同担负着村镇生命保障，"吐故纳新"之职能。村镇防灾工程系统担负着防、抗自然灾害、人为灾害，减少灾害损失，保障村镇安全等职能；村镇环境卫生工程系统担负着处理污废物、洁净村镇环境的职能[2]。

镇（中心村）域基础设施规划目的是要在镇（中心村）域范围内建立起各类基础设施的良好骨架，满足整个乡镇的供水、供电、通信等需要，并为镇区建设规划和村庄建设规划提供工程方面的依据。

规划过程中应注意到村镇与城市的区别，合理确定基础设施的开发时序。制定合理的基础设施开发时序，不仅可以充分利用资金，而且还可以有效地引导村镇的发展方向。基础设施投资巨大，在建设中应本着适度超前的原则。过度超前不仅难以解决资金的问题，还无法获取相应的收益；反之，前瞻性不够则会阻碍村镇的健康发展。

村镇重要基础设施开发时序的基本要求是坚持因地制宜的原则，抓住村镇建设的主要矛盾，首先建设能够解决主要矛盾的基础设施，实现村镇健康有序地发展。

四、镇（中心村）域资源开发与生态保护规划

资源是"资财之源"，是人类赖以生存和发展的基础和源泉。狭义的资源仅指自然资源，广义的资源则包括自然资源和社会资源。自然资源是存在于自然界的、有用的自然物质和能源，包括土地、水、空气、矿藏等。社会资源是人类活动创造的资源，包括资本、信息、知识、技术、信誉、伦理、政策、制度等。

自然资源具有可用性、整体性、变化性、空间分布不均匀性和区域性等特点，是人类生存和发展的物质基础和社会物质财富的源泉，是可持续发展的重要依据之一。

---

[1] 顾朝林等．概念规划．第32页。
[2] 戴慎志．城市工程系统规划．第1页。

人类生存和发展离不开自然、社会、环境提供给人们的资源,这是人类赖以生存的物质条件和社会条件,因此培养科学的资源意识十分重要。资源意识包括对资源性质种类及有限性等知识性认知,保护和节省不可再生资源,加紧开发利用并培植可再生资源,以及对资源的合理、高效综合利用等的情感要求。对"资源"概念的认识蕴含价值观念,在人与自然的关系上,人不是自然的主宰,判定自然界各种事物是否有用不能仅仅以人的需要为依据,还要考虑到自然本身固有的价值存在。因此,可以说整个环境就是资源的整体。同时在一定时空和社会历史条件下,资源是有限的,要充分利用环境提供的有限资源,使得相对有限的资源满足人类相对无限的需要既是经济学要解决的问题,也是环境教育的一个重要课题。培育资源意识对培养受教育者的道德价值观、思维能力和水平有重要意义。

(一)自然资源利用与保护中,存在的主要问题

(1)缺乏有效的资源综合管理及把自然资源核算纳入国民经济核算体系的机制,传统的自然资源管理模式和法规体系将面临市场经济的挑战。

(2)经济发展在传统上过分依赖于资源和能源的投入,同时伴随大量的资源浪费和污染产出,忽视资源过度开发利用与自然环境退化的关系。

(3)采用不适当行政干预的方式分配自然资源,严重阻碍了资源的有效配置和资源产权制度的建立以及资源市场的培育。

(4)不合理的资源定价方法导致了资源市场价格的严重扭曲,表现为自然资源无价、资源产品低价以及资源需求的过度膨胀。

(5)缺乏有效的自然资源政策分析机制以及决策的信息支持,尤其是跨部门的政策分析和信息共享,从而经常出现部门间政策目标相互摩擦的不利影响。

(6)资源管理体制上分散,缺乏协调一致的管理机制和机构。

(二)自然资源利用与保护的原则

为了确保有限自然资源能够满足经济可持续高速发展的要求,必须执行"保护资源,节约和合理利用资源"、"开发利用与保护增殖并重"的方针和"谁开发谁保护、谁破坏谁恢复、谁利用谁补偿"的政策,依靠科技进步挖掘资源潜力,充分运用市场机制和经济手段有效配置资源,坚持走提高资源利用效率和资源节约型经济发展的道路。自然资源保护与可持续利用必须体现经济效益、社会效益和环境效益相统一的原则,使资源开发、资源保护与经济建设同步发展。

(1)立足于自然资源基本自给,充分利用村镇内外的资源。

(2)自然资源开发与保护相结合的原则。应按照不同资源类型、区域和特点,制定具体的开发保护计划,其目标应使自然资源得到合理的永续利用,并使自然环境得到不断改善。

(3)资源开发与资源节约相结合原则。资源开发投资大、周期长、成本高,应作为中长期发展重点。二者互为依存,要根据不同资源、不同条件确定其侧重点。

(4)因地制宜原则。由于自然资源时空分布的不均匀性和严格的区域性,以及不同资源的不同特性,因此在自然资源合理利用中必须因地制宜、因时制宜。

(5)资源开发的超前准备与后继开发相结合。

（三）生态保护规划 ●

农村是中国重要的社会区域、经济区域,也是各种自然资源、自然生态系统集中的地方。因此,农村生态环境的优劣,直接作用于农业生产和农村经济的持续发展,同时也影响广大人民群众的居住地——村镇的环境。

生态保护规划是通过分析区域生态环境特点和人类经济、社会活动,以及两者相互作用的规律,依据生态学和生态经济学的基本原理,制定区域生态保护目标以及实现目标所要采取的措施(规划的技术路线)。

1. 当前我国农村生态环境面临的重要问题

(1)中国国土面积大,但耕地面积少,人均耕地只有1亩多,远远低于世界人均水平,是世界上人均耕地面积比较少的国家之一,而且呈人口逐年增多、耕地逐年减少的趋势。据统计,从20世纪50年代到80年代,中国耕地面积减少了14339万亩,人均耕地面积已减少了一半,主要原因是基本建设占用耕地现象日益严重。

(2)中国耕地质量呈下降趋势。耕地有机质含量下降,同时盐碱化、沙漠化、水土流失和自然灾害等严重威胁着大量耕地。

(3)森林覆盖率低,仅为13.4%,远远低于31.4%的世界平均水平,位居世界后列。特别是占国土面积50%的西部干旱、半干旱地区,森林覆盖率不足1%,而且宜林地因各种占用还在大量减少,森林资源不断受到乱砍滥伐的威胁,火灾、病虫害等也常常导致大片森林衰退消失。

(4)中国草地资源丰富,然而存在风蚀沙化威胁,草地植被破坏,超载放牧,不合理开垦以及草原工作中的低投入、轻管理问题,导致草地退化严重,鼠害增加,优良牧草不断减少,且产量降低、质量下降。

(5)农田受到工业"三废"的污染。目前受到工业"三废"污染的农田已有1亿多亩,引起粮食减产,每年达100亿公斤。水体受到污染,死鱼事件常有发生,损失严重。

(6)滥用农药现象十分普遍。一些高产地区每年的施药次数多达十余次,每亩用量高达1公斤,致使部分粮食、蔬菜、畜禽产品、蜂蜜以及其他农副产品农药含量严重超标,农药中毒事故和农药污染纠纷呈上升趋势。

(7)乡镇企业污染严重。20世纪80年代异军突起的乡镇企业数量多、分布散、规模小、行业杂、技术力量弱,污染也很严重。农村环境是村镇环境的基础,为了保护好农村生态环境,必须提高农民的环境保护意识,加强法制建设,合理利用自然资源,植树造林,加强国际交流,进行生态农业建设。

村镇发展中如不注意生态保护,盲目发展,将会造成严重的后果。村镇的污染物就地排放,本身无能力分解,造成村镇本身的污染。另外,将污染废物输送到村镇之外,一般排放集中,被排农村无能力分解,造成农业污染,最终将危害人类自身。

2. 村镇污染类型与防治

当前村镇污染主要是水体污染,其次是烟尘、大气污染和噪声污染。

(1)水体污染

如果未经过处理的污废水大量排放到江河湖泊中,超过了水体的自净能力,水体将变色、

● 主要参考文献:金兆森,张晖. 村镇规划. 第2版. 第257-267页。

发臭,鱼虾死亡,这说明水体受到了严重的污染。

水体污染来源有两种。一是自源污染:地质溶解作用;降水对大气的淋洗、对地面的冲刷,夹杂各种污染物进入水体,如酸雨、水土流失等。另一种是人为的污染,即工业废水和生活污水对水体的污染。

水体污染的防治可采用以下思路:

1)全面规划、合理布局是防止水污染的前提和基础。对河流、湖泊、地下水等水源,加强保护,建立水源卫生保护带。对江河流域统一管理,妥善布置和控制排污,保持河流的自净能力,不能使上游污染危及下游村镇;

2)从污染源出发,改革工艺、进行技术改造、减少排污是防治的根本措施。实际证明,通过加强管理、改进工艺,实行废水的重复使用和一水多用,回收废水中的有用成分,既能有效地减少工业废水的排出量、节约用水,又能减少处理设施的负荷;

3)加强工业废水的处理和排放管理,执行国家规定的废水排放标准,促进工厂进行工艺改革和废水处理技术的发展;

4)完善村镇排水系统,根据条件对污水进行适当的处理。

（2）大气污染

大气是人类及一切生物呼吸和进行新陈代谢所必不可少的物质。所谓大气污染是指由于人类的各种活动向大气排放的各种污染物质,其数量、浓度和持续的时间超过环境所允许的极限（环境容量）时,大气质量发生恶化,使人们的生活、工作、身体健康以及动、植物的生长发育受到影响或危害的现象。

大气污染物多种多样,主要来源于燃料燃烧时排放的烟尘以及工厂、矿井的排气、漏气、跑气和粉尘等。其中对人类生活环境威胁较大的是烟尘中的二氧化硫、一氧化碳、硫化氢、二氧化碳以及一些有毒的金属离子等。

消除和减轻大气污染的根本方法是控制污染源;同时,规划好自然环境,提高自净能力。防治大气污染的技术措施有:

1)改进工艺设备、工艺流程,减少废气、粉尘排放;

2)改革燃料构成。选用燃烧充分、污染小的燃料。如城市煤气化,有条件的地方尽量采用太阳能、地热等洁净能源,汽车燃料采用无铅汽油等;

3)采用除尘设备,减少烟尘排放量;

4)发展区域供热。按照环境标准和排放标准进行监督管理,管理和治理相结合,对严重污染者依法制裁。

防治大气污染的规划措施有:

1)村镇布局规划合理。合理规划工业用地是防治大气污染的重要措施。工业用地应安排在盛行风向的下侧。主要考虑盛行风向、风向旋转、最小风频等气象因素。规划时,除应收集本市、本县的气象资料外,还要收集当地的资料;

2)考虑地形、地势的影响。局部地区的地形、地貌、村镇分布、人工障碍物等对小范围内气流的运动产生影响,因此在山区及沿海地区的工厂选址时,更要注意地形、地貌对气流产生的影响,尽量避开空气不流通、易受污染的地区;

3)山区及山前平原地带易产生山谷风,白天风向由平原吹向山区,晚上风向相反,此风可视为当地的两个盛行风。散发大量有害气体的工厂应尽量布置在开阔、通风良好的山坡上;

4)山间盆地地形比较封闭,全年静风频率高,而且产生逆温,有害气体不易扩散,因此不宜把工业区与居住区布置在一起。污染工业应布置在远离城市的独立地段。

5）沿海地区的工业布局要考虑海、陆风的影响。白天风从海洋吹向大陆，为海风；晚上风从陆地吹向海洋，为陆风。所以沿海地区的工业区与居住区布置时，应采用如图 3-1 所示的布置方式；

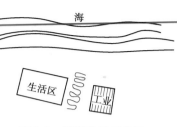

图 3-1　沿海地区工业区、
居住区布置

6）设置卫生防护带。设置卫生防护带，种植防护林带，可维持大气中氧气和二氧化碳的平衡，吸滞大气中的尘埃，吸收有毒有害气体，减少空气中的细菌。同时，可以根据某些敏感植物受污染的症状，对大气污染进行报警。

（3）噪声污染及防治

有些声音是人们日常生活中所需要的或者是喜欢听的，但有些声音却是不需要的，听起来使人厌烦，甚至发生耳聋或者其他疾病，这就是不受欢迎的噪声。噪声有大有小，强度不同，噪声的强度用声级来表示，其单位为分贝（dB）。

一般来讲，声音在 50 分贝以下，环境显得安静；接近 80 分贝时，就显得比较吵闹；到 90 分贝时，环境会显得十分嘈杂；如果到 120 分贝以上，耳朵就开始有痛觉，并有听觉伤害的可能。

噪声的危害不容忽视，轻则干扰和影响人们的工作和休息，重则使人体健康受到损失。在噪声的长期影响下，会引起听力衰退、精神衰弱、高血压、胃溃疡等多种疾病。如果长期在 90 分贝的噪声环境里劳动，就会患不同程度的噪声性耳聋，严重的还会丧失听力。随着社会的发展，噪声污染将呈上升趋势。噪声的来源主要有以下几个方面：

1）工厂噪声。工厂噪声主要是指工厂设备在生产过程中所发出的噪声；

2）交通噪声。机动车噪声为主要噪声声源，主要包括汽车、拖拉机等，少数村镇还有铁路和轮船；

3）建筑及市政工程施工噪声。现阶段村镇建设迅速发展，村镇中有大量的建筑工地，建筑施工中立模板、打桩、浇筑混凝土的噪声很大，影响居民正常的休息和生活，必须依法进行管理；

4）日常生活及社会噪声。包括家庭噪声、公寓噪声及公共建筑（如中学、小学）、娱乐场所、儿童游戏场所、体育运动场所等的噪声。

噪声防治的目标就是使某一区域符合噪声控制的有关标准。治理噪声的根本措施是减少或者消除噪声源。通过改革工艺设备、生产流程等方法来减少或消除噪声源；通过吸声、隔声、消声、隔振、阻尼、耳罩、耳塞等来减少噪声。常用的规划措施有：

1）远离噪声源。村镇规划时合理布局，尽可能将噪声大的企业或车间相对集中，和其他区域之间保持一定的距离，使噪声源和居住区之间的距离符合表 3-1 的要求；

表 3-1　噪声标准

（a）工业企业噪声标准（每天工作 8 小时）

企　业　类　别	A 声级（分贝）
新建企业	85
现有企业	90
已建企业	85

（b）居住区环境噪声标准

时　　　间	A声级（分贝）
白天：晨7时至晚9时	46～50
夜晚：晚9时至晨7时	41～45

（c）一般噪声标准

为保护听力，最高噪声级	75～90分贝
工作和学习	55～70分贝
休息和睡眠	35～50分贝

2）采取隔声措施。合理布置绿化。绿化能降低噪声，绿化好的街道比未绿化的街道可降低噪声8～10分贝。利用隔声要求不高的建筑形成隔声壁障，遮挡噪声；

3）合理布置村镇交通系统，减少交通噪声污染。

3. 村镇工业环境保护

中国的乡镇工业创始于20世纪50年代后期，是在农村手工业基础上逐步发展起来的。自党的第十三届三中全会以来，在十多年的时间里，乡镇工业发展迅猛。1993年，全国乡镇工业总产值达23446.59亿元，已占全国工业总产值的40%。

乡镇企业为农村剩余劳动力从土地上转移出来，为农村的脱贫致富和逐步实现现代化开辟了一条新路，乡镇企业已成为中国农村经济的强大支柱、国民经济的重要组成部分和中小企业的主体。然而，随着乡镇企业（特别是乡镇工业）的发展，村镇环境污染和生态破坏也日益严重，引起了人民的普遍关注。

乡镇企业在中国社会经济发展中的地位越来越重要，因此，如何妥善地处理好乡镇工业的发展和环境生态保护的关系就显得尤为重要。

乡镇企业面临的主要环境问题伴随着乡镇企业的迅速发展，乡镇企业（主要是乡镇工业）对村镇的环境污染和生态破坏日益突出。

乡镇企业一般都建立在水源比较丰富的村镇周围，而现在的农村生态环境是建立在低层次的自然生态良性循环基础上的。所以，其水环境容量很低，一旦被污染，恢复起来十分困难。

在我国东部沿海地区，由于历史和自然条件的原因，乡镇工业发展较快，污染负荷较大；加上东部地区城市大工业的环境污染负荷大，污染又从城市向农村迅速蔓延并呈现逐渐连成一片的趋势，因而成为中国乡镇工业的主要污染地区。我国中、西部地区，乡镇工业发展较东部地区慢一些，但当地自然资源丰富，利用本地资源发展起来的冶炼、采矿等行业，由于工业技术落后、设备相对简陋，对资源、能源浪费较大，造成了局部区域比较严重的水体和大气污染。

由于缺少规划、疏于管理、环境意识差等原因和急于脱贫致富的心态，乡镇企业尤其是一些个体联户企业，对矿产资源随意乱采滥挖，致使植被破坏、林木被毁、草场退化、土地沙化、河道淤塞，造成了局部地区生态严重失衡和资源的严重浪费。局部地区由于冶炼、土炼硫、土炼汞等排放的高浓度有毒有害废气，已造成冶炼炉台周围区域植被死光、粮食绝收，成为"不毛之地"、"生态死区"。

（1）乡镇工业的环境保护

解决乡镇工业的污染问题主要包括以下六个方面：

1）提高环境意识，广泛开展乡镇工业环境保护的宣传教育工作。

2）加快乡镇工业环境保护的法制建设，建立并完善乡镇工业的环境管理法规体系。

3）加强乡镇工业的环境规划，合理布局工业，调整和改善产业结构和产品结构。

4）强化环境管理，加强乡镇工业环境管理机构的建设，提高管理和技术人员的素质；加强部门协作，坚持引导和限制相结合的原则，因地制宜，做好乡镇工业重点污染地区和主要污染行业的环境保护工作；一切新建、扩建、改建工程项目必须严格执行"三同时"的规定，把治理污染所需的资金纳入固定资产投资计划，坚持"谁污染，谁治理"的原则。

5）依靠科技进步，推广无废、少废工艺，逐步加强对乡镇工业生产过程的环境管理。

6）组织开发、研制适用的乡镇工业污染防治技术和装备，积极发展乡镇工业的环保产业。

（2）村镇工业环境保护的规划措施

1）端正村镇工业的发展方向，选择适当的生产项目。各村镇应根据本地资源情况、技术条件和环境状况，全面规划，合理安排，因地制宜的发展无污染和少污染的行业。

2）合理安排村镇工业的布局。从环境保护的角度出发，把村镇工业分类分别进行布置。工业布局要从村镇的实际情况出发，合理布置功能区。就村镇环境保护来讲，工业的布点应按以下原则安排：

①远离村镇的工业。如排放大量烟尘、有害气体、有毒物质的企业，以及易燃易爆、噪声震动严重扰民的企业，建在远离村镇的地方；

②布置在村镇边缘的工业。这类工业占乡镇工业的大多数。这类工业的布置，也要考虑到村镇水源的上下游、主导风向等因素；

③可布置在村镇内的工业。这类工业多为小型食品加工业、小型轻纺和服务性企业等，大多规模不大、无污染或轻度污染。

工厂布置时，还要注意到某些工厂今后发展、转产的可能。特别是目前乡镇企业正处在发展和调整阶段，工业布局要有长远的发展观念，才能避免今后可能出现的被动局面。而且，工业布局还必须注意到直接影响环境问题的地理因素、气象因素等。例如，山区村镇要注意到山谷中不利于大气污染物的稀释扩散；平原地区的村镇要注意防止对附近农田的污染；自然保护区、风景游览区、水源保护区等有特殊环境意义要求的区域，不能兴建污染型工厂和某些乡镇企业等。

企业厂址的选定，要充分注意当地的地理条件。地理条件对工厂废弃物的扩散会产生一定的影响。

严格控制新的污染源。发展村镇企业，必须同时控制污染，杜绝环境污染的发展。所有新建、扩建和转产的村镇企业，都必须执行"三同时"政策。同时，也要防止污染从大城市向村镇扩散。

限期治理村镇企业污染。对易产生污染的村镇企业，应根据国家有关文件，分别采取关、停、并、转等措施，使其限期达到国家和地方制定的污染物排放标准。

总之，村镇资源的开发与保护工作中，应该坚持保护优先，预防为主，防治结合的原则，同时注意生态保护与经济发展相结合，统筹规划，突出重点，分步实施，达到资源、环境、经济的合理利用，走可持续发展的道路。

第三节　村镇性质、规划范围和村镇规模❶

确定村镇的性质和规模是村镇总体规划的重要内容之一，正确拟定村镇的性质和规模，对村镇建设规划非常重要，有利于合理选定村镇建设项目，突出规划结构的特点，为村镇建设规

---

❶ 本节主要参考文献：贾有源. 村镇规划. 第59-67页。

划方案提供可靠的技术经济依据。

大量村镇建设实践证明,重视并正确拟定村镇性质和规模,村镇建设规划的方向就明确,建设依据就充分。反之,村镇发展方向不明,规划建设就被动,规模估计不准,或拉大架子,或用地过小,就会造成建设和布局的紊乱。

一、村镇性质

村镇的性质是指一个具体村庄或集镇在一定区域范围内,在政治、经济、文化等方面所处的地位与职能,即村镇的层次;特点与发展方向,即村镇的类型。村镇性质制约着村镇的经济、用地、人口结构、规划结构、村镇风貌、村镇建设等各个方面。在规划编制中,要通过这些方面把村镇的性质体现出来,发挥其应有的地位和职能。因此,正确地确定村镇性质是村镇规划十分重要的内容。

二、规划范围

村镇规划区,是指村镇建成区和因村镇建设及发展需要实行规划控制的区域。村镇规划区的具体范围,在报经批准的村镇总体规划中划定。

三、规划规模

村镇规模一般用村镇人口规模和村镇用地规模来表示,但用地规模随人口规模而变化,所以村镇规模通常以村镇人口规模来表示。村镇人口规模是指在一定时期内村镇人口的总数。村镇规划人口规模是指规划期末的人口总数。

村镇规划人口规模是村镇规划和进行各项建设的最重要的依据之一,它直接影响着村镇用地大小、建筑层数和密度、村镇的公共建筑项目的组成和规模,影响着村镇基础设施的标准、交通运输、村镇布局、村镇环境等一系列问题。因此,对村镇人口规模估计得合理与否,对村镇的影响很大。如果人口规模估算过大,造成用地过大、投资费用偏高和土地使用上长期不合理与浪费;如果人口规模估计太小,用地也会过小,相应的公共设施和基础设施标准就不能适应村镇建设发展的需要,会阻碍村镇经济发展,同时造成生活居住环境质量下降,对村镇上居民的生活和生产带来不便。

因此,在村镇规划中,正确地确定村镇规划人口规模是经济合理地进行村镇规划和建设的关键。

(一)村镇规划人口规模预测

1. 村镇人口的调查与分析

在预测规划人口规模之前,必须首先调查清楚村镇人口现状和历年人口变化情况,以及由于各部门的发展计划和农村剩余劳动力的转移等而引起的人口机械变动情况,并进行认真分析,从中找出规律,以便正确地预测村镇规划人口规模。

(1)集镇人口的分类

在进行现状人口统计和规划人口预测时,村庄人口可不进行分类。集镇人口应按居住状况和参与社会生活的性质分为下列三类:

1)常住人口。是指长期居住在集镇内的居民(非农业人口和自带口粮进镇人口)、村民、集体(单身职工、寄宿学生等)三种户籍形态的人口;

2）通勤人口。指劳动、学习在镇内，而户籍和居住在镇外，定时进出集镇的职工和学生；

3）指出差、探亲、旅游、赶集等临时参与集镇生活的人员。

（2）村镇历年人口变动

村镇人口的增长来自两方面：人口的自然增长和人口机械增长，两者之和便是村镇人口的增长数值。人口年增长的速度，通常以千人增长率表示。

1）人口自然增长数和人口自然增长率

人口自然增长数，就是一定时期和范围内出生人数减去死亡人数而净增的人数。

人口自然增长率，就是人口自然增长的速度。有年自然增长率和年平均自然增长率之分。

年自然增长率就是某年内出生人数减去死亡人数与该年年初总人数的比值，即

$$年自然增长率 = \frac{年内出生人数 - 年内死亡人数}{本年初（或上年末）总人数} \tag{3-1}$$

因为年自然增长率只代表某年人口的增长速度，不能代表若干年（如规划年限）内人口的增长速度，还需要知道若干年内的年平均自然增长率，因为它是计算人口规模的依据。

年平均自然增长率，就是一定年限内多年平均的自然增长率，可由若干年的年自然增长率和相应年数求出

$$平均自然增长率 = \frac{若干年人口年自然增长率之和}{相应的年数} \tag{3-2}$$

2）人口机械增长数和人口机械增长率

机械增长数主要包括发展工副业和公共福利事业吸收劳动力以及迁村并点引起人口增减等两个方面。至于参军和复员转业、学生升学等原因引起的人口增减，因人数不多，可以省略不计。

发展工副业和公共福利事业，其劳动力都是从整个区、乡（镇）辖区范围内各村吸收的。根据现行政策，这类工副业吸收农业剩余劳动力，户粮关系不转，可以不考虑带眷人数，只考虑职工人数。至于村办企业的职工，均为本村或附近村的劳动力，在家食宿，不会引起人口增减。

迁村并点引起的人口增减，根据村镇分布规划，分阶段按迁移的时间、户数、人口（也包括自然增长数）进行计算。人口机械增长率，就是人口机械增长的速度。有年机械增长率和年平均机械增长率之分。

年平均机械增长率，就是一定年限内多年平均的机械增长率，可由若干年的年机械增长率和相应年数求出

$$年平均机械增长率 = \frac{年内迁入人数 - 年内迁出人数}{本年初（或上年末）总人数} \tag{3-3}$$

（3）农业剩余劳动力的调查分析

农业剩余劳动力，是由于社会生产力的进步，农业劳动生产率的提高和党的正确政策引导的结果。农业剩余劳力是村镇建设和发展的劳力资源。

党的十一届全会以来，由于在农村实行了家庭联产承包责任制和生产结构的调整，提高了广大农民的生产积极性，大大解放了农村劳动力，使大批劳动力从种植业上解放出来，各地均出现大批剩余劳力，而且数量上差异很大。劳动力上的流动出现新动向，很值得我们调查和研究，这对于如何安排剩余劳动力和合理组织人口转移是十分必要的。

根据我国农村的实际，剩余劳力的出路有以下几方面：第一，各村庄就地吸收，调整种植结构，增加劳力投入，从事手工业、养殖业和加工业等；第二，外出到县城或城市，从事其他职业；第三，流动于城乡之间，从事运输贩卖等；第四，进入集镇做工、经商或从事服务业等，这部分人

对集镇的人口规模预测关系重大,应予以足够重视。农业剩余劳动力的统计范围要以乡、镇为单位,以集镇为中心,在乡(镇)域范围内做好村镇体系布局,考虑村镇在某一地域中的职能和地位,以及经济影响和辐射面的大小,同时要根据近几年人口变化的特点来确定村镇吸收剩余劳动力的能力。影响人口的因素是多方面的,可变的因素特别多。我们还是要抓住主要矛盾进行调查分析,用发展的眼光,对待剩余劳动力转移的问题。

2. 村镇规划人口规模预测的方法

预测村镇规划人口规模,首先,根据乡(镇)域自然增长和机械增长两方面的因素,预测出乡(镇)域规划人口规模;然后,再根据农村经济发展和各行业部门发展的需要,分析人口移动的方向。明确哪些村镇人口要增加,增加多少,哪些村镇人口要减少,减少多少,具体预测各个村庄或集镇的规划人口规模。

(1)乡(镇)域规划总人口的预测

乡(镇)域规划总人口是乡(镇)辖区范围内所有村庄和集镇常住人口的总和。总人口的预测计算公式如下

$$N = A(1 + K)^n + B \qquad (3-4)$$

式中 N——乡(镇)域规划总人口数(人);

A——乡(镇)域现状总人口数(人);

K——规划期内人口年平均自然增长率;

n——规划年限;

B——规划期内人口的机械增长数;

人口年平均自然增长,应根据国家的计划生育政策及当地计划生育部门控制的指标,并分析当地人口年龄与性别构成状况予以确定。

人口的机械增长数,应根据不同地区的具体情况予以确定。对于资源、地理、建设等条件具有较大优势,经济发展较快的乡(镇),可能接纳外地人员进入本乡(镇);对于靠近城市或工矿区,耕地较少的乡(镇),可能有部分人口进入城市或转至外地。

【例3-1】 某乡共辖12个村,合计现状总人口为10925人,计划生育部门提供的年平均自然增长率为7‰,根据当地经济发展计划,确定规划期限为10年。据调查该乡范围内盛产棉花。有关部门计划在规划期限内建棉纺厂和被服厂各一座,共需从外地调入职工及家属1200人,计算该乡的规划人口规模。

【解】 $N = A(1 + K)^n + B = 10925 \times (1 + 7‰)^{10} + 1200 = 12914 \approx 12900$(人)

(2)规划人口规模的预测

集镇规划人口规模的预测,应按人口类别分别计算其自然增长、机械增长和估算发展变化(计算内容见表3-2),然后再综合计算集镇规划人口规模。

表3-2 集镇规划人口预测的计算内容

集镇人口类别			计算内容
常住人口		村民	计算自然增长
		居民	计算自然增长和机械增长
		集体	计算机械增长
通勤人口			计算机械增长
临时人口			估计发展变化

集镇人口的自然增长,仅计算常住人口中的村民户和居民户部分。

集镇人口的机械增长,应根据当地情况,选择下列的一种方法进行计算,或采用两三种方法计算,然后进行对比校核。

1)平均增长法。用于集镇建设项目尚不落实的情况下,估算人口发展规模。计算时应根据近年来人口增长情况进行分析,确定每年的人口增长数或增长率。

2)带眷系数法。用于企事业建设项目比较落实,规划期内人口机械增长比较稳定的情况。计算人口发展规模时应分析从业者的来源、婚育、落户等情况,以及集镇的生活环境和建设条件等因素,确定带眷人数。

3)劳力转化法。根据商品经济发展的不同进程,对全乡(镇)域的土地和劳力进行平衡,估算规划期内农业剩余劳动力的数量,考虑集镇类型、发展水平、地方优势、建设条件和政策影响等因素,确定进镇比例,推算进镇人口数量。

集镇规划人口规模预测的基本公式为

$$N = A(1 + K_{自})^n + B \qquad (3-5)$$

或

$$N = A(1 + K_{自} + K_{机})^n \qquad (3-6)$$

式中　N——规划人口发展规模;

　　　A——现状人口数;

　　$K_{自}$——人口年平均自然增长率;

　　　B——规划期内人口的机械增长数;

　　$K_{机}$——人口年平均机械增长率;

　　　n——规划年限。

【例3-2】　某集镇现有常住人口5560人,其中村民3250人,居民1570人,单身职工500人,寄宿学生240人;现有通勤人口1325人,其中定时进出集镇的职工700人,学生625人;现有临时人口750人。根据当地计划生育部门的规定,村民的年平均自然增长率为7‰,居民的年平均自然增长率为5‰。据历年来统计分析,居民的年平均机械增长率为10‰,根据当地各部门的发展计划,单身职工需增加300人,寄宿学生增加240人;定时进出集镇的职工增加300人,学生增加575人;根据预测,临时人口将增加300人。若规划年限定为10年,试计算该集镇的规划人口规模。

【解】　分别计算各类规划人口规模

村民规划人口规模 $= 3250 \times (1 + 7‰)^{10} = 3485$(人)

村民规划人口规模 $= 1570 \times (1 + 5‰ + 10‰)^{10} = 1822$(人)

单身职工规划人口规模 $= 500 + 300 = 800$(人)

寄宿学生规划人口规模 $= 240 + 240 = 480$(人)

定时进出集镇的职工规划人口规模 $= 700 + 300 = 1000$(人)

定时进出集镇的学生规划人口规模 $= 625 + 575 = 1200$(人)

临时人口规模 $= 750 + 300 = 1050$(人)

常住规划人口规模 $= 3485 + 1822 + 800 + 480 = 6587$(人)

集镇常住规划人口规模是确定集镇各项建设规模和标准的主要依据。其余定时进出集镇的职工和学生以及临时人口规模,则主要是在确定公共建筑规模时,应考虑这部分人口对公共建筑规模的影响。

(3)村庄规划人口规模预测

村庄人口规模预测,一般仅考虑人口的自然增长和农业剩余劳动力的转移方向两个因素。随着农业经济的发展和产业结构的调整,村庄中的农业剩余劳动力,大部分就地吸收,从事手工业、养殖业和加工业,还有部分转移到集镇上去务工经商。因此,对村庄来说,机械增长人数应是负数。故村庄的规划人口规模计算公式为

$$N = A(1 + K)^n - B \tag{3-7}$$

式中　N——村庄规划人口规模;

　　　A——村庄现有人口数;

　　　K——年平均自然增长率;

　　　n——规划年限;

　　　B——机械增长人数。

【例3-3】　某村庄现有人口596人,计划生育部门提供的年平均自然增长率为8‰,根据经济发展,某集镇需从本村吸收剩余劳力50人,若规划期限为10年,试计算该村的规划人口规模。

【解】　$N = A(1 + K)^n - B = 596 \times (1 + 8‰)^{10} - 50 = 595 \approx 600(人)$

(二)村镇用地规模的估算

村镇用地规模是指村镇的住宅建筑、公共建筑、生产建筑、道路交通、公用工程设施和绿化等各项建设用地的总和,一般以 ha(公顷)表示。用地规模估算的目的,主要是为了在进行村镇用地选择时,能大致确定村镇规划期末需要多大的用地面积,为规划设计提供依据,以及为了在测量时明确测量区的范围。村镇准确的用地面积,须在村镇建设规划方案确定以后才能算出。

村镇规划期末用地规模估算,可以用下列公式计算

$$F = N \cdot P \tag{3-8}$$

式中　F——村镇规划期末用地面积(ha);

　　　N——村镇规划人口规模(人);

　　　P——人均建设总用地面积(m^2/人)。

公式(3-8)中,人均建设总用地面积与自然条件、村镇规模大小、人均耕地多少密切相关。因此,就全国范围来说,不可能作出统一规定,而应根据各省、市、自治区的具体情况确定。目前,全国各省、市、自治区大部分地区编制了结合本地区实际的村镇规划定额指标,对人均建设总用地面积都作了具体规定。

【例3-4】　山西省某平原中心集镇,规划人口规模为6500人,据山西省村镇建设规划定额指标,平原中心集镇人均建设总用地面积为 $70 \sim 120 m^2$/人,取 $100 m^2$/人,求该中心集镇的用地规模。

【解】　$F = N \cdot P = 6500 \times 100 = 650000(m^2) = 65ha$

第四节　村镇用地布局规划

一、村镇规划用地选择

村镇用地选择,是指所选择的用地在质量和数量上都能满足村镇建设要求的一项工作。

从质量上说,不仅要使所选的村镇地理位置优越,适应农村管理体制和农业生产发展的要求,还应使选择的用地能够满足村镇生产、生活、交通、游憩、环境、安全等方面的要求。就数量而言,不仅要使选择的用地,在范围、大小和形状上能满足建设各级居民点的要求,还应考虑近远期相结合,留有发展用地,同时必须提高土地利用率,达到节约用地的要求。

村镇用地选择,包括村镇总体规划中新建村镇的用地选择,也包括村镇建设规划中原有村镇改建或扩建用地的选择。为叙述方便,两种情况的用地选择在此一并介绍。

(一)村镇用地选择的意义

村镇用地选择的好坏,对农业生产、运输、基建投资以及居民生活和安全都有密切的关系,是百年大计,绝对不能掉以轻心。有的地方在建设村镇时不注意用地选择,有过惨痛的教训。有的村镇建在滑坡地带,如兰州红山根下雷窿村,1904年因山体滑坡全村被埋;1983年3月7日,甘肃省东乡族自治县洒勒山发生大型滑坡,滑坡覆盖面积152万 m^2,果园乡四个村被埋。有的村镇建在河道或洪沟的低洼处,如兰州市雁滩乡北面滩村,由于村址选在低洼地点,多次受到黄河洪水袭击。1981年9月15日,黄河流量达5600m^3/s,洪水超过北堤,使该村浸泡在洪水中,房屋大量倒塌,致使北面滩村有百余户人家无家可归。有的村镇建在矿区上面,有的建在水库淹没区或国家建设工程区内,由于地址不当,刚建起来就要重新搬迁,造成浪费。有的村镇,只考虑眼前利益而不考虑长远利益,占了良田,甚至高产田,给农业生产带来了不可弥补的损失。

在进行原有村镇改建时,有的村镇不认真研究分析本村镇建设用地现状存在的问题(例如,内部有未利用的闲散地或建筑密度过低,或用地布局不合理等),不是在如何调整、利用现有用地上下工夫,而是一味地向外扩展,盲目扩大建设用地规模,造成土地的浪费。有些村镇,由于原有用地满足不了规划发展要求,需要向外扩展,同样,由于缺乏调查研究和认真分析,在选择扩建用地时,或选择在不宜修建建筑物的地段上,或占用耕地、良田,而不利用荒地或薄地,或将安排生产建筑的扩建用地布置在住宅用地的上风和上游,或由于选择不当,使本来就狭长的村镇建设用地更加狭长,等等,致使村镇用地布局不合理。

正确地选择村镇建设用地,可使用地布局紧凑合理,少占耕地良田,降低建设费用,加快建设速度。可见,村镇用地选择工作关系重大,在村镇规划中应予以足够的重视。

(二)村镇用地选择的基本要求

1. 有利生产、方便生活

村镇用地选择,既要考虑生产,又要兼顾生活。从有利生产方面来说,要充分考虑和利用农田基本建设规划的成果,村镇的分布应当适中,使之尽量位于所经营土地的中心(有比较均匀的耕作半径)。便于生产的进行和相互间的联系;便于组织和管理,有利于提高劳动生产率。还要考虑主要生产企业的布局,有利于乡镇企业的发展,就方便生活而言,要满足人们工作、学习、购物、医疗保健、文化娱乐、体育活动、科技活动等方面的要求。

2. 便于运输

村镇用地最好靠近公路、河流及车站码头,并与农田之间有十分方便的联系。这样,有利于村镇物资交流,有利于方便农业生产,有利于提高农业机械化水平。利用现有公路、铁路、河流及其设施,有利于节约工程费用。但是,也不要让铁路、公路、河流等横穿村镇内部,以免影响村镇的卫生和安全,也减少桥梁等建筑的投资。

3. 宜于建筑

村镇用地要选择在地势、地形、土壤等方面适宜建筑的地区。在平原地区选址，应避免低洼地、古河道、河滩地、沼泽地、沙丘、地震断裂带和大坑回填地带；山区和丘陵地带，应避开滑坡、泥石流、断层、地下溶洞、悬崖、危岩以及正在发育的山洪冲沟地段。在峡谷、险滩、淤泥地带、洪水淹没区，也不宜建设村镇。在地震烈度 7 度以上的地区，建筑应考虑抗震设防。

一般应尽量选择地势较高而干燥、日照条件好的地区建设村镇。要求地形最好是阳坡，坡度一般在 0.4% ~4% 之间为宜，若小于 0.4% 则不利于排水，大于 4% 又不利于建筑、街道网的布置和交通运输。在黄土塬上建设下沉式窑洞村庄时，一定要选择暴雨汇集不会灌入院落的地方；建设崖窑时尽量选择向阳坡和可以打窑洞的山坡、崖坎，并有能开辟方便的道路的地方。

4. 水源充足

水源是选择村镇用地的重要条件。只有接近和具有充足的水源，才能建设村镇，保证生产、生活用水的需要。因此，村镇应选择接近江河、湖泊、泉水或有地下水源的地方。选择村镇用地的地下水位，应低于冻结深度，低于建筑物基础的砌筑深度。

5. 环境适宜

村镇用地应尽可能选在依山傍水、自然风景优美的地区。如有条件，最好能与名胜古迹结合起来，为发展旅游事业创造条件。但不要把村镇选在两山间的风口，山洪易于泛滥的地方，更不要把村镇安排在有污染的工厂的下风、下游地带，以免遭受自然灾害和三废污染的威胁。另外，不要在有克山病、大脖子病、麻风病的地区选址新建村镇，以尽量避免地方病的蔓延。

6. 不占良田

我国耕地越来越少，不占良田是一个重要原则。因此，在选择村镇用地时要尽量利用宜于建筑的荒山、荒坡、瘠地、低产地。尽量做到不占良田，少占耕地。

7. 节约用地

村镇建设用地一定要按照当地规定的各项指标执行，不要滥占，不要多占，村镇用地应尽可能集中紧凑，避免分散布局。有条件的地方，可适当提高建筑层数；适当合并分散村落，达到节约用地的目的。

8. 留有余地

村镇用地选择应在不占良田、节约用地的前提下，留有村镇发展的余地。做到远近期结合，以近期为主。一方面妥善地解决好当前村镇的建设问题，处理好近期建设；另一方面，又要适应发展的需要，解决好远期发展用地。

9. 便于管理

村镇用地要依据我国现行的行政管理体制，选择集镇、中心村、基层村三级村镇用地。有条件的地方，村镇用地应尽可能集中布局，有利于加强管理，有利于建设新型的社会主义现代化的新村镇。

二、村镇规划用地功能组织与平衡[1]

村镇的功能分区（或叫用地的功能组织），就是把整个居民点用地，按其性质、功能的不同划分为不同的部分，并决定它们的相互位置，使它们之间有机地结合起来，更好地为生活、生产

---

[1] 郑毅主编. 城市规划设计手册. 第 392 页。

服务。功能分区有利于其内部的互相联系,有利于共同利用各项公用设施,并可避免不同功能区之间相互干扰和影响。

较小的村镇一般都分为两大部分:即生产区和生活区。在生活区内配置住宅和各种公共建筑;生产区配置各种生产设施和建筑,进行固定性生产,如各类畜舍、仓库、农机站、工副业厂房等。

有的村镇规模较大,公共建筑项目较多,除上述两区以外,还常常单独设置公共建筑区,把办公机构、商店、服务、医疗、文娱、金融等建筑都集中配置在公共建筑区里。此区一般设置在居民点的中心部位,是居民点的政治、生活服务的中心,也称"公共中心"。

村镇用地的功能组织应当遵循下列原则:

(一)有利生产

村镇功能分区首先应当考虑居民点周围各种用地的关系,务使生产区与农用地之间有方便的联系。为此,总是把生产区设在靠近主要农田的一边(或靠近工厂原料来源的一边)。

生产区与生活区之间联系频繁,两者布置要方便紧凑(同时要合乎卫生及防火要求)。为缩短道路网,常将生产区与生活区采用长边相接的方式。生产区内各生产地段的布置,应有利于生产过程中的协作关系和综合利用各种工程、动力设备。因此,应避免各生产地段在居民点内过分分散。各功能地区的用地外形应力求整齐(山区除外),以使整个居民点用地的周边外形规整,有利于相接壤的田地规整,适于机耕作业,并为各功能地区内部的规划创造有利条件。

(二)方便生活,有利卫生、防火及安全

功能分区时,既要考虑居民到生产区劳动的方便,又要考虑居民对各种公共建筑物——如商业服务、文化卫生等建筑的使用方便。因此,通常把大部分的公共建筑,尽可能地集中布置于生活区适中部位,形成一个服务半径合理且较繁华的公共中心。

同时,生活区与生产区之间还应有一定的有效隔离,以使生活区不受生产区排出的废水、异味、烟尘、噪声等的污染和干扰。因此,规划应很好地考虑地形、全年主导风向、河流流向等对功能分区的影响。

(三)有利形成优美的景观风貌和地方特色

功能分区时就应考虑到建成后道路广场、建筑空间及绿化之间的协调、互衬关系,注意对名胜古迹和优秀传统民居的保护。

三、村镇公共设施的规划布置

村镇总体规划中,除了村镇的分布规划和确定村镇的性质及规模外,还包括主要公共建筑的配置规划,主要生产企业的安排,村镇之间的交通、电力、电信、给水、排水工程设施等项规划。这些都是村镇总体规划的重要组成部分。

村镇主要公共建筑的配置规划,主要是解决乡(镇)域范围内规模较大、占地较多的主要公共建筑的合理分布问题。在一个乡(镇)域范围内,村镇的数量较多,而且规模大小、所处的位置以及重要程度等都不一样,人们不像城市人口那样集中居住,而是分散居住在各

个居民点里,这是由农业生产特点所决定的。因此,不必要也不可能在每个村镇都自成系统地配置和建设齐全、成套的公共建筑,特别是一些主要的公共建筑,要有计划地配置和合理地分布。既要做到使用方便,适应村镇分散的特点,又要尽量达到充分利用、便于经营管理的目的。

村镇公共建筑的配置和分布,要结合当地经济状况、公共建筑状况,从实际出发,要注意避免下列偏向:一是配置公共建筑项目求全,规模偏大,标准偏高;二是不先建广大农民急需的一些生活服务设施,而是花费大量资金、材料、劳力先建办公楼、大礼堂等大型公共建筑;三是有些村镇,建了不少新的住房,但对农民生活必需的服务设施,没有很好安排。农民虽然住进了新房,改善了居住条件,由于缺乏必需的生活福利设施,生活仍然很不方便。

村镇总体规划中,进行主要公共建筑的配置规划,就可以指导各村镇的建设,使各村镇的公共建筑能够科学、合理地分布,避免盲目性。凡是为全乡(镇)域服务的公共建筑和规模较大的公共建筑均属于主要公共建筑。主要公共建筑在配置和分布时,要考虑下面几个因素:

(1)根据村镇的层次与规模,按表3-3的规定,分级配置作用和规模不同的公共建筑;

表3-3　村镇公共建筑项目配置参照表

分类	项　　　　目	中心镇	一般镇	中心村	基层村
一 行政管理	1. 人民政府、派出所	√	√	—	—
	2. 法庭	○	—	—	—
	3. 建设、土地管理机构	√	√	—	—
	4. 农、林、水、电、交通管理机构	√	√	—	—
	5. 工商、税务管理机构	√	√	—	—
	6. 粮管所	√	√	—	—
	7. 交通监理站	√	—	—	—
	8. 居委会、村委会	√	√	√	—
二 教育机构	9. 专科院校	○	—	—	—
	10. 高级中学、职业中学	√	○	—	—
	11. 初级中学	√	√	○	—
	12. 小学	√	√	√	—
	13. 幼儿园、托儿所	√	√	√	○
三 文体科技	14. 文化站(室)、青少年之家	√	√	○	○
	15. 影剧院	√	○	—	—
	16. 灯光球场	√	√	—	—
	17. 体育场	√	○	—	—
	18. 科技站	√	○	—	—
四 医疗保健	19. 中心卫生院	√	—	—	—
	20. 卫生院(所、室)	—	√	○	○
	21. 防疫站、保健站	√	○	—	—
	22. 计划生育指导站	√	√	○	—

分类	项　　　　　目	中心镇	一般镇	中心村	基层村
五 商业金融	23. 百货店	√	√	○	○
	24. 食品店	√	√	○	—
	25. 生产资料、建材、日杂店	√	√	—	—
	26. 粮店	√	√	—	—
	27. 煤店	√	√	—	—
	28. 药店	√	√	—	—
	29. 书店	√	√	—	—
	30. 银行、信用社、保险机构	√	√	○	—
	31. 饭店、饮食店、小吃店	√	√	○	○
	32. 旅馆、招待所	√	√	—	—
	33. 理发、浴室、洗染店	√	√	○	—
	34. 照相馆	√	√	—	—
	35. 综合修理、加工、收购店	√	√	—	—
六 集贸设施	36. 粮油、土特产市场	√	√	—	—
	37. 蔬菜、副食市场	√	√	○	—
	38. 百货市场	√	√	—	—
	39. 燃料、建材、生产资料市场	√	○	—	—
	40. 畜禽、水产市场	√	○	—	—

注:√为应设项目,○为可设项目。

(2)结合村镇体系布局考虑,公共建筑应安排在有发展前途的村镇,对某些从长远看没有发展前途,甚至会被逐步淘汰的村庄,近期就不应安排公共建筑;

(3)充分利用原有的公共建筑,逐步建设,不断完善。

我国村镇建设,绝大多数是在原有村庄或集镇的基础上进行改建或扩建的。这些村镇,一般都兴建了一些公共建筑,应当充分利用,不要轻易拆除。确实需要新建的项目,也要区别不同要求,在标准上有所区别。例如托幼建筑、学校建筑,为使儿童和青少年健康成长,提高教学质量,应很好地规划设计,在建筑标准上也可以适当高于其他的建筑。

公共建筑要随着生产的发展和生活水平的提高逐步建设,逐步完善。那种求新过急的做法,不仅脱离我国当前的实际,而且也脱离群众。

在主要公共建筑的建设顺序上,要根据当地的财力、物力等情况,对哪些项目需要先建,哪些可以缓建,作出统一安排。吉林省永吉县阿拉底的村庄建设,首先抓了三项与农民生活息息相关的卫生所、学校和供销店的建设,抓重点选择,随着今后经济发展逐步完善,这种方法,值得参考。

四、乡镇企业用地的规划布置

随着农村经济的发展和产业结构的调整,出现了各种类型的生产性建筑。为了避免盲目建设和重复建设所造成的浪费,必须在总体规划中,根据当地自然资源、劳力、技术条件、产供销关系等因素,在全乡(镇)范围内合理布点,统筹安排其项目和规模。

村镇各类生产性建筑。有的可以布置在村镇中的生产建筑用地内,有些则由于其生产特点和对村镇环境有较严重的污染,必须离开村镇安排在适于生产要求的独立地段上。这就是我们所指的主要生产企业的安排。安排这类生产企业的一般原则是:

(1)就地取材的一些工副业项目,如砖瓦厂、采矿厂、采石厂、砂厂等,需要靠近原料产地安排相应的生产性建筑和工程设施,以减少产品的往返运输;

(2)对居住环境有严重污染的项目,如化肥厂、水泥厂、铸造厂、农药厂等,应远离村镇,设在村镇的下风、下游地带,选择适当的独立地段安排建设;

(3)生产本身有特殊要求,不宜设在村镇内部的,如大中型的养鸡场、养猪场等,除了污染环境外,其本身还要求有较高的防疫条件,必须设立在通风、排水条件良好的独立地段上,宜在村镇盛行风向的侧风位,与村镇保持必要的防护距离。这些饲养场也可设于田间适当地段,便于就地制肥、就近施肥。

这些生产企业地段,可以看作是没有农民家庭生活要求的"村镇",应与一般村镇同时进行统筹安排,纳入到村镇总体规划中。

生产企业用地的选择,除了首先要满足各类专业生产的要求外,还要分析用地的建设条件。包括用地的工程地质条件,道路交通运输条件,给水、排水、电力及热力供应条件等。

至于现有的生产企业,应在总体规划中作为现状统一考虑。对那些适应生产要求而又不影响环境的,可以考虑扩建或增建新项目。对那些有严重影响而又靠近村镇的生产企业,应在总体规划中加以统一调整或采取技术措施给予解决。

五、村镇道路交通的规划布置

在村镇总体规划中,当确定了村镇和各类主要生产企业的位置后,就要进行村镇间的道路交通规划,把分散的村镇和主要生产企业相互联系起来,形成有机的整体。村镇间道路交通规划,主要是指村镇间的道路联系,在南方水网地区还包括水路运输,目的是解决村镇之间的货流和客流的运输问题。其规划要点是:

(1)规划方便畅通的乡(镇)域道路系统,使村镇之间、村镇与各生产企业之间有方便的联系,并考虑安排好与对外交通运输系统有较好的连接,以便使各村镇和生产企业对外也有较方便的联系。联系村镇之间的道路属于公路范围,沟通县、乡、村等的支线公路属于四级公路,应按《公路工程技术标准》(JTG B01—2003)的规定进行设计;

(2)在有铁路、公路和水路运输各项设施的村镇,要考虑客流和货流都有较方便的联运条件,但要注意尽量避免铁路和公路穿越村镇内部,已经穿越村镇的,要结合规划尽早移出村镇或沿村镇边缘绕行,并注意安排好火车站、汽车站的位置。具有水路运输条件的村镇,要合理布置码头、渡口、桥梁的位置,并与道路系统密切联系;

(3)道路的走向和线形设计要结合地形,尽量减少土石方工程量;

(4)充分利用现有的道路、水路及其车站、码头、渡口等设施;

(5)结合农田基本建设、农田防护林、机耕路、灌排渠道等,布置道路系统,做到灌、排、路、林、田相结合;

(6)乡(镇)域内村镇之间的道路宽度,应视村镇的层次和规模来确定。一般乡(镇)之间的道路宽度为10~12m,由乡(镇)至中心村的道路宽度为7~9m,中心村至基层村的道路宽度为5~6m。

(7)道路路面设计,要考虑行驶履带式农机具对路面的影响。

六、村镇电力、电信工程规划

随着农村经济的繁荣和村镇建设的发展以及农民生活水平的不断提高,农村对电力、电信工程设施的要求也日益提高。为此,需要从全乡(镇)范围统一考虑。这也是村镇总体规划的内容之一。通过规划使电力、电信工程的各项设施(变电站、变电所、变压器、配电室、供电线路、电信局、电信线路等)合理布局,线路最短,工程费用最省,保证各村镇和生产企业在电力供应上达到安全可靠;在电讯联系上迅速、准确,做到村村通电、村村有电话,形成乡(镇)域范围内的电力、电信网。

(一)电力工程设施规划

1. 电力工程设施规划的基本要求和内容

(1)基本要求

1)满足各部门用电增长的要求。

2)满足用户对供电可靠性和电能质量的要求,特别是电压的要求。

3)要节约投资和运营费用,减少主要设备和材料消耗,达到经济合理的要求。

4)考虑近远期相结合,以近期为主,并要考虑发展的可能。

5)要便于规划的实施,过渡方便。

总之,要根据国家计划和电力用户的要求,按照国家规定的方针政策,因地制宜地实现电气化的远景规划,做到技术先进、经济合理、安全适用、运行管理便利、操作维修方便等要求。

(2)电力工程设施规划的内容

1)预测乡(镇)域供电负荷。

2)确定电源和供电电压。

3)布置供电线路。

4)配置供电设施。

2. 电力工程设施规划的基础资料

(1)区域动力资源。即所在地区水利资源、水力发电的可能性以及热能开发的情况。

(2)所在地区电力网的资料。电力网布置图、电压等级、变电站的位置及容量。还要了解当地电力局的有关规定,如计费方式、功率因数的要求、继电保护的时限等级等。

(3)电源资料。现有的及计划的电厂、发电量、存在问题、最近几年最高发电负荷、日负荷曲线、逐月负荷变化曲线。

(4)电力负荷情况:

1)工业交通方面。各单位原有及近期增长的用电量、最大负荷、需要电压,对供电可靠性及质量的要求。

2)农业用电方面。原有及近期增长的用电量、最大负荷、电压等级,对供电可靠性及质量的要求。

3)生活及公共用电方面。居民及公共建筑的用电标准,路灯、广场照明用电量,排水及公共交通用电量,变电所及配电所的位置。

(5)与供电有关的自然资料、气候资料、雷电日数。应向附近气象局搜集当地绝对最高、最低温度,年最高平均温度,在0.8m深土壤中的年最高平均温度,冻土层的深度,主导风向,年最大风速,10年一遇的特大风速,雷电日及附近雷害情况;对于山区,要注意搜集所在地区的小区气候,多向当地居民调查了解。

(6)地质状况。了解土壤结构,以便确定土壤的电阻率;了解规划区域内是否有断层,以避免电缆跨越断层;了解地震情况及其烈度,以便考虑电气设备安装是否需要采取防震措施。

(7)输电线路主要规范,导线型号,截面,线路长度,电阻,电容,输电线路升压及改进可能性的资料,变电所扩建可能性资料。

(8)现有系统中曾发生的严重事故及其原因。

(9)供电系统的远景发展资料。

3. 确定变电站容量的电力负荷计算

村镇建设和发展需要多少能源,必须通过规划中各项建设的需要进行负荷估算,方能研究和确定电力的来源和供电线路的布置。

(1)影响电力负荷的因素

1)供电站规划区域内机械化、电气化水平越高,负荷越大。

2)公共设施越完善,居民物质文化水平越高,负荷越大。

3)气候条件不同负荷也有不同。

4)最大负荷的时间上分布不平衡,有的负荷白天有,晚上没有;有的晚上有,白天没有。

(2)村镇电力负荷的特点

1)季节性强。农村的电力负荷绝大部分集中在夏、秋两季,且受气候条件的影响,高峰负荷出现的时间经常变化。这种电力负荷由于季节性强,给电源容量的选择、电网运行和供电方式都带来影响。

2)地区性。各地气候条件、地理情况和耕作方式都有明显区别,即使在同一地区,因自然条件不同,其电力负荷计算也往往不同。如排灌负荷,相同的排灌面积,平原地区与丘陵地区所要求的也不一样。

3)功率因数低。村镇电力设备主要为容量小、转速低的感应电机,一般也没有安装无功补偿设备,因此功率因数一般在 0.6 ~ 0.7 之间,在个别地区,功率因数甚至低至 0.4 ~ 0.5。这是造成村镇电力网电能损耗大的主要原因之一。

4)利用时数少。一般,农村综合年最大负荷小时约为 1500 ~ 2000h(年最大负荷利用小时,指年用电量和最高负荷的比值),农村的电气设备利用率低。

(3)乡(镇)域供电负荷预测

乡(镇)域供电负荷的统计是确定变电站容量的依据,一般包括生活用电、农业用电、乡(镇)企业用电。乡(镇)域供电负荷预测,可按以下标准:

1)生活用电负荷为:1kW/户;

2)农业用电负荷为:15W/亩;

3)乡镇企业用电负荷为:重工业万元产值为 3000 ~ 4000kW/h;轻工业万元产值为 1200 ~ 1600kW/h。

将上述所有用户在相同时间里的负荷相加,可绘出负荷曲线图。冬季负荷曲线中的最大值就是发电厂或变电所的最大负荷。

4. 电源的选择及线路的布置原则

目前,村镇供电方式主要有:自建小水电站、风力发电、小火力发电及国家电网供电。在供电方式选择时,应在能源调查的基础上,通过技术经济比较,选择经济合理的方案。

(1)不同电源的供电特点

1）小型水电站供电。在村镇附近蕴藏着一定水力资源，通过上级水利部门允许开发后，就可以进行规划。建立小水坝，形成足够的水头和流量就可以发电，水坝越高，发电量越大。小型水电站供电，管理简便、生产人员少、成本低，但受季节的影响，且枯水期限制负荷。

2）小火力发电厂供电。适宜于附近燃料、水资源充足，运输方便的村镇。有供电负荷近、能源不受季节影响等优点，但成本高，运输管理复杂。

3）区域电力系统供电。村镇电源大多是由区域电力网引入到变电所，由高压降为低压，分配到用户。供电可靠，不受季节影响，投资少。

（2）变电所位置的选择

变电所位置的确定，与总体规划有密切的关系，应在电力工程设施规划时加以解决。

变电所有屋外式、屋内式和地下式、移动式等，变电所的位置应考虑下面一些问题：

1）接近负荷中心或网络中心；

2）便于各级电压线路的引入或引出，进出线走廊要与变电所位置同时决定；

3）变电所用地应不占或少占农田，地质条件较好；

4）不受洪水浸淹，枢纽变电所应建在百年一遇洪水位之上；

5）工业企业的变电所位置不要妨碍工厂的发展；

6）临近公路或村镇道路，但应与之有一定的距离；

7）区域性变电所不宜设在村镇内。

变电所的用地面积根据电压等级、主变压器的容量及台数、出线回路、数目多少而不同，小的占地 50m×40m；大的占地 25m×200m。

变电所合理的供电半径见表3-4。

表3-4　变电所合理的供电半径

变电所合理等级 （kV）	变电所二次测电压 （kV）	合理供电半径 （km）
35	6,10	5～10
110	35,6,10	15～20

送配电线路的电压，按国家规定分为高压、中压、低压三种网络。根据负荷大小及负荷密度来确定。低电压网络直接供电给用户，一般来说采用 380/220V 系统；中压的标准电压有 3kV、6kV、10kV 三种，应根据现状使用情况作技术经济比较后确定；高压标准电压有 35kV、110kV、220kV 等。高压网络一般不进入村镇内部。

（3）供电线路布置原则

1）按村镇规划的用电点，选取路线长度较短的方案。要求自变电所始端到用电处末端的累积电压损失，不应超过 10%。

2）尽量选取短捷、转角少、角度小、特殊跨越少、施工方便的路径。

3）线路尽量少占或不占耕地，不占良田，避免跨越房屋建筑。

4）线路架设应兼顾交通方便，尽量接近现有道路或通航的河流。

5）线路不应跨越易燃材料顶盖的建筑物，避开不良地质、长期积水和经常爆破作业的地段，最好能离开人流集中的公共建筑物。在山区应尽量沿起伏平缓的地形或较低的地段通过。

（4）高压架空线路的布置

高压线导线一般为裸导线，当高压线接近村镇或跨越公路、铁路时，应根据电力部门的规定采取必要的安全预防措施。不同电压的架空线路与建筑物、地面以及其他工程线路、河流之间的最小水平及垂直距离按有关规定确定。

高压线走廊应架设在宽敞且没有建筑物的地段上,其宽度根据具体情况确定,考虑倒杆的危险,一般以大于杆高的两倍为准;如果高压线走廊必须从有建筑物的地段经过时,其宽度则只能从安全距离的角度考虑,而不考虑倒杆的情况。

确定高压线走向的一般原则:

1)线路短捷,节省投资;

2)保证安全,符合实际情况;

3)线路经过有建筑物的地段时,尽可能少拆房屋;

4)尽量避免穿过村镇建设用地;

5)尽量减少与铁路、公路、河流以及其他工程管线交叉;

6)高压线走廊不应设在洪水淹没区、河水冲刷和空气污浊的地段。

(二)电信工程规划

村镇电信工程包括有线电话、广播等,工程设施的主要部分由专业部门规划设计,但在村镇规划中应统一进行线路布置。

1. 有线电话线路的布置

(1)线路尽量做到"近、平、直"。

(2)避开有可能发生洪水淹没、河岸坍塌、土坡塌方等危害的地段,以及有严重污染的地段。

(3)便于架设和沿路视察检修。

(4)电话线属于弱电线路,易受周围环境的影响,应避开电力线、广播线、铁路和主干公路的干扰。电话线路与铁路、公路平行架设时,间隔距离应尽可能大于20m;与广播线路交叉时,尽可能采用十字交越,交越时不应小于45°,两导线的垂直距离不应小于0.6m;与长途电话线平行时,间隔应大于8m,交叉时电话线在下方通过,交叉角大于30°。

(5)在村镇内可采用通信电缆,或用钢索沿着电力线路明敷。

(6)一般架设在道路的西侧和北侧。

电信线路与其他物体的间距标准见表3-5。

表3-5 电信线路与其他物体的间距标准

项 目	间 距 说 明		最小间隔(m)
1	线路离地面的最小距离	一般地区	3
		在市区(人行道上)	4.5
		在高产作物地区	3.5
2	线路经过树林时,导线与树的距离	在城市,水平距离	1.25
		在城市,垂直距离	1.5
		在郊外	2.0
3	线路跨越房屋时,线路距房顶的高度		1.5
4	线路跨越道路时,与路面的距离	跨越公路、乡村路、市区马路	5.5
		跨越胡同(里弄)土路	5
5	跨越铁路,导线与轨面的距离		7.5

续表

项 目	间 距 说 明		最小间隔（m）
6	两条电信线路交叉，两导线的最小间距		0.6
7	电信线路穿越电力线路时，应在电力线下方通过，两级间的最小距离	架空电力线路额定电压 1～10kV	2(4)
		20～110kV	3(5)
		154～220kV	4(6)
8	电杆位于铁路旁时，与轨道的间距		13h(h 为杆高)

注：表内括号中的数字是在电力线路无防雷保护装置时的最小距离。

2. 有线广播线路的规划

将广播站扩音机放大后的音频电流，经导线及变压器设备，送到用户的扬声器上播发出来，这套设备被称为有线广播网。它的线路由馈送线（干线）和用户线（支线）两部分组成。

广播线路根据村镇人口情况及扬声器的多少，按每条馈送线负荷的基本平衡原则，结合地形进行线路规划，线路规划的原则与有线电话的布置基本相同。用户线可以集中在馈送线的终端，也可以分布在沿途的几个点上。线路与其他工程线路接近时，应按有关规定处理。

七、村镇给水排水工程规划

改善村镇的供水条件和排水状况，是建设现代化村镇的重要任务。以往在进行村镇供水、排水工程设施规划时，由缺乏村镇体系观点，没有从全乡（镇）范围统筹安排，"就村论村、就镇论镇"，仅在村镇建设规划时考虑，局限在本村或本镇自成系统独立进行规划，形成"各自为政"，出现一个村一个水厂，水厂分散和规模小等情况，造成制水成本高、工程投资大、水质难以保证等弊病。例如，广东省中山市东凤镇永益村水厂，日供水量960m³，总投资43.3万元，每立方米供水投资451元，而中山市某水厂，日供水量20万 m³，虽然总投资3830万元，而每立方米供水量投资仅191.5元，而且可以满足 5 个镇18万人和中山市一部分居民饮用。由此可见，有必要从全局出发，结合村镇体系布局、水源等条件，对给排水设施进行合理规划。排水工程设施规划，也不能孤立进行，也应在全乡（镇）范围内，结合当地河流规划和农田水利规划进行。

（一）供水工程设施规划

供水工程设施规划应注意下列几个问题：

1. 选择水源

水源选择的主要原则是水量充沛，水质好，取水方便，便于卫生防护。水源可分为地面水和地下水两大类。选择水源时，要根据当地具体情况来确定是选用地面水还是地下水为水源。通常优先选用地下水，因为地下水易防护，不易被污染，可以就近取水，一般不需要处理或简单处理即可。在地下水源缺乏、水质不良的地区，可选用地面水为水源。淡水资源缺乏的地区，可修建蓄水构筑物（如水窖或水柜等）收集降水，作为水源。城市近郊的村镇，可以由城市水厂直接供水。

2. 选择合适的供水方式

由于各地的自然条件、地形、村镇分布和规模不一，所以不同地区应采用不同的供水方式。对规模不大、彼此毗邻的村镇，可选择联片集中供水的方式，即将若干个村联合在一起建一个给水系统,根据一些省、市的经验,联片供水的半径以 1.5～2.5km 为宜。其优点是水源水量和水质有保证,节约基建投资,占地面积小,便于管理等。对规模较大、彼此距离较远的村镇,则不宜采用集中供水的方式,而应采用单村(镇)独立的供水方式。在缺水地区,可采用以户为单位建水柜或水窖的分散方式供水。

3. 水厂厂址的选择和输水管道的布置

水厂厂址选择应根据就近取水、就近供水、地质条件好、不受洪水威胁、节约用地、便于卫生防护、交通方便、靠近电源等原则选择水厂厂址。

对于联片集中供水方式的水厂厂址,应根据供水范围内村镇的规模、分布情况,选择在适中位置,并尽量接近用水量大的村镇,以减少管道工程的费用。

对于单村(镇)独立供水方式的水厂厂址,应尽量靠近村镇布置。若选用河流为水源时,水厂应位于村镇的上游;若选用地下水为水源时,要注意地下水的流向,水厂也应选在村镇的上游,以便于卫生防护。

输水管道的布置,在村镇总体规划中,只考虑联片集中供水系统输水管道的走向问题。即若干个村镇集中用一个水厂供水时,需规划布置好通往各个村镇的输水管道。规划布置时,可根据供水范围内村镇分布情况,尽量做到线路最短、土石方工程量最小,不占或少占农田。有条件时,输水管道最好沿道路铺设,便于施工和维修。

对单村(镇)独立供水系统的输水管道规划布置问题,因其供水系统只供本村或本镇使用,输水管道和配水管道网规划布置应在建设规划中进行。

(二)排水工程设施规划

排水工程设施规划应注意以下问题:

1. 工程设施规划应与当地的河流规划和农田水利规划相结合

根据居民点的分布情况,决定集中还是分散排入河流或灌排渠道;根据污水性质和数量,决定是否需要污水处理工程。排水管网布置应结合地形条件合理布置,尽量采用自流管网,避免加压管道,节约投资及管理费用。

总之,要考虑污水的出路,特别是对于一些排出有毒废水的乡镇企业(如电镀等)。应予以重视,妥善处理,防止对水源的污染。

2. 排水制度的选择

根据当地地形条件、污水性质、污水量、降雨量及经济状况等,决定采用雨污分流制还是合流制。有条件的地区,尽量采用雨污分流制。

3. 污水处理方式的选择

污水处理是一个复杂的过程,在城市一般是修建污水处理厂,但由于投资太大,对广大农村来说就不现实。因此,污水处理应考虑农村的实际,采用符合农村特点的经济、实用的处理方式。比较经济、实用的处理方式有以下几种:

(1)氧化塘。氧化塘就是利用天然池塘或经过人工修整的池塘处理污水的构筑物,具有构造简单、基建投资低、易于维护管理等优点。农村大多数都有坑塘洼地可利用,因此有条件的地方,应尽量考虑采用。

(2)污水灌溉。利用污水灌溉农田,不仅给农作物提供水和肥,同时污水也得到一定程度的处理,故又称土地处理法。用生活污水灌溉农田,污水需经过沉淀处理,其水质就能满足需要;对于工业废水,要严格控制其水质,否则将会引起不良后果。

（3）沼气池。利用有机物含量高的生活污水和乡镇企业产生的废水（如屠宰、酿酒等废水）和人畜粪便、作物秸秆等作原料，制取沼气，不仅可以为农村提供新能源，又可"消化"污水，一举多得。有条件的村镇，集中修建公共沼气池，可以集中处理污水。

（4）污水养殖。利用坑塘、洼地，采用污水养殖鱼类、水禽及其他水生生物，也是污水净化并能综合利用的一种途径。同样，用于养殖的污水，也需要经过预先处理。

八、村镇环境保护规划❶

环境是人类赖以生存的基本条件，是发展农业、渔业、牧业和工副业生产，繁荣经济的物资源泉。

长期以来，由于对环境问题缺乏足够的认识，以致对环境的保护工作得不到应有的重视。我国各地环境的污染、自然环境和生态平衡遭到破坏，已影响居民的生活，妨碍生产建设，成为国民经济的一个突出问题。

（一）环境与环境污染

（1）环境是指大气、水、土地、矿藏、森林、草原、野生动植物、水生植物、名胜古迹、风景旅游区、温泉、疗养区、自然保护区、生活居住区等。从广义而言，环境是人们周围一切事物、状态、情况三方面的客观存在。也可以说，环境就是由若干自然因素和人工因素有机构成的，并与生存在内的人类互相作用的物质空间。

村镇环境中所谓的"环境"，一般认为包括两个部分：一为自然环境，人类的生存与发展离不开周围的大气、水、土壤、动植物以及各种矿物资源，自然环境就是指围绕着我们周围的各种自然因素的总和，它是由大气圈、水圈、岩石圈和生物圈等组成；二是人为环境（社会环境），即人类社会为了不断提高自己的物质和文化生活而创造的环境，如村镇、房屋、工业、交通、娱乐场所、仓库等，它是人类社会的经济活动和文化活动创造的环境。

（2）环境污染。城镇环境污染是多方面的，内容与形式也较为广泛。受污染领域有大气污染、水体污染和土壤污染三个主要部分；污染物作用的性质可分为物理性的（光、声、热、辐射等）、化学性的（有机物和无机物等）、生物性的（霉素、病菌）三类；污染的主要形式有大气污染、水体污染、固体废弃物污染、土壤污染和噪声污染等。

（3）环境污染的原因。造成村镇环境污染的原因很多，综合起来大体有以下几个方面：

1）缺乏统筹规划，乡镇工副业在发展项目的选择上往往带有盲目性和随意性，这就是什么项目来钱快、利润高或者花费劳动力少，就发展什么项目，管它污染是否严重，只要能够办到的，都愿意干。尤其是一些污染严重，在城市中发展比较困难，为扩大生产，增加产品产量，要求乡镇为其加工或生产部分零配件等的工业项目较为普遍；

2）缺乏整体观念，村镇用地布局不够合理。不少有污染的工副业随意布点，有的占用民房，布置在住宅建筑用地内，也有的布置在村镇主导风向的上风位，有的甚至布置在水源地的附近；

3）缺乏环境保护知识和治理环境污染的技术力量。一般说来，乡镇工副业规模比较小，设备较差，技术力量薄弱，管理也不善，所排放的废气、废水、废渣中有害物质含量比较高，毒性比较大，加之缺乏环境保护知识，不知道污染工厂排出的废物的严重危害性；有的就是知道，也

---

❶ 主要参考文献：王宁、王炜等编著．小城镇规划与设计．第92-98页。

因增加污染物处理设备后,会提高产品成本,降低利润,影响经济收入而不采取任何有效措施。

另外,农业生产上使用化肥、农药及某些农畜产品加工和生活废水污染水体。还有部分农畜产品在水体中作业加工,往往造成水体变色发臭;也有一些卫生院的含菌废水、废物不经过处理,倾倒或排入河塘水体;再加上人畜粪便管理不严,任意在河塘、水井旁倒洗马桶等,造成水库污染日益严重。

(二)环境保护的原则要求

(1)全面规划,合理布局。对村镇各项建设用地进行统一规划,无论是城市搬迁到乡镇的工业,还是本地的工副业,必须根据本地区的自然条件和具体情况进行合理布点,应尽量缩小或消除其污染影响范围。特别要注意污染工副业和禽畜饲养场切忌布置在村镇水源地附近或居民稠密区内,并且要设在村镇主导风向的下风或侧风位和河流的下游处,并与住宅建筑用地保持一定的卫生防护距离。个别工业或饲养场也可离开村镇,安排在原料产地附近或田间。医院位置要设在住宅建筑用地的下风位,远离水源地,以防止病菌污染。

(2)对已经造成污染的厂(场),必须尽快采取治理或调整措施。对确实不宜在原地继续生产,污染严重,治理又比较困难的应坚决下马或者停产;对其他有污染的厂(场)要分类排队,按轻重缓急、难易程度、资金的可能,制定分期分批进行治理的规划方案。

(3)必须认真做好村镇水源、水源地的保护工作。

(4)搞好村镇绿化,充分发挥其对环境的保护作用。

(三)村镇环境保护的一些具体措施

(1)村镇中一切有害物排放的单位(包括工厂、卫生院、屠宰场、饲养场、兽医站等),必须遵守有关环境保护的法规及"三废"排放标准的规定。

(2)在乡村,要积极提倡文明生产,加强对农药、化肥的统一管理,以防事故发生。同时,要遵守农药使用安全规定,加强劳动保护。

(3)改善生活用水条件,凡是有条件的地方,都应积极使用符合水质要求的自来水。

(4)改善居住,搞好绿化,讲究卫生,做到人畜分开。有条件的村镇要积极推广沼气,减少煤、柴灶的烟尘污染。

(5)加强粪便的管理,要结合当地生产习惯,进行粪便无害化处理;同时要妥善安排粪便和垃圾处理场地,将其布置在农田的独立地段上,搞好村镇卫生。

(6)村镇内的湖塘沟渠要进行疏通整治,以利排水。对死水坑要填垫平整,防止蚊蝇孳生。

(7)积极开展环境保护和"三废"治理科学知识的宣传普及工作,为保护村镇环境做出贡献。

九、村镇防灾工程规划❶

村镇防灾减灾规划应根据县域或地区规划的统一部署进行规划。村镇防灾减灾规划包含消防、防洪、抗震防灾等。

---

❶ 主要参考文献:金兆森,张晖等. 村镇规划. 第2版. 第275-285页。

（一）村镇消防规划

村镇消防规划主要包含消防站、消防给水、消防通道、消防通讯、消防装备等公共消防设施,并应符合现行国家标准《建筑设计防火规范》(GBJ 50016—2006)的有关规定。

1. 消防站规划

（1）消防站用地选择

消防站规划时,在其用地的选择上应符合下列规定:

1）现状中影响消防安全的工厂、仓库、堆场和道路设施必须限期迁移或进行改造,耐火等级低的建筑密集区,应开辟防火隔离带和消防车通道,增设消防水源等;

2）生产和存储易燃、易爆物品的工厂、仓库、堆场等设施,应安置在村镇边缘或相对独立的安全地带,宜靠近消防水源,并应符合消防通道的设置要求;

3）生产和储存易燃、易爆物品的工厂、仓库、堆场以及燃油、燃气供应站等与住宅、医疗、教育、集会场所、集贸市场等之间的防火间距不得小于50m;

4）村镇打谷场应布置在村镇边缘,每处的面积不宜小于2000m²;打谷场之间及其与建筑物之间的间距,不应小于25m。打谷场不得布置在高压线下,并宜靠近水源;

5）林区的村镇和独立设置的建筑物与林区边缘间的消防安全距离不得小于300m。

（2）消防站设置要求

消防站的设置,应符合下列要求:

1）消防站的布局应以接到报警后5分钟内消防人员到达责任区边缘为原则,并应设在责任区内的适中位置和便于消防车辆迅速出动的地段;消防站的建设用地面积宜符合表3-6的规定。

表3-6　消防站规模分级

消 防 站 类 型	责任区面积(km²)	建设用地面积(m²)
标准型普通消防站	≤7.0	2400～4500
小型普通消防站	≤4.0	400～1400

2）消防站的主体建筑距离学校、幼儿园、医院、影剧院、集贸市场等公共设施主要疏散口的距离不得小于50m。

2. 消防给水与通道

（1）消防给水

村镇消防给水应符合下列要求:

1）具备给水管网条件的村镇,其管网及消火栓的布置、水量、水压应符合现行国家标准《建筑设计防火规范》(GB 50016—2006)有关消防给水的规定;

2）不具备给水管网条件的村镇,应充分利用河、湖、池塘、水渠等水源,设置可靠的取水设施,因地制宜地规划建设消防给水设施;

3）天然水源或给水管网不能满足消防用水时,宜设置消防水池,寒冷地区的消防水池应采取防冻措施。

有条件的村镇应沿道路设置消防栓,在村镇给水规划时一并考虑。

需要消防给水的范围:

①高度不超过24m的科研楼(存有与水接触能引起燃烧爆炸的物品除外);

②超过 800 个座位的剧院、电影院、俱乐部和超过 1200 个座位的礼堂、体育馆；

③体积超过 5000m³ 的车站、码头、机场建筑物以及展览馆、商店、病房楼、门诊楼、图书馆、书库等；

④超过 7 层的单元式住宅,超过 6 层的塔式住宅、通廊式住宅、底层设有商业网点的单元式住宅；

⑤超过 5 层或体积超过 10000m³ 的教学楼等其他民用建筑；

⑥国家级文物保护单位的重点砖木结构或木结构的古建筑。

(2)消防通道

消防通道之间的距离不宜超过 160m,路面宽度不得小于 4m。当消防车通道上空有障碍物跨越道路时,路面与障碍物之间的净高不得小于 4m。

需要消防车道的范围：

1)穿越建筑物的消防车道

街区内的道路应考虑消防车的通行,其道路中心线间距不宜超过 160m。当建筑物的沿街部分长度超过 150m 或总长度超过 220m 时,均应设置穿过建筑物的消防车道。

2)穿越建筑物的门洞

消防车道穿越建筑物的门洞时,其净高和净宽均不应小于 4m;门垛之间的净宽不应小于 3.5m。

3)连通内院的人行通道

沿街建筑应设车通街道和内院的人行通道(可利用楼梯间通过),其间距不宜超过 80 m。

4)环形消防车道

超过 3000 个座位的体育馆、超过 2000 个座位的会堂和占地面积超过 3000 m² 的展览馆等公共建筑,宜设环形车道。

5)封闭内院的消防车道

建筑物的封闭内院,如其短边长度超过 24m 时,宜设有进入院内的消防车道。若做门洞时,其净高和净宽不应小于 4m;若做车道时,其宽度不应小于 3.5m。

6)高层建筑的周围,应设环形消防车道

当高层建筑的沿街长度超过 150m 或总长度超过 220m 时,应在适中位置设置穿过高层建筑的消防车道。高层建筑应设有连通街道和内院的人行通道。穿过高层建筑的消防车道,其净宽和净空高度均不应小于 4m。

7)消防车道的尺寸

消防车道的宽度不应小于 3.5m,道路上空遇有管架、栈桥等障碍物时,其净高不应小于 4m。

8)消防车道的回车场

环形消防车道至少应有两处与其他车道连通;尽端式车道应设回车道或面积不小于 12m×12m 的回车场;供大型消防车使用的回车场面积不应小于 15m×15m。消防车道下的管道和暗沟应能承受大型消防车的压力。消防车道可利用交通道路。

(二)村镇防洪规划

1.村镇防洪规划的要求与内容

(1)村镇防洪规划的要求

1)村镇防洪规划应与当地江河流域、农田水利、水土保持、绿化造林等的规划相结合,统一整治河道,修建堤坝,圩堤和蓄、滞洪区等工程防洪设施。

2)村镇防洪规划应根据洪灾类型(河洪、海潮、山洪和泥石流)选用不同的防洪标准和防洪设施,同时将工程防洪设施与非工程防洪设施相结合,组成完整的防洪体系。

3)村镇防洪规划应按国家现行的标准《防洪标准》(GB 50201—94)的有关规定执行;镇区防洪规划除应执行本标准外,还应符合国家现行的标准《城市防洪工程设计规范》(CJJ 50—92)的有关规定。

4)邻近大型或重要工矿企业、交通运输设施、动力设施、通讯设施、文物古迹和旅游设施等防护对象的村镇,当不能分别进行防护时,应按就高不就低的原则确定设防标准及设置防洪设施。

①在镇区和村庄修建围埝、安全台、避水台等就地避洪安全设施时,其位置应避开分洪口、主洪顶冲和深水区,其安全超高应符合表3-7的规定。

②在村镇建筑和工程设施内设置安全层或建造其他避洪设施时,应根据避洪人员数量,统一进行规划,并应符合国家现行的标准《蓄滞洪区建筑工程技术规范》(GB 50181—93)的有关规定。

5)易受内涝灾害的村镇,其排涝工程应与村镇排水工程统一规划。

6)防洪规划应设置洪灾救援系统,包括应急集散点、医疗救护、物资储备和报警装备等设施。

表3-7　就地避洪安全设施的安全超高

安　全　设　施	安置人口(人)	安全超高(m)
围埝	地位重要,防护面大,人口≥10000 的密集区	>2.0
	≥10000	2.0 ~ 1.5
	≥1000, <10000	1.5 ~ 1.0
	<1000	1.0
安全台、避水台	≥1000	1.5 ~ 1.0
	<1000	1.0 ~ 0.5

注:安全超高是指在蓄洪、滞洪时的最高洪水水位以上,考虑水面浪高等因素,避洪安全设施要增加的富余高度。

(2)防洪工程规划的内容

1)实地踏勘,收集资料,综合研究

除了研究村镇总体规划的设计意图、市政工程和防洪、防治泥石流及滑坡的规划构思之外,还要着重了解河道的断面、泄洪能力,历年的洪水水位,河道的地质地貌以及历史上所发生过的洪水、泥石流的危害和滑坡等情况;了解堤防现状和本规划区四周的地形、地貌、土壤、植被以及形成山洪的源头等情况。通过实地踏勘取得第一手资料之后,还要进行多方面的比较、核实、研究,为下一步的规划工作提供依据。

2)确定防洪标准

所谓防洪标准,是指防洪工程能防多大的洪水。村镇防洪工程设计标准关系到防洪工程规模、投资及建设期限等问题,应根据村镇的性质、工业的重要程度、经济能力以及其他因素确定防洪标准。如具体到某个居住区时,由于所在区与整个村镇的防洪具有连带关系,须确定该区的防洪工程的分区防洪标准。分区防洪标准定得过高,势必增加工程量的投资;定得过低,又不能保证居住区的必要安全。因此,应当根据居住区的重要性和经济、技术的可能性,结合踏勘所获得的第一手资料,确定其适当的标准——洪水重现期和频率。确定防洪标准之后,接着推算该频率的洪水的洪峰流量。其计算方法要根据水文资料直接分析计算。也可根据本地的实际，采用经验公式推求。

3）确定防洪、防泥石流及滑坡的工程措施

求得洪峰流量之后，就得根据该流量来确定合理的防洪工程。防洪工程的主要措施有堤防、分洪、整治河道、修筑泄洪沟、提高设计标高、整治村镇湖塘等。在村镇的具体分区区域，由于其规划的面积相对于整个村镇来说比较小，因此在设防时不可就事论事，还应结合总体规划中的防洪问题通盘考虑。

泥石流防治主要有工程防治和生物防治两大类。工程防治措施是采取稳定边坡、蓄水拦淤、减缓纵坡来控制不良的地质运动复活。其方式主要有修建谷坊群、截流沟、拦淤坝、固床坝、排洪道等。生物防治是植树造林、种草栽荆，它对防止水土流失具有十分重要的作用。位于山脚的村镇，山高坡陡，容易产生山洪，如果生物防治达到了固石稳土的作用，一般暴雨最多形成山洪，形成泥石流的威胁就可小得多。

滑坡防治有挖孔桩拦挡、钻孔桩锚固拦挡、挡墙拦挡以及截流排水、减载缓坡、反压嵌塞等措施。当然，滑坡防治无疑也有一个生物防治的课题，这是治本的唯一途径。

2. 防洪标准

制订村镇防洪规划的首要问题是，经过仔细的调查、研究和分析、计算，全面考虑工程难易及经济效果，确定防洪标准。如果标准过高，必然要耗费巨大的工程费用；如果标准太低，一旦遭遇洪水灾害，就会造成严重的损失。

防洪标准——洪水重现期和频率，取值的大小关系到城镇的安全和投资的高低。重大城镇，其洪水重现期可取为100～300年一遇；一般性城镇，其洪水重现期为20～50年一遇。

根据《防洪标准》（GB 50201—94），城市应按其社会经济地位的重要性或非农业人口的数量确定防洪标准，见表3-8。

表3-8　城市防洪标准

等级	重要性	非农业人口（万人）	防洪标准［重现期(a)］
I	特别重要的城市	≥150	≥200
II	重要城市	150～50	200～100
III	中等城市	50～20	100～50
IV	一般城镇	≥20	50～20

位于平原、湖洼地区的城镇，当需要防御持续时间较长的江河洪水或湖泊水位时，其防洪标准可取表3-7规定中的较高者。

村庄是以乡村为主的防护区，根据《防洪标准》（GB 50201—94），应按其人口或耕地面积确定防洪标准，见表3-9。

表3-9　乡村防护区等级与防洪标准

等　　级	防护区人口（万人）	防护区耕地面积（万亩）	防洪标准［重现期(年)］
I	≥150	≥300	≥200
II	150～50	300～100	200～100
III	50～20	100～30	100～50
IV	≥20	≥30	50～20

人口密集、乡镇企业较发达或农作物高产的乡村防护区,其防洪标准可适当提高;地广人稀或淹没损失较少的乡村防护区,其防洪标准可适当降低。

防洪工程设计标准主要是对某个泄洪河道的堤坝而言,两者有着密切的关系。一般来说,河道防洪标准提高,城镇防洪标准也就相应提高了。防洪工程设计标准见表3-10。

表3-10　防洪工程设计标准

级　别	工程情况及企业性质	防　洪　标　准	
		频率(%)	重现期(年)
Ⅰ	大型工业企业	1.0	100
	对排洪有特殊要求的中型工业企业		
	大城市		
Ⅱ	中型工业企业在淹没后损失较大,但能在短期内恢复	2.0	50
	对排洪有特殊要求的小型工业企业		
Ⅲ	中、小型工业企业	5.0	20

3. 防洪对策与工程措施

(1)防洪对策

1)在平原地区,当河流贯穿村镇或从一侧通过,村镇地势低于洪水水位时,应修建防洪堤。

2)当河流贯穿村镇,河床较深,则易引起洪水对河岸的冲刷,应设挡土墙等护岸工程,也可与滨河路一并建造。

3)村镇位于山前区,地面坡度大,山洪出山沟口多,可以采用排(截)洪沟。

4)当村镇上游近距离内有大中型水库时,应提高水库的设计标准。

5)村镇地处盆地、低地,暴雨时易发生内涝,应在村镇外围建防洪堤,并修建泵站排涝。

6)位于海边的村镇,容易受海潮及飓风的袭击,应建造海岸堤及防风林带。

(2)防洪工程措施

制定村镇防洪规划,应与当地河流流域规划、农田水利规划、水土保持及植树造林规划等结合起来统一考虑。一般可采用下面几项工程措施:

1)修筑防洪堤岸

村镇用地范围的标高普遍低于洪水水位时,则应按防洪标准确定的标高修筑防洪堤。汛期一般用水泵排出堤内积水,排水泵房和集水池应修建在堤内最低处。堤外侧则应结合绿化规划种植防浪林,以保护堤岸。

筑堤一定要同时解决排涝问题。洪水与内涝往往是同时出现的,因此,排水系统在河岸边的出水口应设置防倒灌的闸门。对堤内的湖、塘等应充分加以利用,以便降低内涝水位,减小排涝泵站的规模,减少其设计流量,从而降低投资和运行费用。

2)整修河道

我国北方地区降雨集中,洪水历时短但峰量较大,平时河道干涸,河床平浅,河滩较宽,这对于村镇用地、道路规划、桥梁建造都是不利的。规划中宜考虑防洪标准下的泄洪能力将河道加以整治,修筑河堤以束流导引,变河滩地为村镇用地,把平浅的河床加以浚深,或把过于弯曲的河道截弯取直,以增加泄洪能力,降低洪水位,从而降低河堤高度。

3)整治湖塘洼地

湖塘洼地对防洪排渍的调节作用是不小的。应结合村镇总体规划,对一些湖塘洼地加以保留与整治,或浚挖用来养鱼,或略加填垫修整用来作绿化苗圃,还可结合排水规划加以连通,以扩大蓄纳容量。

4)修建截洪沟

山区的村镇,往往受到山洪暴发的威胁。可在村镇用地范围靠山较高的一侧,顺应地形修建截洪沟,因势利导,将山洪引至村镇范围外的其他沟河,或引至村镇用地的下游方向排入附近河流中。截洪沟的布置、坡度及铺砌材料等,应考虑安全、水流冲刷等因素,尽量采用明沟,避免从村镇范围内穿过。对依山傍水的村镇,在考虑修建洪沟的同时,还应根据洪水调查资料,修筑必要的河堤和采取局部排渍的措施。

(三)防震减灾规划

我国地震活动频率高、强度大、分布广,是世界上地震灾害最为严重的国家之一。据统计,我国因地震死亡的人数占全球因地震死亡人数的55%。20世纪,全球两次造成死亡20万人以上的大地震全都发生在我国。一次是1920年宁夏海原8.5级大地震,死亡23.4万人;另一次就是1976年唐山7.8级大地震,死亡24.4万人。据建国以来50年的资料统计,地震灾害造成的死亡人数占各种自然灾害死亡人数的54%,可谓群灾之首。因此,地震和地震灾害问题是我国减轻自然灾害、保障国民经济建设和社会持续发展,特别是保障人民群众生命财产安全的一个重要问题。

防震减灾规划作为村镇规划的重要组成部分,是政府全面统一部署的一定时期内防震减灾工作的指导性文件,是政府依法加强领导,落实有关政策,协调各部门工作,动员全社会力量,开展防震减灾的重要途径和手段。编制防震减灾规划的目的就是贯彻防震减灾工作方针,针对震情形势和潜在的地震灾害影响,明确防震减灾工作在一定时期内的指导思想、原则和目标等几个方面的工作任务和措施,使防震减灾工作在政府的统一领导下协调、有序地开展,并与经济建设和社会发展相适应。

1. 村镇抵御地震灾害风险的能力与防震减灾规划的内容

(1)村镇抵御地震灾害风险的能力

目前,由于缺乏相应的法律、法规,公众防震减灾意识淡薄,缺乏必要的防震知识等原因,村镇抵御地震灾害风险的能力普遍较低。突出表现在以下几个方面:

1)村镇规划对地震灾害预防考虑不够

由于许多村镇对所处的地震环境和现有的建筑、生命线设施的抗震能力缺乏足够的了解,在新区规划中,难以根据地震环境、震害风险、抗震不利因素的空间分布等进行科学合理的布局;城镇老区的改建也难以根据现有建筑物的地震风险分布情况,按轻重缓急,科学地加以实施;村镇地震灾害应急避难场所、疏散通道设置和救灾能力布局等方面远远不能满足要求。

2)村镇建设中地震灾害预防难以落实

城镇化进程的加速,带来了基础设施和建筑的迅速增加,由于缺乏足够的技术支撑以及建设管理体系中的缺陷,新建工程的抗震设防管理缺乏法律、法规的强制要求,致使许多工程在抗震性能上未能达到相应的抗震要求,给村镇带来了很大的地震安全隐患。

3)地震灾害应对准备不足

由于缺乏足够的地震灾害应对准备与应急救灾的基础信息、技术支持和应对措施,一旦发生地震灾害将导致应急救灾的滞后与措施不当。

(2)防震减灾规划的内容

村镇防震减灾规划主要包括建设用地评估、工程抗震、生命线工程和重要设施、防止地震次生灾害、避震疏散、建立地震时的防灾救灾体系、明确地震时各级组织的职责、提高地震应急响应和救灾能力等。

1）建设用地评估

处于抗震设防区的村镇进行规划时，应选择对抗震有利的地段，避开不利地段；当无法避开时，必须采取有效的抗震措施，并应符合国家现行的标准《建筑抗震设计规范》（GB 50011—2001）和《中国地震动参数区划图》（GB 18306—2001）的有关规定。严禁在危险地段规划居住建筑和其他人口密集的建设项目。

在村镇规划中，应控制土地开发强度，将建筑物和人口密度控制在一定范围内；居住用地、公建用地、工业用地以及生命线工程、公共基础设施等应避开活动构造、抗震不利区域和危险区域；将抗震不利地段规划为道路用地、绿化用地、仓库用地、对外交通用地等对场地条件要求不是很高的土地使用类型，同时作为地震时避震疏散场地；抗震危险地段可规划为绿化用地。对村镇老区中人口和建筑物密度过大的区域，应减少密度，向抗震有利地段迁移发展。

2）工程抗震

重大工程、可能发生严重次生灾害的建设工程必须进行地震安全性评价，并依据评价结果确定抗震设防要求，进行抗震设防；对于一般建设工程，有条件的地区应当严格按照强制性国家标准《中国地震动参数区划图》或者地震小区划结果确定的抗震设防要求进行抗震设防，在经济欠发达地区，至少基础设施和公共建筑应当按照国家标准进行抗震设防，其他建设工程也应当因地制宜地采取一定的抗震措施。各种建（构）筑物和工程设施，只有按照相应的抗震设防要求和抗震设计规范进行严格的抗震设计和施工，才能具备一定的抗御地震的能力。

对现有的建筑物、构筑物和工程设施应按国家和地方现行的有关标准进行鉴定，提出抗震加固、改建、翻建和拆除、迁移的意见。

3）生命线工程和重要设施规划

生命线工程和重要抗震设施（包含交通、通信、供水、供电、能源等生命线工程以及消防、医疗和食品供应等重要设施）应进行统筹规划，除按国家现行的标准进行抗震设防外，还应符合下列规定：

①道路、供水、供电等工程采用环网布置方式；

②镇区人口密集的地段设置不少于4个出入口；

③抗震防灾指挥机构设置备用电源。

4）次生灾害规划

对生产和储存具有发生地震次生灾害可能的物质的地震次生灾害源，包括产生火灾、爆炸和溢出剧毒、细菌、放射物外泄等次生灾害的单位，应采取下列措施：

①次生灾害严重的，应迁出镇区和村庄；

②次生灾害不严重的，应采取防止灾害蔓延的措施；

③在镇中心区和人口密集活动区，不得有形成次生灾害源的工程。

5）疏散场地规划

避震疏散场地应根据疏散人口的数量规划，疏散场地应与广场、绿地等综合考虑，并应符合下列规定：

①应避开次生灾害严重的地段，并具有明显的标志和良好的交通条件；

②每一疏散场地不宜小于4000m²；

③人均疏散场地不宜小于 $3m^2$;

④疏散人群距疏散场地的距离不宜大于 $500m$;

⑤主要疏散场地应具备临时供电、供水和卫生条件。

6)制定地震应急预案

地震应急是防震减灾的四个工作环节之一,包括临震应急和震后应急。制定破坏性地震应急预案和落实预案的各项实施条件,是做好震前防震工作的重要环节。破坏性地震应急预案是政府和社会在破坏性地震即将发生前采取的紧急防御措施和地震发生后采取的应急抢险救灾行动的计划。从各地、各部门制定与实施破坏性地震应急预案的实践经验来看,应急预案应当包括6个方面的内容:应急机构的组成和职责;应急通信保障;抢险救援人员的组织和资金、物资的准备;应急、救助装备的准备;灾害评估准备;应急行动方案。

2.防震减灾设施布局

从村镇规划的角度来看,学校操场、公园、广场、绿地等均可作为临时避震场所。除满足其自身基本功能的需要和有关法律规范要求外,在防震减灾方面,这些设施布局与选址主要有以下一些规定与要求:

(1)中小学校

学校宜设在无污染的地段,学校与污染源的距离应符合国家有关防护距离的规定,宜选在阳光充足、空气畅通、场地干燥、排水通畅、地势较高的地段,校内应有运动场的场地,具备设置给排水及供电设施的条件,校区内不得有架空高压输电线穿过。

学校主要教学用房的外墙面与铁路的距离不应小于 $300m$;与机动车流量超过每小时 270辆的道路同侧路边的距离不应小于 $80m$,当小于 $80m$ 时,应采取隔声措施;中学服务半径不宜大于 $1000m$,小学服务半径不宜大于 $500m$ 。有学生宿舍的学校,不受此限制。走读学生不应跨过城镇干道、公路及铁路。

(2)公园

公园的用地范围和性质,应以批准的村镇总体规划和绿地系统规划为依据。公园的范围线应与道路红线重合,条件不允许时,设通道使主要出入口与道路衔接;高压输配电架空线通道内的用地不应按公园设计。公园用地与高压输配电架空线通道相邻处,应有明显界限;高压输配电架空线以外的其他架空线和市政管线不宜通过公园,特殊情况必须过境时应符合《公园设计规范》(CJJ 48—92)的有关规定。

(3)广场

广场一般分为公共活动广场、集散广场、交通广场、纪念广场、商业广场五类,有些广场兼有多种功能。

1)按照村镇总体规划确定的性质、功能和用地范围,结合城市交通、地形、自然环境等进行广场设计,并处理好与毗连道路及主要建筑物出入口的衔接,以及与周围建筑物的协调,注意广场的艺术风貌。按人流、车流分离的原则布置分隔、导流等设施,并采用交通标志与标线指示行车方向、停车场地和步行活动区。

2)各类广场的功能与设计要求如下:

①公共活动广场。有集会功能时,应按人数计算需用场地,并对在场人流迅速集散的交通组织,以及与其相适应的各类车辆停放场地进行合理布置和设计。

②集散广场。应根据高峰时间人流和车辆多少、公共建筑物主要出入口的位置,结合地形合理布置车辆与人群的进出通道、停车场地、步行活动地带等。

港口码头、铁路车站、长途汽车站的站前广场应与交通站点的布置统一规划,组织交通,使人流、客货运车流的通路分开,行人活动区与车辆通行区分开,出站、进站的车流分开。

③交通广场。包括桥头广场、环形交通广场等,应处理好广场与所衔接道路的交通,合理确定交通组织方式和广场平面布置,减少不同流向的人与车的相互干扰。

④纪念广场。应以纪念性建筑为主体,并结合地形布置绿化与供瞻仰、游览活动的铺装场地。为保持环境安静,应另辟停车场地,避免导入车流。

⑤商业广场。应以人行活动为主,合理布置商业贸易建筑和人流活动区。广场的人流进出口应与周围公共交通站相协调,合理解决人流与车流的干扰。

3)在广场通道与道路衔接的出入口处,应满足行车视距要求。

4)广场竖向设计应根据平面布置、地形、土方工程、地下管线、广场上主要建筑物标高、周围道路标高与排水要求等进行,并考虑广场整体布局的美观;广场排水应考虑广场的坡向、面积大小、相连接道路的排水设施,采用单向或多向排水;广场设计坡度,平原地区应小于或等于1%,最小为0.3%,丘陵和山区应小于或等于3%。地形困难时,可建成阶梯式广场,与广场相连接的道路纵坡度以0.5%～2%为宜。困难时最大纵坡度不应大于7%,积雪及寒冷地区不应大于6%,但在出入口处应设置纵坡度小于或等于2%的缓坡段。

(4)绿地

城市绿地对防震抗灾有重要意义。绿地,特别是分布在居住区内的绿地,可供临震前安全疏散之用。

1)居住区内绿地,包括公共绿地、宅旁绿地、配套公建所属绿地和道路绿地等。

2)居住区内绿地应符合下列规定:一切可绿化的用地均应绿化,并发展垂直绿化;宅间绿地应精心规划与设计;新区建设绿地率不应低于30%,旧区改造绿地率不宜低于25%。

3)居住区内的绿地规划,应根据居住区的规划组织结构类型、不同的布局方式、环境特点及用地的具体条件,采用集中与分散相结合,点、线、面相结合的绿地系统,并宜保留和利用规划或改造范围内的已有树木和绿地。

4)居住区内的公共绿地,应根据居住区不同的规划组织结构类型,设置相应的中心公共绿地,包括居住区公园(居住区级)、小游园(小区级)和组团绿地(组团级),以及儿童游戏场和其他的块状、带状公共绿地等,并要符合表3-11中的规定。

表3-11　各级中心公共绿地设置规定

中心绿地名称	设置内容(视具体条件选用)	要　　求	最小规模(hm^2)
居住区公园	花木草坪、花坛水面、凉亭雕塑、小卖部、茶座、老幼设施、停车场地和铺装地面等	园内布局应有明确的功能划分	1.0
小游园	花木草坪、花坛水面、雕塑、儿童设施和铺装地面等	园内布局应有明确的功能划分	0.4
组团绿地	花木草坪、桌椅、简易儿童设施等	灵活布局	0.04

第五节　村镇总体规划的编制步骤和成果要求

一、村镇总体规划的编制步骤

村镇总体规划的编制一般应经过下列程序:

(1)搜集和分析有关总体规划的基础资料。包括县域规划、县级农业区规划、县土地利用总体规划等成果,国民经济等各部门的发展计划,自然资源的分布,村镇和人口的分布现状及存在问题,规划范围内道路交通、电力、电讯工程设施现状和存在问题,当地领导和群众的要求和设想等。

(2)绘制现状分析图和编写规划纲要。在搜集、整理和分析基础资料的基础上,绘制现状分析图和编写规划纲要。

(3)绘制总体规划方案草图。一般应绘制两个或两个以上的草图以便进行方案比较。

(4)规划方案的比较。比较的内容有村镇和主要生产企业的分布,村镇间道路交通、电力、电讯、给水、排水等工程设施的总体安排,主要公共建筑的配置等。方案比较的目的是从几个方案中选出最佳的规划方案,该方案应充分吸取其他方案的优点。

(5)绘制村镇总体规划图。在方案比较的基础上,正式绘制村镇总体规划图。

(6)编写村镇总体规划说明书。

二、总体规划图纸、文件成果要求

村镇总体规划(村镇体系规划)的成果包括:乡(镇)域村镇现状分析图、乡(镇)域总体规划图和说明书。

(1)乡(镇)域村镇现状分析图。应标明村镇的现状位置、人口分布、土地利用、资源状况、道路交通、电力电讯、主要乡镇企业和公共建筑,以及对总体规划有影响的其他内容。比例尺一般为1:10000 或1:20000、1:25000。

(2)乡(镇)域村镇总体规划图。应表明规划期末的村镇分布、性质、规模,对外交通与村镇间的道路系统、电力、电讯等公用工程设施,主要乡镇企业和公共建筑的配置,以及防灾、环保等方面的统筹安排。规划图一般为一张图纸,内容较复杂时可分为两张图纸。比例尺与现状分析图相同。

(3)说明书。村镇总体规划说明书文字简洁,内容因事制宜,不必程式化,其主要内容包括:

1)说明规划范围内的自然概况和地理位置;

2)说明现状情况,包括工副业生产、农业生产、村镇分布、人口及当地风俗习惯等;

3)说明规划的指导思想、规划期限和现状存在的主要问题;

4)规划的主要依据是什么,如何确定村镇性质、规模和村镇位置的调整情况(包括新建、改建、迁村并点的数量及原因);

5)说明规划范围内主要生产企业和主要公共建筑的布局及配置情况;

6)介绍道路交通和工程设施规划情况等;

7)技术交底。交代在执行规划中所注意的问题,说明哪些问题还没有在规划中解决,需要在专业设计中解决,以及其他需交代清楚的问题。

以上七部分,是村镇总体规划说明书的基本内容,为阐述清楚,可以附表或插图。对专业设计有帮助的一些规划基础资料,可以进行综合整理作为附件,供参考使用。

第四章 镇区建设规划(建制镇及一般集镇)

第一节 镇区建设规划的内容、任务与目标[●]

一、镇区建设规划的内容

随着社会经济的发展、城市化进程的加快、村镇产业结构的调整,村镇的发展趋向大致分为三类:一类是近郊型村镇;一类是有自己特色产品的工业型村镇;一类是以农业为基础的传统型村镇。它们分别有各自的经济、社会特点及发展模式,老式"一刀切"的指标体系在一定程度上已经不适宜现代村镇的发展及新农村建设的需要。这就要求在进行镇区规划建设时应该根据村镇的特点,合理地确定人均指标体系,从而保证规划的合理性及可操作性;同时上一级村镇体系规划也是村镇职能定位的主要依据,它所反应的内容也应直接体现在镇区建设规划当中。

镇区建设规划应当包括下列内容:

(1)合理定位村镇职能及村镇发展方向,这是使一切后续工作合理有效进行的基础;

(2)认真分析土地资源状况、建设用地现状和经济社会发展需要,合理预测村镇人口、发展规模及发展方向,根据《村镇规划标准》(GB 50188—93)确定人均建设用地指标,计算用地总量,再确定各项用地的构成比例和具体数量。如果镇区属城市近郊或镇区内非农业经济所占比重较大,则应参考《城市用地分类与规划建设用地标准》(GBJ 137—90);

(3)进行用地布局,确定居住、公共建筑、生产、工业、公用工程、道路交通系统、仓储、绿地等建筑与设施建设用地的空间布局,做到联系方便、分工明确,划清各项不同使用性质用地的界线。尤其需要注意的是:要合理确定工业区、养殖区与生活区的布局关系,使它们与居住生活用地既要联系方便又要保持必要的防护距离。同时积极倡导发展节约型、环保型、生态型农副产品加工业和高科技产业,延长生产链条,促进产业集聚及农村经济的发展;

(4)根据村镇总体规划提出的原则要求,对规划范围的供水、排水、供热、供电、电讯、燃气等设施及其工程管线进行具体安排,按照各专业标准规定,确定空中线路、地下管线的走向与布置,并进行综合协调。对现在不具备管线入地条件的村镇应统筹规划,兼顾眼前利益与长远利益,并提出以后改造的可行性方案;

(5)确定旧镇区改造和用地调整的原则、方法和步骤,大胆探索农业产业结构调整及农村城镇化趋势下旧镇区的改造及用地结构调整模式;

(6)对中心地区和其他重要地段的建筑体量、体型、色彩提出原则性要求;

(7)确定道路红线宽度、断面形式和控制点坐标、标高,进行竖向设计,保证地面排水顺利,尽量减少土石方量;

[●] 本节内容主要参考了建设部颁布的《村镇规划编制办法》(试行)(建村[2000]36号)。

（8）综合安排环保和防灾等方面和设施；

（9）编制镇区近期建设规划；

（10）规划实施对策建议；

（11）历史文化名镇及其他有特殊要求的村镇,规划成果可适当增加图纸。

二、镇区建设规划的任务

镇区建设规划的任务是：以村镇总体规划为依据,确定镇区的性质和发展方向,预测人口和用地规模、结构,进行用地布局,合理配置各项基础设施和主要公共建筑,安排主要建设项目的时间顺序,并具体落实近期建设项目。

三、镇区建设规划的目标

镇区远期建设规划要达到能有效地控制镇区空间关系,保证规划公共活动空间及绿地有步骤的实施,道路用地及建筑后退能在旧宅翻新中预留,能为镇区经济发展寻求新的增长极提供硬件基础；镇区近期建设规划要达到直接指导建设或工程设计的深度。建设项目应当落实到指定范围,有四角坐标、控制标高、主要立面效果、示意性平面、项目投资预算等内容；道路或公用工程设施要标有控制点坐标、标高,项目投资预算,并说明各项目的规划要求。

第二节　镇区建设规划[1]

一、镇区建设现状

镇区建设现状是指村镇生产、生活所构成的物质基础和现有土地的使用情况,如建筑物、构筑物、道路、工程管线、绿地、防洪设施等。这些都是经过一定的历史时期建设而逐步完成的。无论是在现有村镇基础上进行规划建设,还是出于古城保护、自然灾害等原因另辟村镇新址,村镇规划都不能脱离这些原有的基础。

(一)居住建筑建设现状

（1）村镇居住用地的分析,生产与生活的关系,居住用地的功能组织。

（2）村镇现有居住面积和建筑面积的估算。根据建筑层数、建筑质量分类统计现状居住面积和居住建筑面积的数量,公房、私房的数量,宅基地面积的数量。

（3）典型地段的住宅建筑密度和居住面积密度,户型构成及生活居住的特点。

(二)公共建筑与绿地建设现状

（1）村镇公共建筑,如医院（卫生所）、政府办公楼、中小学、儿童机构、影剧院、俱乐部、图书馆、文化中心、旅馆、商店、公共食堂、仓库、运动场的分布,以及它们的数量、建筑面积、规模、质量、占地面积。

（2）公共绿地的数量及其分布情况。

---

[1]　本节主要参考文献：金兆森,张晖. 村镇规划. 第1版；李德华. 城市规划原理. 第3版。

（三）工程设施建设现状

（1）道路、桥梁。主要街道的长度、密度、路幅宽度、路面等级、通行能力、利用情况。桥梁的位置、密度、结构类型、载重等级。

（2）给水。水源地、水厂、水塔位置和容量，管网走向、长度，水质、水压、供水量。

（3）排水。排水体制，管网走向、长度，出口位置；污水处理情况；雨水排除情况。

（4）供电。电厂、变电所的容量、位置；区域调节、输配电网络概况；高压线走向。

（5）环境资料作为污染源的有害工业、污水处理厂、屠宰场、养殖场、火葬场的位置及其概况。

二、镇区建设用地分析评价

镇区建设用地分析评价的主要内容是：在调查、收集和分析研究所得各项自然环境条件资料、建设条件和现状条件资料的基础上，按照规划建设的需要以及发展备用地在工程技术上的可行性和经济性，对用地条件进行综合的分析评价，以确定用地的适宜程度，为村镇用地的选择和组织提供科学的依据。镇区建设用地分析评价是进行镇区建设规划的一项必要的基础工作。

（一）镇区自然环境条件的分析

影响镇区规划和建设的自然环境条件是多方面的。组成的自然环境要素主要有地质、水文、气候、地形源等几个方面。这些要素从不同程度、不同范围并以不同方式对村镇产生着影响。下面对这些方面与镇区规划和建设的相互影响分别进行分析：

1. 地质条件

地质条件的分析主要是指对镇区用地选择和工程建设有关的工程地质方面的分析。

（1）建筑地基

镇区各项工程建设都是用地基来承载。由于土层的地质构造和土层的形成条件不一，其组成物质也各不相同，因而其对建筑物的承载力也就不同，如表4-1所示。了解建设用地范围内不同的地基承载力，对合理选择村镇用地和合理分布建设项目以及工程建设的经济性，意义十分重大。

表4-1　不同地质构造的地基承载力

类　　　别	承载力（t/m²）	类　　　别	承载力（t/m²）
碎石（中密）	40～70	细砂（很湿、中密）	12～16
角砾（中密）	30～50	大孔土	15～25
黏土（固态）	25～50	沿海地区的淤泥	4～10
粗砂、细砂（中密）	24～34	泥炭	1～5
细砂（稍湿、中密）	16～22		

（2）冲沟

冲沟是由间断流水在地表冲刷形成的沟槽。适宜的岩层或土层、地形以及气候条件是形成冲沟的主要条件。冲沟切割用地，对土地使用造成不利的影响。选用的道路线往往受其影响而增加土石方工程或桥涵、排洪工程等。尤其在冲沟发育地带,水土流失严重,给建设带来问题。所以在用地选择时,应分析冲沟的分布,采取相应的治理措施,对地表水导流或通过绿化、修筑护坡工程等方法防治水土流失。

(3)滑坡与坍塌。滑坡与坍塌是一种物理地质现象。滑坡产生的原因,是由于斜坡上大量滑坡体(即土体和岩体)在风化、地下水及重力作用下,沿一定的滑动面向下滑动造成的。在选用坡地或仅靠岩崖建设时往往出现这种情况,造成工程损坏。滑坡的破坏作用常常造成堵塞河道、摧毁建筑、破坏厂矿、掩埋道路等严重后果。为避免滑坡所造成的危害,需对建设用地的地形特征、地质构造、水文、气候以及土体或岩体的物理性质作出综合分析或评定。在选择村镇建设用地时应避开地质条件不稳定的坡面。同时在用地规划时,还应确定滑坡地带和稳定用地边界的距离。在必须选用有滑坡可能的用地时,则应采取具体工程措施,如减少地下水或地表水的影响,避免切坡,保护坡脚等。

崩塌产生的原因是由于山坡内岩层或土层的层面相对滑动使山坡失稳而造成的。当裂缝较发育,且节理面沿顺坡方向,则易于崩塌;尤其是因争取用地,过量开挖,导致坡体失去稳定性而崩塌。

2. 水文及水文地质条件

(1)水文条件

江河湖泊等水体,可作为乡镇水源,同时还在水运交通、改善气候、稀释污水、排除雨水以及美化环境等方面发挥作用。但某些水文条件也可能带来不利的影响,如洪水侵犯、水流对河岸的冲刷以及河床泥沙的淤积等。同时村镇在建设过程当中也不可避免地影响或改变了原来的水文条件,因此,在规划和建设之前,以及在建设实施的过程中,要对水文条件加以分析,以保证镇区建设的安全、合理。江河水文条件对规划建设的影响和关系,如图4-1所示。

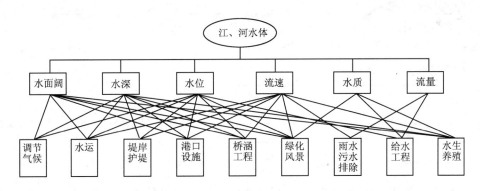

图4-1 江河水情要素同规划与建设关系图解

(2)水文地质条件

包括地下水的存在形式,含水层厚度、矿化度、硬度、水温以及动态等条件。地下水常常是乡镇用水的水源,特别是远离江湖或地面水水量不够、水质较差的地区,勘明地下水水源尤为重要。

在松软土层中地下水按其成因与埋藏条件,可以分为上层储水、潜水和承压水三类,如图4-2所示。其中具有村镇用水意义的地下水,主要是潜水和承压水。潜水基本上是由于渗入形成的,大气降水是其补给的来源,所以潜水位及其动态与地面状况有关。承压水是两个隔水层之间的重力水,受地面的影响较小,也不易污染,因此往往是主要水源。地下水的水质、水温由于地质情况和矿化程度的不同而不同,对村镇用水和建筑工程的适用性应予以注意。

在村镇规划布局中,应根据地下水的流向来安排村镇各项建设用地,防止因地下水受工业排放物的污染,影响到供水水源的水质。以地下水作为水源的村镇,应探明地下水的储量、补给量,根据地下水的补给量来决定开采的水量。地下水过量的开采,将会出现地下水位下降,严重的甚至造成水源枯竭和引起地面下沉。

3. 气候条件

气候条件对村镇规划与建设有多方面的影响,尤其在为居民创造适宜的生活环境、防止环境污染等方面,关系十分密切。

为了研究气候条件对村镇规划的影响,需要收集当地有关的气象资料,邻近县城的村镇可参考县城的气候资料。尤其是在地形复杂的地区,气候的状况对于村镇用地的选择和村镇规划的确定都有着直接的影响。

影响村镇规划与建设的气象要素主要有:太阳辐射、风向、温度、湿度与降水等几方面。其中以风向对村镇总体规划布局影响最大。

在村镇规划布局中,为了减轻工业排放的有害气体对生活居住区的危害,一般工业区按当地主导风向应位于居住区下风向。图4-3为不同主导风向情况下,工业、居住及其他用地布置关系的示意图。

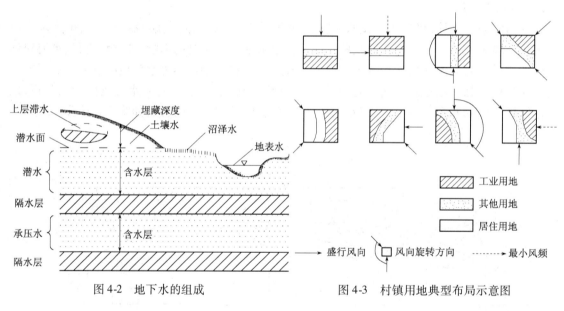

图 4-2　地下水的组成　　　　　图 4-3　村镇用地典型布局示意图

分析、确定村镇主导风向和进行用地分布时,特别要注意微风与静风的频率。在一些位于盆地或峡谷的村镇,静风往往占有相当比例。如果只按频率大小的主导风向作为分布用地的依据,而忽视静风的影响,则有可能加剧环境污染之害。

4. 地形条件

地形条件对村镇平面结构和空间布局,对道路的走向和线型,对村镇各项工程设施的建设,对村镇的轮廓、形态和艺术面貌等,均有一定的影响。结合自然地形条件,布置村镇各类用地,进行规划与建设,无论是从节约用地还是从减少土石方工程量及投资等技术经济方面来看,都具有重要的意义。

村镇用地对坡度有一定的要求,一般可适用的坡度可参看表4-2。

表4-2 村镇各项建设用地适用坡度

项	目	最小坡度(%)	最大坡度(%)
工业、手工业用地		0.5	10.0
道路	主干道	0.3	4.0
	次干道	0.3	6.0
	巷道	0.3	8.0
铁路站场		0	0.25
对外主要公路		0.4	3.0
建筑物	大型建筑	0.3	2.0~5.0
	中型建筑	0.3	5.0~10.0
	住宅或低层建筑	0.3	10.0~20.0

从以上几项对自然环境条件的分析中,可以看出自然环境对村镇规划与建设的影响是非常广泛的,归纳起来可见表4-3。

表4-3 自然环境条件的分析

自然环境条件	分 析 因 素	对规划与建设的影响
地质	土质、风化层、冲沟、滑坡、溶岩、地基承载力、地震、崩塌、矿藏	规划布局、建筑层数、工程地质、工程防震、设计标准工程造价、用地指标、村镇规模、工业性质、农业
水文	江河流量、流速、含沙量、水位、洪水位、水质、水温、地下水水位、水量、流向、水质、水压、泉水	村镇规模、工业项目、村镇布局、用地选择、给排水工程、污水处理、堤坝、桥涵工程、港口工程、农业用地
气象	风向、日辐射、雨量、湿度、气温、冻土深度、地温	村镇工业分布、环境保护、居住环境、绿地分布、休疗养地布置、郊区农业、工程设计与施工
地形	形态、坡度、坡向、地貌、景观	规划布局结构、用地选择、环境保护、管路网、排水工程、用地标高、水土保持、村镇景观
生物	野生动物种类和分布、生物资源、植被、生物生态	用地选择、环境保护、绿化、郊区农副业、风景规划

(二)镇区建设用地评定

镇区建设用地评定主要是看用地的自然环境质量是否符合规划和建设的要求,根据用地对建设要求的适应程度来划分等级,但也必须同时考虑一些社会经济因素的影响。在进行镇区规划当中最常遇到的是占用农田问题。因为农田多半是比较适宜的建设用地,但如不进行控制就会使我国人多地少的矛盾更趋突出。

因此,除根据自然条件对用地进行分析外,还必须对农业生产用地进行分析,尽可能利用坡地、荒地、劣地进行建设,少占或不占农田。

1. 用地评定的分类

村镇用地按综合分析的优劣条件通常分为三类。

第一类,适宜修建的用地。指地形平坦、规整、坡度适宜,地质良好,地质承载力在0.15MPa以上,没有被20~50年一遇洪水淹没的危险。这些地段的地下水位低于一般建筑物基础的砌筑深度,地形坡度小于10%。因自然环境条件比较优越,适于村镇各项设施的建设要求,一般不需要或只需稍加工程措施既可进行修建。

这类用地没有沼泽、冲沟、滑坡和岩溶等现象。

从农业生产角度看,则主要应为非农业生产用地,如荒地、盐碱地、丘陵地,必要时可占用一些低产农田。

第二类,基本可以修建的用地。指采取一定的工程措施,改善条件后才能修建的用地,它对乡镇设施或工程项目的分布有一定的限制。

属于这类用地的有:地质条件差,布置建筑物时地基需要进行适当处理的地段;地下水位较高,需降低地下水位的地段;容易被浅层洪水淹没(深度不超过1~1.5m)的地段;地形坡度在10%~25%的地段;修建时需较大土石方工程量的地段;地面有积水、沼泽、非活动性冲沟、滑坡和岩溶现象,需采取一定的工程措施加以改善的地段。

第三类,不宜修建的用地。包括:农业价值很高的丰产农田;地质条件极差,必须采取特殊工程措施后才能用以建设的用地,如土质不好,有厚度为2m以上活动性淤泥、流砂,地下水位较高,有较大的冲沟、严重的沼泽和岩溶等地质现象;经常受洪水淹没且淹没深度大于1.5m的地段;地形坡度在25%~30%之间的地段等。

用地类别的划分是按各村镇具体情况相对地来划定的,不同村镇其类别不一定一致。如某一村镇的第一类用地,在另一村镇上可能是第二类用地。类别的多少要根据用地环境条件的复杂程度和规划要求来定,有的可分为四类,有的分为两类。所以用地分类在很大程度上具有地域性和实用性,不同地区不能作质量类比。

用地评定的成果包括图纸和文字说明。评定图可以按评定的项目内容分项绘制,也可以绘制在一张图上。分析评定的详细内容可以列表说明,总之,应以表达清晰、明了为目的。

各类用地可分别以不同颜色和线条来表示。一般习惯采用的线条有:竖线条表示适宜修建的用地;斜线条表示基本上可以修建的用地;横线条表示不宜修建的用地。

2. 镇区建设用地的综合评价

镇区规划与建设所涉及的方面较多,而且彼此间的关系往往是错综复杂的。对于用地的适用性评价,在进行以自然环境条件为主要内容的用地评价以外,还需从影响规划和建设更为广泛的方面来考虑。如前所述的镇区建设条件和现状条件。此外,还有社会政治、文化以及地域生态等方面的条件作为环境因素客观地存在着,并对用地适用性的评价产生不同程度与不同方面的影响。所以,为了给用地选择和用地组织提供更为全面和确切的依据,就有必要对镇区用地的多方面条件进行综合评价。

三、镇区建设用地分类和规划用地标准

(一)镇区建设用地分类

镇区建设用地应包括附录三村镇用地分类中的居住建筑用地、公共建筑用地、生产建筑用地、仓储用地、对外交通用地、道路广场用地、公用工程设施用地和绿化用地8大类之和。

(二)镇区规划建设用地标准

镇区规划的建设用地标准应包括人均建设用地指标、建设用地构成比例和建设用地选择三部分。镇区人均建设用地指标应为规划范围内的建设用地面积除以常住人口数量的平均数

值。人口统计应与用地统计的范围相一致。

人均建设用地指标应按表4-4的规定分为五级。

表4-4 人均建设用地指标分级

级 别	一	二	三	四	五
人均建设用地	>50	>60	>80	>100	>120
指标(m²/人)	≤60	≤80	≤100	≤120	≤150

注:1. 新建村镇的规划,其人均建设用地指标宜按表中第三级确定,当发展用地偏紧时,可按第二级确定。

    2. 对已有的村镇进行规划时,其人均建设用地指标应以现状建设用地的人均水平为基础,根据人均建设用地指标级别和允许调整幅度确定,并应符合表4-5的规定。

    3. 第一级用地指标可用于用地紧张地区的村庄;集镇不得选用。

    4. 地多人少的边远地区的村镇,应根据所在省、自治区政府规定的建设用地指标确定。

表4-5 人均建设用地指标

现状人均建设用地水平(m²/人)	人均建设用地指标级别	允许调整幅度(m²/人)
≤50	一、二	应增5～20
50.1～60	一、二	可增0～15
60.1～80	二、三	可增0～10
80.1～100	二、三、四	可增、减0～10
100.1～120	三、四	可减0～15
120.1～150	四、五	可减0～10
>150	五	应减至150以内

注:允许调整幅度是指规划人均建设用地指标对现状人均建设用地水平的增减数值。

四、镇区建设用地组成要素

镇区建设用地包括居住建筑用地、公共建筑用地、道路广场用地及绿化用地中公共绿地四类用地,其所占建设用地的比例宜符合表4-6的规定。

表4-6 建设用地构成比例

类 别 代 号	用 地 类 别	占建设用地比例(%)		
		中 心 镇	一 般 镇	中 心 村
R	居住建筑	30～50	35～55	55～70
C	公共建筑	12～20	10～18	6～12
S	道路广场	11～19	10～17	9～16
G1	公共绿地	2～6	2～6	2～4
四类用地之和		65～85	67～87	72～92

(一)居住建筑用地规划

1. 居住用地规划设计的基本任务和编制内容

居住区规划的基本任务简单地讲,就是为居民经济合理地创造一个满足日常物质和文化生活需要的舒适、卫生、安全、宁静和优美的环境。居住区内,除了布置住宅外,还须布置居民日常生活所需的各类公共服务设施、绿地、活动场地、道路、泊车场所、市政工程设施等。

居住区规划必须根据总体规划和近期建设的要求,对居住区内各项建设作好综合全面的安排。居住区规划还必须考虑一定时期经济发展水平和居民的文化背景、经济生活水平、生活习惯、物质技术条件以及气候、地形和现状等条件,同时应注意远近结合,不妨碍今后的发展。

居住区规划任务的编制应根据新建或改建的不同情况区别对待。村镇居住区规划编制一般有以下几个方面的内容:

(1) 根据村镇总体规划确定居住区用地的空间位置及范围(注意与之相连的周边环境);

(2) 根据居住区人口数量确定居住区规模、用地大小;

(3) 拟定居住区内居住建筑类型(包括层数、数量、布置方式),公共建筑的规模大小(包括商店、幼儿园、中小学、居委会等)、分布位置;

(4) 拟定各级道路的宽度及连接方式;

(5) 拟定公共活动中心位置、大小;

(6) 拟定绿化用地、老人、儿童活动用地的数量、分布和布置方式;

(7) 拟定给排水、煤气、供配电等相关工程规划设计方案;

(8) 根据现行有关国家规定拟定各项技术经济指标以及预算、估算。

2. 居住用地规划设计的基本要求

(1) 使用要求

为了满足居民生活的多种需要,必须合理确定公共服务设施的项目、规模及其分布的方式,合理地组织居民室外活动、休息场地、绿地和居住区的内外交通等。

(2) 环境要求

居住区要求有良好的日照、通风等条件,以及防止噪声的干扰和空气的污染等。

防止来自有害工业的污染,从居住区本身来说,主要通过正确选择居住区用地。而在居住区内部可能引起空气污染的有:锅炉房的烟囱、炉灶的煤烟、垃圾及车辆交通引起的噪声和灰尘等。为防止和减少这些污染源对居住区的污染,除了在规划设计上采取一些必要的措施外,最基本的解决办法是改善采暖方式和改革燃料的品种。在冬季采暖地区,有条件的应尽可能采用集中供暖的方式。

(3) 安全要求

为居民创造一个安全的居住环境。居住区规划除保证居民在正常情况下,生活能有条不紊地进行外,同时也要能够适应那些可能引起灾害发生的特殊和非常情况,如火灾、地震、敌人空袭等。因此,必须对可能产生的灾害进行分析,并按照有关规定,对建筑的防火、防震构造、安全间距、安全疏散通道与场地、人防的地下构筑物等作必要的安排,使居住区规划能有利于防止灾害的发生或减少其危害程度。

1) 防火

为了保证一旦发生火灾时居民的安全,防止火灾的蔓延,建筑物之间要保持一定的防火间距。防火间距的大小与建筑物的耐火等级、消防措施有关。

建筑物之间的防火间距,应符合国家建筑设计防火规范(GB 50016—2006)。民用建筑的最小防火间距如表4-7所示。

表 4-7　民用建筑的最小防火间距(m)

耐火等级	一、二级	三级	四级
一、二级	6.0	7.0	9.0
三级	7.0	8.0	10.0
四级	9.0	10.0	12.0

注:1. 两座建筑物相邻较高一面外墙为防火墙或高出相邻较低一座一、二级耐火等级建筑物的屋面15m 范围内的外墙为防火墙且不开设门窗洞口时,其防火间距可不限。

　2. 相邻的两座建筑物,当较低一座的耐火等级不低于二级、屋顶不设置天窗、屋顶承重构件及屋面板的耐火极限不低于1小时,且相邻的较低一面外墙为防火墙时,其防火间距不应小于3.5m。

　3. 相邻的两座建筑物,当较低一座的耐火等级不低于二级,相邻较高一面外墙的开口部位设置甲级防火门窗,或设置符合现行国家标准《自动喷水灭火系统设计规范》(GB 50084)规定的防火分隔水幕或国家建筑设计防火规范(GB 50016—2006)第7.5.3条规定的防火卷帘时,其防火间距不应小于3.5m。

　4. 相邻两座建筑物,当相邻外墙为不燃烧体且无外露的燃烧体屋檐,每面外墙上未设置防火保护措施的门窗洞口不正对开设,且面积之和小于等于该外墙面积的5%时,其防火间距可按本表规定减少25%。

　5. 耐火等级低于四级的原有建筑物,其耐火等级可按四级确定;以木柱承重且以不燃烧材料作为墙体的建筑,其耐火等级应按四级确定。

　6. 防火间距应按相邻建筑物外墙的最近距离计算,当外墙有凸出的燃烧构件时,应从其凸出部分外缘算起。

村镇居住区建筑以多层为主。目前基本不存在高层建筑的防火问题。

街区内的道路应考虑消防车的通行,其道路中心线间的距离不宜大于160m。当建筑物沿街部分的长度大于150m 或总长度大于220m 时,应设置穿过建筑物的消防车道。当确有困难时,应设置环形消防车道。

有封闭内院或天井的建筑物,当其短边长度大于24m 时,宜设置进入内院或天井的消防车道。有封闭内院或天井的建筑物沿街时,应设置连通街道和内院的人行通道(可利用楼梯间),其间距不宜大于80m。

室外消火栓应沿道路设置。当道路宽度大于60m 时,宜在道路两边设置消火栓,并宜靠近十字路口;室外消火栓的间距不应大于120m;室外消火栓的保护半径不应大于150m。经济上暂时不具备完整布置完整消防设施的村镇,应在主要公共建筑附近设置消防设施。在150m 消火栓服务半径范围内的居民住宅当中应考虑取水口。

2)防震灾

在地震区,为了把灾害控制到最低程度,在进行居住区规划时,必须考虑以下几点:

①居住区用地的选择,应尽量避免布置在沼泽地区、不稳定的填土堆石地段、地质构造复杂的地区(如断层、风化岩层、裂缝等)以及其他地震时有崩塌、陷落危险的地区。

②居住区道路应平缓畅通,便于疏散,并布置在房屋倒塌范围之外,避免死胡同。应考虑适当的安全疏散用地,便于居民避难和搭建临时避震棚屋。安全疏散用地可结合公共绿化用地、学校等公共建筑的室外场地设置。

③房屋体型应尽可能简单,同时还必须采用合理的层数、间距和建筑密度。

3)防空

目前对村镇规划的人防问题考虑较少。对于人防建筑的定额指标,目前还无统一规定。但本着"平战结合"的原则,建议规划设计时可考虑一部分建筑物和平时期作为公共辅助设施,战争时期可转化为人防建筑,这就要求设计时按照国家人防规范设计。

4)经济要求

合理确定居住区内住宅的标准以及公共建筑的数量、标准。降低居住区建设的造价和节约土地是居住区规划设计的一个重要任务。

怎样衡量一个居住区规划的经济合理性？一般除了一定的经济技术指标控制外，还必须善于运用多种规划布局的手法，为居住区建设的经济性创造条件。

5）美观要求

村镇居住区是村镇总体形象的重要组成部分。居住区规划应根据当地建筑文化特征、气候条件、地形、地貌特征，确定其布局、格调。居住区的外观形象特征要由住宅、公共设施、道路的空间围合，建筑物单体造型、材料、色泽所决定。

现代村镇居住区规划应摆脱"小农"思想，应反映时代的特征，创造一个优美、合理、注重生态平衡、可持续发展的新型居住环境。

3. 居住建筑的规划布置

居住建筑的规划布置是居住区规划设计的主要内容。居住建筑及其用地不仅量多面广（居住建筑面积约占居住区总建筑面积的 80% 以上，用地则占居住区总用地面积的 50% 左右），而且在体现镇区面貌方面起着重要作用，因此，在进行规划布置之前，首先要合理地选择和确定居住建筑的类型。

（1）居住建筑类型的选择

居住类型的选择大致可分为农房型和城市型两类。随着城市化进程的飞快发展，城市型住宅在村镇居住区的比例也越来越大，但由于村镇用地相对城市用地较为宽松，所以村镇住宅一般层次多为三、四层，每户建筑面积也较大。下面就两类住宅的特点分述如下：

1）农房型住宅

我国地域辽阔，各地地形、气候条件并不相同。为适应各种地形、气候的条件，就必然要出现多种类型的住宅。另外，就是同一地区的居住对象，由于从事副业不同，他们对住宅的要求也不同。目前，我国农房型住宅类型有以下几种：

①别墅式。这种类型一般适合家庭人员较多，建筑面积在 $100m^2$ 以上的住宅。目前，经济条件较好的地区采用此种类型较多。但这种类型住宅不利于提高土地利用率，且单体造价也较高。

②并联式。当每户建筑面积较小，单独修建独立式不经济时，可将几户联在一起修建一栋房子，这种形式称为并联式。它比较适合于成片规划、开发。这样既可节约土地，还可节约室外工程设备管线，降低工程总造价。

③院落式。当每户住宅面积较大、房间较多又有充足的室外用地时，可采用院落式。根据基地大小，可组成独用式或合用院落。南方地区，人们特别喜欢将院子分成前后两个：前院朝南，供休息起居或招待客人，种花植草、养鸟喂鱼，是美化的重点；后院主要是菜园和家禽饲养区。院落式给用户提供的居住环境较接近自然，比较受人欢迎。我国农村大多采用此种形式。

2）城市型住宅

所谓城市型住宅就是单元式住宅。由于单元式住宅建筑紧凑，便于成片规划、开发，有利于提高容积率、节约土地，所以近年来这种类型的住宅在村镇居住小区内已大量运用。另外，从村镇居住区可持续发展的眼光来看，单元式住宅成片建设也有利于工程设备管线的铺设，且大大节约了管线长度，又便于管理。

由于农村居民的生活习惯和生产方式与城市居民不同，所以必须通过调查研究，单独进行设计，决不能照搬城市的单元式住宅。

（2）居住建筑的规划布置

居住建筑的规划布置与建筑朝向和日照间距的要求关系紧密,而居住区的面貌往往取决于住宅群体的组合形式及住宅的造型、色彩等。

1)建筑朝向和日照间距的要求

建筑朝向和日照要求历来都是被居民所看重的,朝向的好坏、日照时间的长短大大影响着居民的生活质量。如何处理好两者之间的关系,主要是通过对建筑物进行不同方式的组合以及利用地形和绿化等手段来实现。山地还可借用南向坡地缩小日照间距。

2)居住区建筑的平面布置

居住区建筑的平面布置类型较多,选择哪种类型一般要根据当地环境、风向、日照等条件进行考虑,规划师的设计指导思想也起着很大作用。下面列举几种布置形式和处理手法。

①周边式布置。建筑环绕院落成周边布置,这样形成中部较大的几乎封闭的公共空间。这种形式比较节约土地,院落可布置绿化,提供给居民一个良好的休憩交往场所。缺点是:这种布置易形成大量的东西向居室,在炎热的南方地区不宜用,但北方地区可用来挡风沙,减少院内积雪。

周边式的布置形式很多,有单周边、双周边、半周边等,院落组成大、小、方、圆各异,组团间相互接合,组成丰富的空间序列,如图4-4所示。

②行列式布置。我国大多数地区属温带和亚热带,而且居住面积不大,建筑设备标准较低,住户普遍喜欢南北向的单元。朝南布置的行列式住宅,夏季通风良好,冬季日照最佳,是我国目前广泛采用的一种布置形式。但这种布置形式往往容易造成居住区形式单调呆板,为了组织好行列式布置的空间,规划师在实践中创作了各种不同样式的行列式布置方式,既保持了它的良好朝向,又取得丰富变化的空间效果。采用和道路平行、垂直、呈一定角度的布置方法产生街景的变化。建筑物之间采用相互平行和相互交错等布置方式,采用不同角度的建筑组合成不同形状的公共活动绿化空间,如图4-5所示。

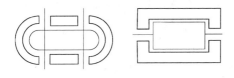 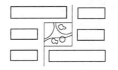 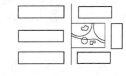

图4-4　周边式布置　　　　　　　　　　　　图4-5　行列式布置

③其他形式。除以上两种常用的形式外,还有多种组合形式,如:半周边、行列混合式、点式;点和周边、半周边、行列的混合式;采用平面凹凸变化复杂的建筑单体,或用不同层数和体量的对比进行配置,构成富于变化的组团空间,如图4-6所示。

④散点式布置。建筑的布置不强调形成组团及其公共空间,而采取单独式、几幢一组的散点布置,这种布置在地形起伏变化较大的地段常被采用。散点式布置并不是随意的,经过规划的散点布置,同样能形成有序变化的空间构图。但规划不当,则容易杂乱无章。因此,变化中求统一是它的注意点,如图4-7所示。

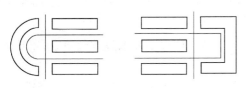 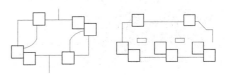

图4-6　混合式布置　　　　　　　　　　　　图4-7　散点式布置

⑤里弄式布置。这种住宅多为二、三层,可串联成连排住宅,建筑多为内向型,用内天井采光通风,冬暖夏凉,是村镇常见的形式。这种形式密度较高,节约道路用地,形成不受交通干扰的居住里弄空间。但是在采光、通风、日照等方面,低于上述几种形式,如图 4-8 所示。

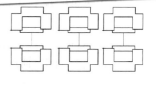

图 4-8　里弄式布置

（3）居住区外部环境的规划设计

居住区中心的内容主要以公共服务设施为主,辅之以小品、绿化等。公共服务设施的多少、规模大小,取决于居住区的等级、规模。居住中心环境是居住区的核心,是居住区居民休息、日常生活需求及交往的场所,也是居住区的特色所在。

居住公共服务设施一般包括:托幼、中小学、文化活动站、粮油店、菜场、综合副食店、理发店、储蓄所、邮政所、卫生院、车库、物业管理、浴室、居委会等。这些公建项目众多,性质各异,规划布置时应区别对待。例如,卫生院应布置在环境比较安静且交通方便的地方;教育机构宜选在安静地段,其中学校,特别是小学要保证学生上学不穿过干道;商业服务、文化娱乐及管理设施除方便居民使用外,宜相对集中地布置,形成生活活动中心。居委会作为群众自治的组织,应与辖区内居民有方便的联系。

居民休憩、交往的场所一般以草地、绿化、水池、小品为主,这里环境优美、接近自然,是老人、儿童经常休息、嬉戏的场所,也是设计者设计时用心所在。绿地规划是居住中心环境设计的主要部分。

居住中心的绿地规划要符合下列原则:

1）结合整个居住区规划,统一考虑与住宅、道路绿化形成点、线、面结合的绿地系统;

2）公共绿地应考虑不同年龄的居民、老年人、成年人、青少年及儿童活动的需要,按照他们各自活动的规律配备设施,并有足够的用地面积安排活动场地、布置道路和种植;

3）植物是绿化构成的基本要素,植物种植不仅可以美化环境,还有围合户外活动场地的作用。植物种植应有环境识别性,创造具有不同特色的居住区景观。

居住中心环境的平面布置方式一般分为:规划式、自由式、混合式。

规则式布置就是采用几何图形的布置方式,有明显的轴线,园中道路、广场、绿地、建筑小品等组成对称的、各具规律的几何图案,特点是庄重、整齐,但形式呆板,不够活泼,如图 4-9 所示。

自由式布置灵活,采用迂回曲折的道路,结合自然条件（如池塘、土丘、坡地等）进行布置,绿化种植也采用自然式。其特点是自由、活泼,易给人以回归自然的感觉。这种形式比较常用,如图 4-10 所示。

混合式布置是由规则式和自由式结合而成的,可根据地形或功能的特点灵活布局,既能与周围建筑相协调,又能兼顾其自身空间的艺术效果。其特点是在整体上产生韵律感和节奏感,如图 4-11 所示。

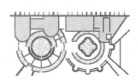

图 4-9　规则式布置

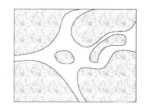

图 4-10　自由式布置

图 4-11　混合式布置

(4)提高居住区技术经济指标的措施

居住区建筑经济指标主要包括建筑面积、建筑密度和居住密度。

1)建筑面积

包括使用面积、辅助面积和结构面积三项。

2)建筑密度

指建筑物基底占地面积与建筑用地面积的比率,一般以百分比表示。它可以反映一定用地范围的空地率和建筑物的密集程度。即

$$建筑密度 = \frac{住宅、公共服务设施和其他建筑物底层占地面积}{建筑占地面积} \times 100\% \qquad (4\text{-}1)$$

3)居住密度

指在每公顷用地内的居住密度。包括:人口密度、住宅建筑密度、住宅居住面积密度、住宅套数密度。目前,农村和城市的用地日趋紧张,节约土地是城镇规划的主要原则之一。大量的村镇建筑,大量小城镇的兴建和扩大,需要占用大量的土地。因此,节约用地已经刻不容缓,必须给居住区规划提供一个合理的经济指标。所谓"合理",即根据居住区具体情况,确定一个经济密度,既能满足居民的正常生活需求,又能节约用地。这里,高密度能大大节约用地。

提高密度的方法有以下几点:增加层数;加大房屋的进深;加大房屋的长度;改变建筑的排列、组织方式;缩小建筑间距;住宅与公共建筑合建,如住宅的底层作商店等;降低建筑层高;北退台住宅。

为节约用地,我国村镇居住区建设应适当提高住宅层数。我国人多地少,从目前各省市所拟定的各项密度指标来看,与其他国家相比,密度指标是相当高的。所以,衡量指标的标准不是什么高密度、低密度,而应是一个合理的密度。

4. 居住用地道路系统规划

(1)居住区道路的功能和分级

居住区道路的功能一般分为以下几个方面:

1)居民的日常生活交通需要,这是主要的。目前我国发达地区的村镇居住区道路已经不单纯考虑自行车、摩托车等交通工具了,而要把小汽车的要求提到设计上来;

2)通行清除垃圾、运送粪便、递送邮件等车辆;

3)满足铺设各种工程管线的需要;

4)居住区道路的走向和线型对居住区建筑物的影响较大,对居住区的空间序列的组织,小品、景点的布置也有影响。

除了以上一些日常的功能要求之外,还要考虑一些特殊情况,如便于救护、消防、搬家具等车辆的通行。

根据以上道路功能要求及居住区规模大小,居住区道路一般分为三级:

第一级,居住区级道路,是用来解决居住区的对外交通联系。车行道宽度不应小于7~9m;

第二级,居住区组团级道路,用于解决住宅组团的内外联系。车行道宽度一般为4m;

第三级,宅间小路,即通向住户个单元入口的小路。其宽度一般为3m。

此外,在居住区内还有专供步行的林阴步道,其宽度根据规划设计的要求而定。

(2)居住区道路规划设计的基本要求

1）居住区内道路主要是为居住区本身服务。道路面的幅度取决于其功能等级。为了保证居民区居民的安全和安静,过境交通不应穿越居住区。居住小区、居住区本身也不宜有过多的车道出口通向交通干道。出口间距应小于150m。

2）应充分利用和结合地形,如尽可能结合自然分水线和汇水线,以利雨水排除。在南方多河地区,道路宜与河流平行或垂直布置,以减少桥梁和涵洞的投资;在丘陵地区则应注意减少土石方工程量,以节约投资。

3）车行道一般应通到住宅建筑的入口处,建筑外墙面与人行道边缘的距离应不小于1.5m,与车行道的距离不小于3m。

4）尽端式道路的长度不宜超过120m,尽端处应便于回车。

5）车道宽度为单车道时,每隔150m左右应设置车辆互让处。

6）道路宽度应考虑工程管线的合理敷设。

7）道路的线型、断面等应与整个居住区规划结构和建筑群体的布置有机地结合。

（3）居住区道路系统的基本形式

道路系统的形式应根据地形、现状条件、周围交通情况及规划结构等因素综合考虑,而不应着重追求形式和构图。

居住区的道路系统形式根据不同的交通组织方式可分为三种组织形式:

1）人车分流的道路系统。这种形式就是让人行道、车行道完全分开设置,交叉口处布置立交。它的优点是疏散快,比较安全,但投资大。

2）人车混行的道路系统。这种形式在我国用的较多。投资比较小,但疏散效率低。

3）人车部分分流的道路系统。该形式结合上述两种形式的优点,并结合居住区的功能分区内的人流量、车流量多少作综合考虑。但人行道与车行道交叉口不设立交。

（4）居住区道路规划设计的经济性

道路的造价占居住区配套工程造价的比例较大。因此,规划设计中应考虑满足正常使用的情况下,如何减少不必要的浪费,如何控制好道路长宽和道路面积大小。道路的经济指标一般以道路线密度（道路长度/居住区总面积）和道路面积密度（道路面积/居住区总面积）来表示。研究表明:

居住区面积增大时,单位面积的道路长度和面积均有显著下降。小区的形状对其影响也很大,正方形较长方形经济。

居住小区面积的大小对单位面积的组团内道路长度、面积影响不大,而路网形式的各种布置手法对指标影响较大,如采用尽端式、道路均匀布置,则经济指标明显下降。

（二）公共建筑用地规划

1. 镇区公共中心布局

镇区公共中心布局主要是确定村镇公共中心各主要功能部分的位置和组合,必须充分考虑中心的选址、功能分区和与住宅的关系三个因素,同时注意因地制宜,充分发挥民族特色、地方特色、时代特色,以创造丰富多彩、个性鲜明的新时期中国村镇特色。

镇区中心在村镇中有居中布置和居边布置两种形式。

规模较大的村镇,村镇中心多位于村镇的地理中心,居民离中心的距离比较均匀,居住区主要道路汇集于此,中心的布局不需有方向性,常常围绕广场、绿地组织公共建筑群,采用成片集中布局的形式。当汇集在中心的道路功能有主次分工时,常常在主要道路上沿街布置部分商店,与人流主要来源方向呼应,采用以片状为主,线状、片状混合布局的形式。

规模较小的村镇,村镇中心也常布置在村镇的边缘,通往村镇外的主要道路上。这个位置交通方便,便于居民购物,也便于附近农民购物。通常中心布局需要开敞,多采用商业街的布局形式。中心选择在村镇主要入口的内部道路时,公共建筑可以沿街两侧布置;在外部主干道上时,则采用沿街单侧布置;当村镇中心项目内容较多时,多满足不同功能要求,缩短沿街长度,则多采用沿街线状、片状混合布局的形式,商业设施沿街线状布置,文化设施则采用片状布置。

2. 镇区公共建筑的配置与布置

(1)镇区公共建筑的配置

镇区是农村一定区域的政治、经济、文化和服务的中心,是联系城市与农村的纽带,它的建设既要面向农村,有利于生产,方便居民生活,繁荣村镇经济;又要城乡结合,促进城乡物资交流;还要考虑到新时期城乡差别缩小,为村镇居民不断增长的物资和文化生活水平需要创造条件。因此,镇区公共建筑项目的配置,除应考虑到服务于城镇居民之外,还应兼顾到广大农村居民的需求。镇区公共建筑项目的配置应依据村镇的类别和层次,并充分发挥其地位职能的需要而定,项目配置如表4-8所示。

表4-8　镇区公共建筑项目配置

类　别	项　目	中心镇	一般镇	中心村	基层村
行政管理	1. 人民政府、派出所	●	●	—	—
	2. 法院	○	—	—	—
	3. 建设、土地管理机构	●	●	—	—
	4. 农、林、水、电管理机构	●	●	—	—
	5. 工商、税务所	●	●	—	—
	6. 粮管所	●	●	—	—
	7. 交通监理站	●	—	—	—
	8. 居委会、村委会	●	●	●	—
教育机构	9. 专科院校	○	—	—	—
	10. 高级中学、职业中学	●	○	—	—
	11. 初级中学	●	●	○	—
	12. 小学	●	●	●	—
	13. 幼儿园、托儿所	●	●	●	○
文化科技	14. 文化站(室)、青少年之家	●	●	○	—
	15. 影剧院	●	○	—	—
	16. 灯光球场	●	●	—	—
	17. 体育场	●	○	—	—
	18. 科技站	●	○	—	—
医疗保健	19. 中心卫生院	●	—	—	—
	20. 卫生院(所、室)	—	●	○	○
	21. 防疫、保健站	●	○	—	—
	22. 计划生育指导站	●	●	○	—

续表

类　别	项　　目	中心镇	一般镇	中心村	基层村
商业金融	23. 百货店	●	●	○	○
	24. 食品店	●	●	○	—
	25. 生产资料、建材、日杂店	●	●	—	—
	26. 粮店	●	●	—	—
	27. 煤店	●	●	—	—
	28. 药店	●	●	—	—
	29. 书店	●	●	—	—
	30. 银行、信用社、保险机构	●	●	○	—
	31. 饭店、饮食店、小吃店	●	●	○	○
	32. 旅馆、招待所	●	●	—	—
	33. 理发室、浴室、洗染店	●	●	○	—
	34. 照相馆	●	●	—	—
	35. 综合修理、加工、收购店	●	●	○	—
集贸设施	36. 粮油、土特产市场	●	●	—	—
	37. 蔬菜、副食市场	●	●	○	—
	38. 百货市场	●	●	—	—
	39. 燃料、建材、生产资料市场	●	○	—	—
	40. 畜禽、水产市场	●	○	—	—

注:表中●为应设的项目,○为可设的项目。

(2)镇区公共建筑规划布置的基本要求

根据我国村镇的特点,公共中心通常就是公共建筑集中布置的村镇中心,村镇公共建筑布置的基本要求是:

1)行政办公建筑,如各级党政机关、社会团体、法院等办公楼,往往要求有明朗而静穆的气氛,要求交通通畅,而不宜于商业金融、文化设施毗邻,以避免干扰,创造良好的办公环境。

2)商业、服务业、银行、保险机构、派出所等应考虑集中布置在村镇中心,同时应充分考虑村镇中心道路的布置,以便周围的农民出入村镇中心的方便,这就要求根据村镇用地的组成、规划布局特点、地形条件和村镇规模等因素,综合考虑予以确定。

对原有村镇中心进行改建或扩建时,要深入调查,充分掌握村镇中心形成的过程和特点,特别注意保留优秀的地方传统的布局形式和建筑特点。

3)由于各项商业服务设施都有不同的合理服务半径,因此,其布局应以商业自身经营规律为依据,采取既集中又分散的方式,灵活布局,以方便生活、有利经营。

4)文化科技建筑,如影剧院、俱乐部、体育馆、运动场和科技站等,需要较大的场地,应布置在交通流畅、来往方便的地区。这类建筑一般都具有一定的特有面貌,有的有空阔的场地,应注意与周围环境和其他建筑群相呼应、相配合。这些设施又有大量的周期性人流的集散,应满足组织交通及人流疏散的要求。

5)学校是村镇公共建筑中占地面积和建筑面积较大的项目,其位置直接影响着村镇中心的布局。学校应设在阳光充足、空气流通、场地干燥、排水流畅、地势较高、环境安静的地段,距离铁路干线应大于 300m，主要入口不应开向公路。

学校不宜设在有污染的地段，不宜与市场、公共娱乐场所、医院太平间等不利于学生学习和身心健康以及危及学生安全的场所毗邻。

6）学校以及文体、科技等设施可考虑与公共绿地等相邻布置，这样既能结合使用功能的要求，又能体现村镇良好的精神文明风貌。

7）医疗保健建筑，如卫生院、门诊所、防疫站、计划生育指导所等，应有安静的造型，对环境的要求也较高，一般不宜布置在交通繁忙和喧嚣的地方，也不宜靠近干道或广场。其周围宜以绿化做适当的隔离、隐蔽，使其具有清雅而富有生气的气氛。

8）集贸设施的位置应综合考虑居民的方便，以及农民进入市场的便捷，并有利于人流和商品的集散。影响村镇市容环境和易燃、易爆的商品市场，应设在集镇的边缘，并应符合卫生、安全防护的要求。

3. 镇区广场设计

广场是供人们活动的空间，是车辆和行人交通的枢纽，在道路系统中占有重要的地位，同时也是村镇政治、经济、文化活动的场所。广场周围一般布置一定的重要建筑物和设施，集中表现村镇的地方特色和风貌。

镇区广场面积的大小和形状的确定，与广场的类型、广场建筑的性质、广场建筑物的布局及交通流量有密切关系。小村镇的镇区广场不宜规划得太大。片面地追求大广场，不仅在经济上不合理，而且在使用上也不方便，也不会产生好的空间效果。

（1）广场的面积和比例尺度

广场的面积取决于广场的性质及其地位。集会、商业、休闲类广场主要取决于广场上的人流量和停留时间。交通类广场主要取决于交通构成、交通量，以及广场周围道路的性质等。此外，广场还应有相应的配套设施，如停车场、绿化、公用设施等，还要考虑自然条件及广场艺术空间的比例尺度要求。

广场的比例尺度，包括广场的用地形状、广场面积与广场上建筑物的体量之比，广场的整个组成部分和周围环境，如地形地势、道路以及其他相关部分的比例关系。广场的尺寸应根据广场的功能要求、规模和人的活动要求而定。踏步、石级、人行道的宽度，应根据人的活动要求有较小的尺度。车行道宽度、停车场的面积等符合人和交通工具的尺度。

（2）广场上建筑物的布置

建筑物是构成广场的重要因素，主要建筑物、附属建筑物和其他各种设施的有机结合，形成广场的主体。

广场性质决定主要建筑物的功能，主要建筑物的布置是广场规划设计的重要工作。通常布置方式有以下几种：

1）主要建筑物布置在广场中心

主要建筑物布置在广场中心时，它的四个方向都是主要的观赏面。当广场四周均为干道时不宜采用此种方式。

2）主要建筑物布置在广场周边

主要建筑物布置在广场周边，通常主立面应对着主入口方向。广场周边主要建筑物布置得越少，广场就显得越开阔；主要建筑物越多，广场围合感就越强，合适的尺度会给人亲切感、安全感，但不合适的尺度会给人封闭感。

（3）广场的交通组织

广场、建筑物是通过道路进行有机联系的,交通组织的目的主要在于使车流通畅、行人安全、管理方便。如何有效地利用道路进行交通联系,同时又避免对交通的干扰,并不与交通脱离,是广场设计中需要重点解决的问题。

(4)广场上设施的布置

广场的照明、音响、给排水等设施,是广场的重要组成部分。良好的设施是广场各项功能正常发挥的有效保障,此外广场上的照明灯柱、灯具、灯光也是景观的一部分。

(5)广场上的地面铺装与绿化

广场上的地面铺装可以起到分隔、标识、引导作用;可以通过铺装给人以尺度感;通过图案的处理将广场设施、绿化与建筑物有机地联系起来,以构成广场整体的美感。

铺地的图案处理主要有:

1)图案整体设计

将广场铺地图案进行整体设计,这样做易于统一广场的各要素,并易于取得广场的整体空间感。功能较为单一的广场采用这种布置,常能取得意想不到的效果。

2)图案分区设计

对于多功能的广场,铺地宜采用不同图案、不同材料或不同色彩进行分区或分块铺装,以标识不同的功能分区。

绿化种植是美化广场的重要手段,它不仅能增加广场的表现力,还具有一定的改善生态环境的作用。在规整形的广场中多采用规则式的绿化布置,在不规整形的广场中采用自由式的绿化布置,在靠近建筑物的地区宜采用规则式的绿化布置。绿化布置应不遮挡主要视线,不妨碍交通,并与建筑构成优美的景观。绿化也可以遮挡不良的视线和地方障景。应该大量种植草地、花卉、灌木和乔木,考虑四季色彩的变化,丰富广场的景色。

(三)道路用地规划

1. 镇区交通特点及道路分类

(1)村镇道路交通的主要特点有下列六个方面:

1)交通运输工具类型多、行人多

村镇道路上的交通工具主要有摩托车、三轮车、面包车等机动车,还有自行车、畜力车等非机动车,这些车辆的大小、长度、宽度差别大,特别是车速差别很大,在道路上混杂行驶,相互干扰大,对行车和安全均不利。村镇居民外出除使用自行车外,大部分为步行,这更造成了交通的混乱。

2)道路基础设施差

村镇大部分是自然形成的,有的近期曾进行过规划,但也常是"长官规划",缺乏科学的总体规划设计,其道路性质不明确,道路断面功能不分,技术标准低,往往是人行道狭窄,或人行道挪作他用,甚至根本未设人行道,只是人车混行。由于村镇的建设资金有限,在道路建设中过分迁就现状,尤其是在地段复杂的村镇中,道路平曲线、纵坡、行车视距和路面质量等,大多不符合规定的标准。有些村镇还有过境公路穿越中心区,这样不但使过境车辆通行困难,而且加剧了村镇中心的交通混乱。

3)人流、车流的流量和流向变化大

随着市场经济的深入,乡镇企业发展迅速,村镇居民以及迅速增多的"离土不离乡"亦工亦农的非在册人口,使得村镇中行人和车辆的流量大小在各个季节、一周和一天中均变化很大,各种车辆流向均不固定,在早、中、晚上下班时造成人流、车流集中,形成流量高峰时段。

4)交通管理和交通设施不健全

村镇的交通管理人员少,交通体制不健全,交通标志、交通指挥信号等设施缺乏,致使交通混乱,一些交通繁忙道路常常受阻。

5)缺少停车场,道路违章建筑多

村镇中缺少专用停车场,加之管理不够,各种车辆任意停靠,占用了车行道与人行道,造成道路交通不畅。道路两侧违章搭建房屋多,以及违章摆摊设点、占道经营多,造成交通不畅。

6)车辆增长快,交通发展迅速

随着社会主义市场经济深入持久地发展,村镇经济繁荣,车流、人流发展迅速,致使村镇道路拥挤、交通混乱,同时也对村镇道路的发展提出更高的要求。

以上所述,反映当前我国村镇交通的特点,表明当前交通已不能适应村镇经济的发展。产生这些问题的原因,除了村镇原有的交通道路基础较差外,主要还有以下几点因素:

其一,对村镇建设中的基础设施的地位认识不足,长期以来重生产建设,轻基础设施建设,认为基础设施建设是服务性的,放在从属的地位上。事实证明,村镇基础设施的建设是村镇产业建设的基础,是基础产业之一;

其二,对村镇规划、村镇道路规划与治理缺乏统一的认识,缺乏有力的综合治理手段。村镇道路交通与村镇对外交通之间很不协调,各自为政。对村镇的车流和人流,缺乏动态分析,难以作出符合客观实际需要的道路规划;

其三,治理村镇交通的着眼点放在机动车上,而对村镇大量的自行车、行人和一定数量的畜力车管理不够,忽视车辆的停放问题。

(2)村镇道路的分类

村镇道路规划应根据村镇之间的联系和村镇各项用地的功能、交通流量,结合自然条件与现状特点,确定道路系统,并有利于建筑布置和管线敷设。村镇所辖地域范围内的道路按主要功能和使用特点应划分为公路和村镇道路两类。

1)公路

公路是联系村镇与城市之间、村镇与村镇之间的道路,应按现行的交通部标准《公路工程技术标准》(JTG B01—2003)的规定(表4-9)来进行规划。公路按使用任务、性质和交通量分为两类五个等级。

表4-9　各类公路主要技术指标汇总

公路等级	汽 车 专 用 公 路								一　般　公　路					
	高速公路				一		二		二		三		四	
地形	平原、微丘	重丘	山岭		平原、微丘	山岭、重丘	平原、微丘	山岭、重丘	平原、微丘	山岭、重丘	平原、微丘	山岭、重丘	平原、微丘	山岭、重丘
计算行车速度(km/h)	120	100	80	60	100	60	80	40	80	40	60	30	40	20
行车道宽度(m)	2×7.5	2×7.5	2×7.5	2×7.0	2×7.5	2×7.0	8.0	7.5	9.0	7.0	7.0	6.0	3.5	
路基宽度(m) 一般值	26.0	24.5	23.0	21.5	24.5	21.5	11.0	9.0	12.0	8.5	8.5	7.5	6.5	
路基宽度(m) 变化值	24.5	23.0	21.5	20.0	23.0	20.0	12.0	—	—	—	—	—	7.0	4.5
极限最小半径(m)	650	400	250	125	400	125	250	60	250	60	125	30	60	15
停车视距(m)	210	160	110	75	160	75	110	40	110	40	75	30	40	20

公路等级	汽车专用公路						一 般 公 路					
	高速公路			一		二		二		三		四
最大纵坡(%)	3	4	5	5	4	6	5	7	5	7	6	8	6	9
桥涵设计车辆荷载	汽车-超20级 挂车-120				汽车-超20级 挂车-120; 汽车-20级 挂车-100		汽车-超20级 挂车-100		汽车-超20级 挂车-100		汽车-超20级 挂车-100		汽车-超10级 挂车-50	

①汽车专用公路

Ⅰ．高速公路。具有特别重要的政治、经济意义,专供汽车分道高速行驶并控制全部出入的公路。一般能适应按各种汽车折合成小客车的年平均昼夜交通量为25000辆以上,计算行车速度为60～120km/h。

Ⅱ．一级公路。联系重要政治、经济中心,通往重点工矿区、港口、机场、专供汽车分道快速行驶并部分控制出入的公路。一般能适应按各种汽车(包括摩托车)折合成小客车的年平均昼夜交通量为10000～25000辆,计算行车速度为40～100km/h。

Ⅲ．二级公路。联系政治、经济中心或大工矿区、港口、机场等地的专供汽车行驶的公路。一般能适应按各种汽车(包括摩托车)折合成中型载重汽车的年平均昼夜交通量为4500～7000辆,计算行车速度为40～80km/h。

②一般公路

Ⅰ．二级公路。联系政治、经济中心或大工矿区、港口、机场等地的高运输量繁忙的城郊公路。一般能适应按各种车辆折合成中型载重汽车的年平均昼夜交通量为2000～5000辆,计算行车速度为40～80km/h。

Ⅱ．三级公路。沟通县以上城市,运输任务较大的一般公路。一般能适应按各种车辆折合成中型载重汽车的年平均昼夜交通量为2000辆以下,计算行车速度为30～60km/h。

Ⅲ．四级公路。沟通县、乡(镇)、村,直接为农业运输服务的公路。一般能适应按各种车辆折合成中型载重汽车的年平均昼夜交通量为200辆以下,计算行车速度为20～40km/h。

以上五个等级的公路构成全国公路网,其中二级公路相互交叉,既有汽车专用公路,又有一般公路。

2）村镇道路

村镇道路是村镇中个组成部分的联系网络,是村镇的骨架与"动脉"。村镇道路应按国家建设部《村镇规划标准》(GB 50188—93)的规定来规划。根据村镇的层次与规模,村镇道路按使用任务、性质和交通量大小分为四级,见表4-10。

表4-10　村镇道路规划技术指标

规划技术指标	村 镇 道 路 级 别			
	一	二	三	四
计算行车速度(km/h)	40	30	20	—
道路红线宽度(m)	24～32	16～24	10～14	—
车行道宽度(m)	14～20	10～14	6～7	3.5
每侧人行道宽度(m)	4～6	3～5	0～2	0
道路间距(m)	≥500	250～500	120～300	60～150

注:表中一、二、三级道路用地按红线宽度计算,四级道路按车行道宽度计算。

对村镇内部道路系统的规划,要根据村镇的层次与规模、当地经济特点、交通运输特点等综合考虑,一般可按表4-11的要求设置不同级别的道路。在道路规划时,应注意远近结合并留有余地,如由于资金不足等问题也可分期实施。

表4-11　村镇道路系统组成

村镇层次	规划规模分级	道路分级			
		一	二	三	四
中心镇	大型	●	●	●	●
	中型	○	●	●	●
	小型	—	●	●	●
一般镇	大型	—	●	●	●
	中型	●	●	●	●
	小型	—	○	●	●
中心村	大型	—	○	●	●
	中型	—	—	●	●
	小型	—	—	●	●
基层村	大型	—	—	●	●
	中型	—	—	○	●
	小型	—	—	—	●

注:1. 表中●为应设的级别,○为可设的级别。
　　2. 当大型中心镇规划人口大于30000人时,其主要道路红线宽度可大于32m。

2. 镇区道路系统规划

(1)村镇道路系统规划的基本要求

村镇道路系统是以村镇现状、发展规模、用地规划及交通运输为基础,还要很好地结合自然地理条件、村镇环境保护、景观布局、地面水的排除、各种工程管线布置以及铁路和其他各种人工构筑物等的关系,并且需要对现有道路系统和建筑物等状况予以足够的重视。在道路系统规划中,应满足下列基本要求:

1)满足适应交通运输的要求

规划道路系统时,应使所有道路主次分明、分工明确,并有一定的机动性,以组成一个高效、合理的交通运输系统,从而使村镇各区之间有安全、方便、迅速、经济的交通联系,具体要求是:

①村镇主要用地和吸引大量居民的重要地点之间,应有短捷的交通路线,使全年最大的平均人流、货流能按最短的路线通行,以使运输工作量最小、交通运输费用最省。例如,村镇中的工业区、居民区、公共中心以及对外交通的车站、码头等都是大量吸引人流、车流的地点,规划道路时应注意使这些地点的交通畅通,以便能及时地集散人流和车流。这些交通量大的用地之间的主要连接道路,就成为村镇的主干道,其数量一般为一条或两条。交通量相对小,不贯通全村镇的道路成为次干道。主、次干道网也就成了村镇规划的平面骨架。

路线短捷的程度可用曲度系数来衡量。曲度系数也称非直线系数,是指道路的起点与终点间的实际交通距离与其空间直线距离之比。即

$$曲度系数 \lambda = \frac{道路始、终点间的实际交通距离}{两点间直线的距离} \qquad (4-2)$$

在村镇中交通运输费用大致与行程远近成比例,因此这个系数也可作为衡量行车费用的经济指标之一。不同形式的干道网,有不同的曲线系数。对于一条干道,衡量其路线是否合理,一般要求其曲线系数在 1.1～1.2 之间,最大不能超过 1.4;次干道的曲度系数也不能超过 1.4,即不出现反向迂回的路线。山区、丘陵地区的干道,因地形复杂,展线需克服地形高差,曲度系数可适当放宽。

②村镇各分区用地之间的联系道路应有足够而又恰当的数量,同时要求道路系统尽可能简单、整齐、醒目,以便行人和行车辨别方向和组织交叉口的交通。

通常以道路网密度 δ(单位为 km/km²)作为衡量道路系统的技术经济指标。所谓道路网密度,是指道路总长(不含居住小区、街坊内通向建筑物组群用地内的通道)$\sum l$ 与村镇用地面积 $\sum F$ 的比值。即

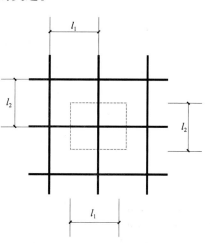

$$\delta = \frac{\sum l}{\sum F} \qquad (4-3)$$

当道路系统为长方形时,设其间距为 l_1, l_2(图 4-12),则

$$\delta = \frac{l_1 + l_2}{l_1 l_2} \qquad (4-4)$$

确定村镇道路网密度一般应考虑下列因素:

Ⅰ. 道路网的布置应便利交通,居民步行距离不宜太远;

图 4-12 道路网密度

Ⅱ. 交叉口间距不宜太短,以避免交叉口过密,降低道路的通行能力和降低车速;

Ⅲ. 适当划分村镇各区及街坊的面积。

道路网密度越大,交通联系也越方便;但密度过大,势必交叉口增多,影响行车速度和通行能力,同时也会造成村镇用地不经济,增加道路建设投资和旧村(镇)改造拆迁工作量。特别是干道的间距过小,会给街坊、居住小区临街住宅带来噪声干扰和废气污染。

村镇干道上机动车流量大,车速较低,且居民出行主要依靠自行车和步行,因此,其干道网与道路网(含支路、连通路)的密度可较小城市为高,道路网密度可达 8～13km/km²,道路间距可为 150～250m;其干道网密度可为 5～6.7km/km²,干道间距可为 300～400m。实际规划应结合现状、地形环境来布置,不宜机械规定,但是道路与支路(连通路)间距至少应大于 100m,干道间距有时也达 400m 以上。山区道路网密度更应因地制宜,其间距可考虑 150～400m。

③为交通组织管理创造良好条件。道路系统应尽可能简单、整齐、醒目,以便行人和行驶的车辆辨别方向,易于组织和管理交通交叉口的交通。如图 4-13 所示,8 条干道汇集于村镇中心区,形成一个复杂交叉口,使交叉口的交通组织复杂化,大大降低了干道的通行能力和交通安全。一个交叉口上交汇的道路不宜超过 4～5 条,交叉角不易小于 60°或不宜大于 120°。一般情况下,不要规划星形交叉口,不可避免时,应分解成几个简单的十字形交叉口。同时,应避免将吸引大量人流的公共建筑布置在路口,增加不必要的交通负担。

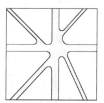

图 4-13 多条道路交叉

2)结合地形、地质和水文条件,合理规划道路网走向

村镇道路网规划的选线布置,既要满足道路行车技术的要求,又必须结合地形、地质水文条件,并考虑到与临街建筑、街坊、已有大型公共建筑的出入联系要求。道路网尽可能平而直,尽可能减少土石方工程,并为行车、建筑群布置、排水、路基稳定创造良好条件。

在地形起伏较大的村镇,主干道走向宜与等高线接近于平行布置,避开接近垂直切割等高线,并视地面自然坡度大小对道路横断面组合作出经济合理的安排。当主、次干道布置与地形矛盾时,次干道及其他街道都应服从主干道线形平顺的需要。一般当地面自然坡度达 6% ~ 10% 时,可使主干道与地形等高线交成一个不大的角度,以使与主干道相交叉的一般其他道路不致有过大的纵坡,如图 4-14 所示;当地面自然坡度达 12% 以上时,采用之字形的道路线形布置,如图 4-15 所示,曲线半径不宜小于 13 ~ 20m,且曲线两端不应小于 20 ~ 25m 长的缓和曲线。为避免行人在之字形支路上盘旋行走,常在垂直等高线上修建人行梯道。

在道路网规划布置时,应尽可能绕过不良工程地质和不良水文工程地质,并避免穿过地形破碎地段,如图 4-16、图 4-17 所示。这样虽然增加了弯路和长度,但可以节省大量土石方和大量建设资金,缩短建设周期,同时也使道路纵坡平缓,有利于交通运输。

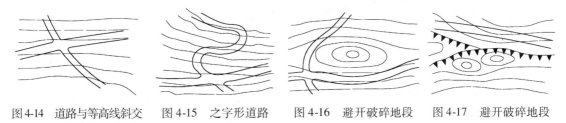

图 4-14　道路与等高线斜交　　图 4-15　之字形道路　　图 4-16　避开破碎地段　　图 4-17　避开破碎地段

确定道路标高时,应考虑水文地质对道路的影响,特别是地下水对路基路面的破坏作用。

3)满足村镇环境的要求

村镇道路网走向应有利于村镇的通风。我国北方村镇冬季寒流主要受来自西伯利亚的冷空气影响,所以冬季寒流风向主要是西北风,寒冷往往伴随风沙、大雪,因此主干道布置应与西北向呈垂直或呈一定角度的偏斜,以避免大风雪和风沙直接侵袭村镇;对南方村镇道路的走向应平行于夏季主导风向,以创造良好的通风条件;对海滨、江边、河边的道路应临水避开,并布置一些垂直于岸线的街道。

道路走向还应为两侧建筑布置创造良好的日照条件,一般南北向道路较东西向好,最好由东向北偏转一定角度。从交通安全看,街道最好能避免正东西方向,因为日照耀眼会导致交通事故。事实上,村镇道路有南北方向,也必须有与其相交的东西向干道,以共同组成村镇干道系统。由于地形等原因,干道不可能都符合通风和日照的要求,因此干道的走向最好取南北和东西的中间方位,一般取与南北子午线呈 30° ~ 60° 的夹角为宜,以兼顾日照、通风和临街建筑的布置。

随着村镇经济的不断发展,交通运输也日益增长,机动车噪声和尾气污染也日趋严重,必须引起足够的重视。一般采取的措施有:合理地确定村镇道路网密度,以保持居住建筑与交通干道间有足够的消声距离;过境交通一律不得从村镇内部穿过;控制货车进入居住区;控制拖拉机进入村镇;在街道宽度上考虑必要的防护绿地来吸收部分噪声和二氧化碳;沿街建筑布置方式及建筑设计作特殊处理,如使建筑物后退红线、建筑物沿街面作封闭处理或建筑物山墙面对街道等。

4）满足村镇景观的要求

村镇道路不仅用作交通运输,而且对村镇景观的形成有着很大的影响。所谓街道的造型即通过线形的柔顺,曲折起伏,两侧建筑物的进退、高低错落、丰富的造型与色彩,多样的绿化,以及沿街公用设施与照明的配置等,来协调街道平面和空间组织,同时还把自然景色(山峰、水面、绿地)、历史古迹(塔、亭、台、楼、阁)、现代建筑(纪念碑、雕塑、建筑小品、电视塔等)贯穿起来,形成统一的街景。它对体现整洁、舒适、美观、大方、丰富多彩的现代化村镇面貌起着重要的作用。

干道的走向应朝向制高点、风景点(如:高峰、水景、塔、纪念碑、纪念性建筑等),使路上行人和车上乘客能眺望如画的景色。临水的道路应结合岸线精心布置,使其既是街道,又是人们游览休息的地方。当道路的直线路段过长,使人感到单调和枯燥时,可在适当地点布置广场和绿地,配置建筑小品(雕塑、凉亭、画廊、花坛、喷水池、民族风格的售货亭等),或做大半径的弯道,在曲线上布置丰富多彩的建筑。

对山区村镇,道路竖曲线以凹形曲线为赏心悦目,而凸曲线会给人以街景凌空中断的感觉。一般可在凸形顶点开辟广场、布置建筑物或树木,使人远眺前方景色,有新鲜不断、层出不穷之感。

但必须指出的是,不可为了片面追求街景,把主干道规划成错位交叉、迂回曲折,致使交通不畅。

5）有利于地面水的排除

村镇街道中心线的纵坡应尽量与两侧建筑线的纵坡方向取得一致,街道的标高应稍低于两侧街坊地面的标高,以汇集地面水,便于地面水的排除。主干道如果沿汇水沟纵坡,对于村镇的排水和埋设排水管是非常有益的。

在做干道系统竖向规划设计时,干道的纵断面设计要配合排水系统的走向,使之通畅地排向江、海、河。由于排水管是重力流管,管道要具有排水纵坡,所以街道纵坡设计要与排水设计密切配合。街道纵坡过大,排水管道就需要增加跌水管;纵坡过小,则排水管道在一定路段上又需设置泵站,显然,这些都将增加工程投资。

6）满足各种工程管线布置的要求

随着村镇的不断发展,各类公用事业和市政工程管线将越来越多,一般都埋在地下,沿街道敷设。但各类管线的用途不同,其技术要求也不同。如电讯管道,它要靠近建筑物布置,且本身占地不宽,但它要求设置较大的检修人孔;排水管为重力流管,埋设较深,其开挖沟槽的用地较宽;煤气管道要防爆,须远离建筑物。当几种管线平行敷设时,它们相互之间要求有一定的水平间距,以便在施工时不致影响相邻管线的安全。因此,在村镇道路规划设计时,必须摸清街道上要埋设哪些管线,考虑给予足够的用地,并给予合理安排。

7）满足其他有关要求

村镇道路系统规划除应满足上述基本要求外,还应满足:

①村镇道路应与铁路、公路、水路等对外交通系统密切配合,同时要避免铁路、公路穿过村镇内部。对已在公路两侧形成的村镇,宜尽早将公路移出或沿村镇边缘绕行。

对外交通以水运为主的村镇、码头、渡口、桥梁的布置要与道路系统互相配合。码头、桥梁的位置还应注意避开不良地质。

②村镇道路要方便居民与农机通往田间,要统一考虑与田间道路的衔接。

③道路系统规划设计,应少占农田、少拆房屋,不损坏重要历史文物。应本着与从实际出

发,贯彻以近期为主,远、近期相结合的方针,有计划、有步骤地分期展开、组合实施。

(2)村镇道路系统的形式

目前常用的道路系统形式可归纳成四种类型:方格网式(也称棋盘式)、放射环式、自由式、混合式。前三种是基本类型,混合式道路系统是由几种基本类型组合而成。

1)方格网式(棋盘式)

方格网式道路系统如图 4-18 所示,其最大特点是街道排列比较整齐,基本呈直线,街坊用地多为长方形,用地经济、紧凑,有利于建筑物布置和识别方向;从交通方面看,交通组织简单、便利,道路定线比较方便,不会形成复杂的交叉口,车流可以较均匀地分布于所有的街道上;交通机动性好。当某条街道受阻车辆绕道行驶时期路线不会增加,行程时间不会增加。为适应汽车交通的不断增加,交通干道的间距宜为 400 ~ 500m,划分的村镇用

图 4-18　方格网式

地就形成功能小区,分区内再布置生活性街道。这种道路系统也有明显的缺点,它的交通分散,道路主次道路功能不明确,交叉口数量多,影响行车通畅。同时,由于是长方形的网格道路系统,因此,使对角线方向交通不便,行驶距离长,曲度系数大,一般为 1. 27 ~ 1. 41。

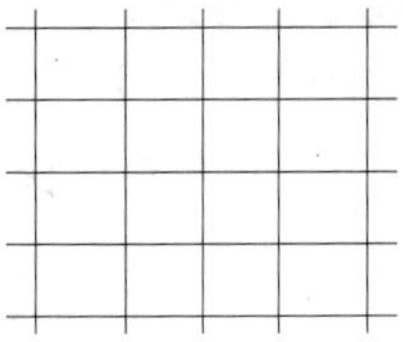

方格网式道路系统一般适用于地形平坦的村镇,规划中应结合地形、现状与分区布局来进行,不宜机械地划分方格。为改善对角线方向的交通不便,在方格网中常加入对角线方向的道路,这样就形成了方格对角线形式的道路系统。与方格网式道路系统相比,对角线方向的道路能缩短 27% ~ 41% 的路程,但这种形式易产生三角形街坊,而且增加了许多复杂的交叉口,给建筑布置和交通组织上带来不利,故一般较少采用。

2)放射环式

放射环式道路系统如图 4-19 所示,就是由放射道路和环形道路组成。放射道路肩负着对外交通联系,环形道路肩负着个区域间的运输任务,并连接放射道路以分散部分过境交通。这种道路系统以公共中心为中心,由中心引出放射道路,并在其外围地区敷设一条或几条环形道路,像蜘蛛网一样,构成整个村镇的道路系统。环形道路有周环,也可以是半环或多边折线式;放射道路有的从中心内环放射,有的可以从二环或三环放射,也可以与环形道路切线放射。道路系统布置要顺从自然地形和村镇现状,不要机械地强求几何图形。

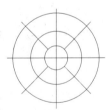

图 4-19　放射环式

这种形式的道路系统的优点是使公共中心和各功能区有直接、通畅的交通联系,同时环形道路可将交通均匀地分散到各区;路线有曲有直,易于结合自然地形和现状;曲度系数平均值较小,一般在 1. 10 左右。其明显的缺点是容易造成中心交通拥挤、行人以及车辆的集中,有些地区的联系要绕行,其交通灵活性不如方格网式好。如在小范围内采用这种形式,道路交叉会形成很多锐角,出现很多不规则的小区和街坊,不利于建筑物的布置,另外道路曲折不利于辨别方向,交通不便。

放射环式道路系统适用于规模较大的村镇。对一般的村镇而言,从中心到各区的距离不大,因而没有必要采取纯粹的放射环式。

3)自由式

自由式道路系统是以结合地形起伏、道路迁就地形而形成,道路弯曲自然,无一定的几何图形。

这种形式的道路系统的优点是充分结合自然地形,道路自然顺势、生动活泼,可以减少道路工程土石方量、节省工程费用。其缺点是道路弯曲、方向多变,比较紊乱,曲度系数较大。由于道路曲折,形成许多不规则的街坊,影响建筑物的布置,影响管线工程的布置。同时,由于建筑分散,居民出入不便。

自由式道路系统适用于山区和丘陵地区。由于地形坡差大,干道路幅宜窄,因此多采用复线分流方式,借平行较窄干道来联系沿坡高差错落布置的居民建筑。在这样的情况下,宜在坡差较大的上下两平行道路之间,顺坡面垂直等高线方向适当规划布置步行梯道或梯级步行商业街,以方便居民交通和生活。

4)混合式

混合式道路系统是结合村镇的自然条件和现状,力求吸收前三种基本形式的优点,避免其缺点,因地制宜地规划布置村镇道路系统。

事实上在道路规划设计中,不能机械地单纯采用某一类形式,应本着实事求是的原则,立足地方的自然和现状特点,采用综合方格网式、放射环式、自由式道路系统的特点,扬长避短,科学合理地进行村镇道路系统的规划布置。如村镇能在原方格网基础上,根据新区及对外公路过境交通的疏导,加设切向外环或半环,则改善了方格网式的布置。

以上四种形式的道路系统,各有其优缺点,在实际规划中,应根据村镇自然地理条件、现状特点、经济状况、未来发展的趋势和民族传统习俗等综合考虑,进行合理的选择和运用,绝对不能生搬硬套搞形式主义。

(3)村镇道路的技术设计

道路规划要预估村镇交通的发展,首先要研究村镇交通的产生,非机动车、机动车出行的增长;工农业生产、村镇生活物资供应;居民上下班,生活上购物、教育与文化娱乐等各种活动形式的不同出行。要统计村镇用地中有关交通源之间分布、相互联系路线的布置、现有出行数量,预估各分区出行数量的增长,新规划地区产生的出行也需作出预估。其次,要研究采用的交通方式和所占比例,考虑汽车、自行车和行人出行在村镇用地分区之间分布和出行流量的形式,最后,确定主次干道的性质、选线、走向布置与红线宽度、断面组合,以及交叉口形式、中心控制坐标方位、桥梁的位置等。

1)远期交通量的预测

在原有村镇道路的规划改造设计中,道路的远期交通量一般可按现有道路的交通量进行预测;对新建的村镇,道路的远期交通量可参考规模相当的统计村镇进行预测。对村镇,目前一般还没有条件进行复杂的理论推算,下面介绍几种简单的预测方法。

①按年平均增长量估算

可用村镇道路上机动车历年高峰小时(或平均日)交通量,来预测若干年后高峰小时(或平均日)交通量。该方法考虑了不同交通区的不同交通发生量的增长情况,并假定各区之间远景的出行分布模式是一样的。该方法适用于土地利用因素变化不大的村镇,计算公式为

$$N_{远} = N_0 + n\Delta N \qquad\qquad (4\text{-}5)$$

式中　$N_{远}$——远期 n 年高峰小时(平均日)交通量(辆/h,或辆/d);

　　　N_0——最后统计年度的高峰小时(平均日)交通量(辆/h,或辆/d);

　　　n——预测年数(年);

　　　ΔN——年平均增长量(辆/h,或辆/d)。

【例4-1】　某村镇道路历年高峰小时交通量如下表所示,预测2010年高峰小时交通量。

年 份	1988	1989	1990	1991	1992	1993	1994	1995	1996
高峰小时交通量(辆/h)	214	236	252	270	287	312	340	364	382
年增长量(辆/h)		22	16	18	17	25	28	24	18

【解】
$$\Delta N = (22+16+18+17+25+28+24+18) \div 8 = 21(辆/h)$$
故
$$N_{远} = 382 + 14 \times 21 = 676(辆/h)$$

②按年平均增长率估算

如缺少历年高峰小时(或平均日)交通量的观测资料,则可以采用按年平均增长率来估算远期交通量。年平均增长率可以参照规模相当的同级村镇的观测资料,并分析考虑随着经济发展及村镇道路网扩充后可能引起该道路上的交通量变化,来选择确定一个合适的年平均增长率,也可以参照工农业生产值的年平均增长率(一般来说,交通量的年平均增长率与工农业生产值的年平均增长率是相一致的)来确定。即

$$N_{远} = N_0(1 + nK) \qquad (4-6)$$

式中 $N_{远}$——远期 n 年高峰小时(平均日)交通量(辆/h,或辆/d);

N_0——最后统计年度的高峰小时(平均日)交通量(辆/h,或辆/d);

K——年平均增长率(%);

n——预测年数(年)。

【例 4-2】 某村镇工农业生产值预计年平均持续增长率为 8%,仍依据上例数据估算 2010 年的交通量。

【解】 若取 $K = 8\%$,则某道路 2010 年的高峰小时交通量为
$$N_{远} = 382 \times (1 + 14 \times 18\%) = 810(辆/h)$$

这里必须指出,上述两种方法算出的远期高峰小时交通量,不能直接用于道路的横断面设计。因为按高峰小时交通量设计的路面宽度,在其他时间内必然显宽,尤其是当有些道路的高峰小时与其他小时交通量悬殊时,更要注意,否则将使路面设计过宽,造成浪费。一般是将此数据乘上一个折减系数作为设计高峰小时交通量。系数的大小,视高峰小时交通量与其他时间交通量的相差幅度而定,相差大的取小值,相差小的取大值,一般为 0.8 ~ 0.93。

③按车辆的年平均增长数估算

村镇一般都有机动车辆增长的历史资料,可以用来估算道路交通量的增长。但车辆增长与交通量增长不成正比,因为车辆多了,车辆的利用率就低,因此,估算时可将车辆增长率打折扣作为交通增长率。

以上介绍的三种方法,只是把交通量的增长看成单纯的数字比率,而均未考虑村镇的性质,以及经济发展的方向和速度的不同在村镇规划中对道路设计所起的影响,因而不能全面地反映客观的实际情况。不过,在没有详细的村镇各用地出行调查资料和交通运输规划的情况下,这种根据现状观测资料,考虑可能的发展趋势来确定一定的增长率,在一定程度上还能应用到当前的规划设计需要上。

④按生成率估算

根据出行生成率计算新增交通量。

【例 4-3】 某大街计划新建一家 2000m² 的娱乐中心和一家 5000m² 的商店,已知娱乐中

心和商店的日出行生成率分别为 32 车次/100m² 和 4.5 车次/1000m²,试估算该大街新增多少交通量?

【解】 新增交通量为

$$2000 \times 32/100 + 5000 \times 4.5/1000 = 663（车次/日）$$

对非机动车的交通量也可参照机动车的方法来估算。但对自行车的利用率,却不会随自行车的增长而降低,这同它的使用特点有关。自行车的增长量同交通增长量是一致的,在村镇道路规划中,应特别注意自行车的增长趋势,因为这是村镇的主要交通工具。

三轮车、板车、畜力车是村镇的重要运输工具,它们在村镇的交通运输中所占比例与村镇的性质、地理位置、自然条件、经济发展程度等有关。目前我国有些村镇的某些道路上,这些车辆所占比重还很大,在一定时期内仍有增长的趋势,在进行远期交通量预测时,应根据实际情况正确估算。

在商业街、生活性道路上,行人是主要的交通量,因此在远期交通量预测时应注意到,一是随着村镇居民物质文化水平的提高,出行次数将会增加;二是农民进入村镇,增加了行人数量。行人交通量的估算,应参考观测资料及人口增长数来计算。

2）村镇道路横断面设计

道路横断面是指沿着道路宽度、垂直于道路中心线方向的剖面。村镇道路横断面设计的主要任务是根据道路功能和建筑红线宽度,合理地确定道路各组成部分的宽度及不同形式的组合、相互之间的位置与高差。对横断面设计的基本要求为:

Ⅰ. 保证车辆和行人交通的畅通和安全,对于交通繁重地段应尽量做到机动车辆与非机动车辆分流、人车分流、各行其道;

Ⅱ. 满足路面排水及绿化,地面杆线、地下管线等公用设备布置的工程技术要求;

Ⅲ. 路幅综合布置应与街道功能、沿街建筑物性质、沿线地形相协调;

Ⅳ. 节约村镇用地,节省工程费用;

Ⅴ. 减少由于交通运输所产生的噪声、扬尘和废气对环境的污染;

Ⅵ. 必须远、近期相结合,以近期为主,又要为村镇交通发展留有必要的余地。做到一次性规划设计,如需分期实施,应尽可能使近期工程为远期所利用。

①道路宽度的确定

道路横断面的规划宽度称为路幅宽度,它通常指村镇总体规划中确定的建筑红线之间的道路用地总宽度,包括车行道、人行道、绿化带以及安排各种管线所需宽度的总和。

Ⅰ. 车行道的宽度

车行道是道路上提供每一纵列车辆连续、安全地按规定计算行车速度行驶的地带。车行道宽度的大小以"车道"或"行车带"为单位。所谓车道,是指车辆单向行驶时所需的宽度,其数值取决于通行车辆的车身宽度和车辆行驶中在横向的必要安全距离。车身宽度一般应采用路上经常通行的车辆中宽度较多者为依据,对个别偶尔通过的大型车辆可不作为计算标准。常用车辆的外轮廓尺寸,见表 4-12。

表 4-12　各种车辆宽度和车道宽度（m）

车辆名称	机动车	自行车	三轮车	大板车	小板车	畜力车
车辆宽度	2.5	0.5	1.1	2.0	0.9	1.6
车道宽度	3.5	1.5	2.0	2.8	1.7	2.6

车辆之间的安全距离取决于车辆在行驶时横向摆动与偏移的宽度,以及与相邻车道或人行道侧石边缘之间的必要安全间隙,其值与车速、路面类型和质量、驾驶技术、交通规则等有关。在村镇道路上行驶车辆的最小安全距离可为 1.0 ~ 1.5m,行驶中车辆与边沟距离为0.5m。

车行道宽度计算公式为

$$N_{远} = (A + B)M + C \tag{4-7}$$

式中　A——车辆距边沟(侧石)的最小安全距离(m);

B——车辆宽度(m);

C——两车错车时的最小安全距离(m);

M——车道数。

表 4-12 中列出了一些车辆的车行道宽度,可供设计时采用。

车行道的宽度是几条车道宽度的总和。以设计小时交通量与一条车道的设计通行能力相比较,确定所需的车道个数,从而确定车行道总宽度。例如机动车行道宽度计算公式为

$$机动车道宽度 = \frac{单向设计小时交通量}{一条车道的设计通行能力} \times 2 \times 一条车道宽度 \tag{4-8}$$

对我国村镇,一条车道的平均通行能力可参考表 4-13 的数值论证分析、确定。

表 4-13　各种车辆的通行能力(辆/h)

车辆名称	机动车	自行车	三轮车	大板车	小板车	畜力车
通行能力	300 ~ 400	750	300	200	380	150

应当注意,车道总宽度不能单纯按公式计算确定。因为这样既难以切合实际,又往往不经济。实际工作中应根据交通资料,如车速、交通量、车辆组成、比例、类型等,以及规划拟定的道路等级、红线宽度、服务水平,并考虑合理的交通组织方案,加以综合分析确定。如:村镇道路上的机动车高峰量较小,一般单向一个车道即可。在客运高峰小时期间,虽然机动车较少,为了交通安全也得占用一个机动车道,而此时自行车交通量增大,可能要占用 2 ~ 3 个机动车道。这样货运高峰小时所需要的车道宽度往往不能满足客运高峰小时的交通要求,所以常常以客运高峰小时的交通量进行校核。

村镇的客运高峰期一般有三个:第一个是早上 8:00 前的上班高峰;第二个是中午的上下班高峰;第三个是下午 17:00 ~ 18:00 时的下班高峰。这三个高峰以中午的高峰最为拥挤。因在此高峰期间不仅有集中的自行车流,还有一定数量的其他车流和人流。因此,以中午客运高峰小时的交通量进行校核较为恰当。

Ⅱ. 人行道的宽度

人行道是村镇道路的基本组成部分。它的主要功能是满足步行交通的需要,同时也要满足绿化布置、地上杆柱、地下管线、护栏、交通标志和信号,以及消防栓、清洁箱、邮筒等公用附属设施布置安排的需要。

人行道宽度取决于道路类别、沿街建筑物性质、人流密度和构成(空手、提包、携物等)、步行速度,以及在人行道上设置灯杆和绿化种植带,还应考虑在人行道下埋设地下管线及备用地等方面的要求。

一条步行带的宽度一般为 0.75m;在火车站、汽车站、客运码头以及大型商场(商业中心)附近,则采用 0.85 ~ 1.0m 为宜。步行带的条数取决于人行道的设计通行能力和高峰小时的

人流量。一般干道、商业街的通行能力采用 800～1000 人/h;支路采用 1000～1200 人/h,这是因为干道、商业街行人拥挤,通行能力降低。

由于影响行人交通流向、流量变化的因素错综复杂,远期高峰小时的行人流量难以确定估计,因此,通常多根据村镇规模、道路性质和特点来确定步行带的宽度,表 4-14 为村镇道路、人行道宽度的综合建议值。

表 4-14　人行道宽度建议值(m)

道　路　类　别	最　小　宽　度	步行带最小宽度
主干道	4.0～4.5	3.0
次干道	3.5～4.0	2.25
车站、码头、公园等路	4.5～5.0	3.0
支路、街坊路	1.5～2.5	1.5

注:现状人口大于2.0万的村镇,可适当放宽。

Ⅲ. 道路绿化与分隔带

(Ⅰ)道路绿化

道路绿化是整个村镇绿化的重要组成部分,它将村镇分散的小园地、风景区联系在一起,即所谓绿化的点、线、面相结合,以形成村镇的绿化系统。

在街道上种植乔木、绿篱、花丛和草皮形成的绿化带,可以遮阳,也能延长路面的使用期限,同时对车辆驶过所引起的灰尘、噪声和震动等能起到降低作用,从而改善道路卫生条件,提高村镇交通与生活居住环境质量。绿化带分隔街道各组成部分可限制横向交通,能保证行车安全和畅通,体现"人车分流、快慢分流"的现代化交通组织原则。在绿地下敷设地下管线,进行管线维修时,可避免开挖路面和不影响车辆通行。如果为街道远期拓宽而预留的备用地可在近期加以绿化。如街道能布置林阴道和滨河园林,可使街道上空气新鲜、湿润和凉爽,给居民创造一个良好的休息环境。

我国大多数村镇的街道绿化占街道总宽度的比例还比较低,在某些村镇中,由于旧街过窄,人行道宽度还成问题,因而道路绿化比重更小,行道树生长也不良,亟待改善。结合我国村镇用地实际即加强绿化的可能性,一般近期对新建、改建道路的绿化所占比例宜为 15%～25%,远期至少应在 20%～30% 考虑。

人行道绿化根据规划横断面的用地宽度可布置单行或双行行道树。行道树布置在人行道外侧的圆形或方形的穴内,方形坑的尺寸不小于 1.5m×1.5m,圆形直径不小于 1.5m,以满足树木生长的需要。街内植树分隔带兼作公共车辆停靠站或供行人过街停留之用,宜有 2m 的宽度。

种植行道树所需的宽度:单行乔木为 1.25～2.0m;两行乔木并列时为 2.5～5.0m,在错列时为 2.0～4.0m。对建筑物前的绿地所需最小宽度:高灌木丛为 1.2m;中灌木丛为 1.0m;低灌木丛为 1.0m;草皮与花丛为 1.0～1.5m。若在较宽的灌木丛中种植乔木,能使人行道得到良好的绿化。

布置行道树时还应注意下列问题:

A. 行道树应不妨碍道路两侧建筑物的日照通风,一般乔木距离房屋 5m 为宜。

B. 在弯道上或交叉口处不能布置高度大于 0.7m 的绿丛,必须使树木在视距三角形范围之处中断,以不影响行车安全。

C. 行道树距道路侧石线(人行道外缘)的距离应不小于 0.75m,便于公共汽车停靠,并需及时修剪,使其分枝高度大于 4m。

D. 注意行道树与架空干线之间的干扰,常将电线合杆架设以减少杆线数量和增加线高度。一般要求电话电缆高度不小于 6m;路灯低压线高度不小于 7m;馈线及供电高压线高度不小于 9m;南方地区架线高度宜较北方地区提高 0.5~1.0m,以有利于行道树的生长。

E. 树木与各项公用设施应保证必要的安全间距,应统一安排,避免干扰。

行道树、地下管线、地上杆线最小安全距离等如表 4-15、表 4-16 所示。

表 4-15　行道树、地下管线、地上杆线最小安全距离(m)

管线名称 树木、杆线名称	建筑线	电力管道沟边	电讯管道沟边	煤气管道	上水管道	雨水管道	电力杆	电讯杆	污水管道	侧石边缘	挡土墙陡坡	围墙(2m以上)
乔木(中心)	3.0	1.5	1.5	1.5~2.0	1.5	1.0~1.5	2.0	2.0	1.0~1.5	1.0	1.0	2.0
灌木	1.5	1.5	1.5	1.5~2.0	1.0		>1.0	1.5		1.0~2.5	0.3	1.0
电力杆	3.0	1.0	1.0	1.0~1.5	1.0	1.0	—	4.0	1.0	0.6~1.0	>1.0	—
电讯杆	3.0	1.0	1.0	1.0~1.5	1.0		4.0		1.0	2.0~4.0	>1.0	—
无轨电车杆	4.0	1.5	1.5	1.5	1.5	1.5			1.5	2.0~4.0	—	—
侧石边缘	—	1.0	1.0	1.0~2.5	1.5				1.0	—	—	—

表 4-16　地下管线、架空线有关净距、净空要求(m)

上面管线 埋设在下面的管线	给水	排水	煤气	电力电缆		电讯		明沟(底)	涵洞(基础底)	电车(轨底)	铁路(轨底)
				高压	低压	铠装	管道				
给水管	0.1	0.1	0.1	0.2	0.2	0.2	0.1	0.5	0.15	1.0	1.0
排水管	0.1	0.1	0.1	0.2	0.2	0.2	0.1	0.5	0.15	1.0	1.0
煤气管	0.1	0.1	0.1	0.2	0.2	0.2	0.1	0.5	0.15	1.0	1.0
电讯、铠装	0.2	0.2	0.2	0.2	0.2	0.1	0.15	0.5	0.2	1.0	1.0
电缆管道	0.2	0.2	0.2	0.2	0.2	0.1	0.15	0.5	0.2	1.0	1.0
电力电缆	0.2	0.2	0.2	0.5	0.5	0.2	0.15	0.5	0.5	1.0	1.0

注:管线设于套管或地道中,其净距从套管、地道边及基础底算起;电讯类管线宜在其他管线上通过;低压电缆宜在高压管线上方通过;煤、电管应在给排水管上面通过。

(Ⅱ)分隔带

分隔带是组织车辆分向、分流的重要交通设施,但它与路面画线标志不同,在横断面中占有一定宽度,是多功能的交通设施,为绿化植树、行人过街停歇、照明杆柱、公共车辆停靠、自行车停放等提供了用地。

分隔带分为活动式和固定式两种。活动式是用混凝土墩、石墩或铁墩做成,墩与墩之间以铁链或钢管连接,一般活动式分隔墩高度为 0.7m 左右,宽度为 0.3~0.5m,其优点是可以根据交通组织变动灵活调整。固定式一般是用侧石维护成连续性的绿化带。

分隔带的宽度宜与街道各组成部分的宽度比例相协调,最窄为 1.2~1.5m。若兼作公共交通车辆停靠站或停放自行车用的分流分隔带,不宜小于 2m。除了为远期拓宽预留地的分隔带外,一般其宽度不宜大于 4.5~6.0m。

作为分向用的分隔带,除过长路段而在增设人行横道处中断外,应连续不断直到交叉口前。分流分隔带仅宜在重要的公共建筑、支路和街坊路出入口以及人行横道处中断,通常以

80～150m 为宜,其最短长度不小于一个停车视距。采用较长的分隔带可避免自行车任意穿越进入机动车道,以保证分流行车的安全。

分隔带足够宽时,其绿化配置宜采用高大直立乔木为主;若分隔带较窄时,只能选用小树冠的常青树,间以低矮黄杨树;地面栽铺草皮,逢节日以盆花点缀,或高灌木配以花卉、草皮并围以绿篱,切忌种植高度大于 0.7m 的灌木丛,以免妨碍行车视线。

Ⅳ.道路边沟宽度

为了保证车辆和行人的正常交通,改善村镇卫生条件,以及避免路面的过早破坏,要求迅速将地面的雨雪水排除。根据设施构造的特点,道路的雨雪水排除方式有明式、暗式和混合式三种。

明式是采用明沟排水,仅在街坊出入口、人行横道处增设一些必要的带有漏孔的盖板明沟或涵管,这种方式多用于一些村庄的道路或临街建筑物稀少的道路。明沟的断面尺寸原则上应经水力计算确定,常采用梯形或矩形断面,底宽不小于 0.3m,深度不宜小于 0.5m。暗式是用埋设于道路下的雨水沟管系统排水,而不设边沟。混合式是明沟和暗管相结合的排水方式。在村镇规划中,应从卫生、环境、经济和方便居民交通等方面综合考虑,采取适宜的排水方式。

②道路横断面的综合布置

Ⅰ.道路横断面的基本形式

根据村镇道路交通组织特点的不同,道路横断面可分为一、二、三块板等不同形式。一块板(又称单幅路)就是在路中完全不设分隔带的车行道断面形式,如图 4-20(a)所示;二块板(又称双幅路)就是在路中心设置分隔带将车行道一分为二,使对向行驶车流分开的断面形式,如图 4-20(b)所示;三块板,就是设置两道分隔带,将车行道一分为三,中央为机动车道,两侧为非机动车道,如图 4-20(c)所示。

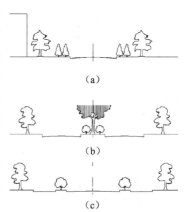

图 4-20 道路横断面的基本形式
(a)一块板;(b)二块板;(c)三块板

三种形式的断面,各有其优缺点。从交通安全上来看,三块板比一、二块板都好,这是由于三块板解决了经常产生交通事故的非机动车和机动车相互干扰的矛盾,同时分隔带还起了行人过街的安全岛作用。但三块板在分隔带上所设的公共车辆停靠站,对乘客上下车、穿越非机动车道造成不便。从行车速度上来看,一、二块板由于机动车和非机动车混合行驶,车速较低;三块板由于机动车和非机动车分流,互不干扰,车速较高。从道路照明上来看,板块划分越多,照明越易解决,二、三块板均能较好地处理照明杆线与绿化种植之间的矛盾,因而照度易于达到均匀,有利于夜间行车。从环境质量上来看,三块板由于机动车道在中央,距离两侧建筑物较远,并有分隔带和人行道上的绿化隔离带吸尘和消声,因而有利于沿街居民保持较为安静、良好的生活环境。从村镇用地和建设投资上看,在相同的通行能力下,一块板占用的土地面积最小,建设投资也少;三块板由于机动车和非机动车分流后,非机动车道的路面质量要求可降低些,这方面能做到一定的经济、合理,但总造价仍较高;二块板的造价大体介于一、三块板之间。

Ⅱ.道路横断面的选择

道路横断面的选择必须根据具体情况,如村镇规模、地区特点、道路类型、地形特征、交通性质、占地、拆迁和投资等因素,经过综合考虑、反复研究及技术经济比较后才能确定,不能机械地确定。

一块板形式是目前普遍采用的一种形式。它适用于路幅宽度较窄(一般在 40m 以下),交通量不大,混合行驶四车道已能满足及非机动车道不多等情况;在用地困难和大量拆迁的地段,以及出入口较多的繁华路段可优先考虑。如规定节日有游行队伍通过或备战等特殊功能和要求时,即使路幅宽度较大,也可考虑采用一块板形式。三块板形式适用于路幅较宽(一般在 40m 以上,特殊情况至少为 36m),非机动车多,交通量大,混合行驶四车道已不能满足交通要求,车辆速度较快及考虑分期修建等情况。但一般不适用于两个方向交通量过分悬殊,或机动车和非机动车高峰小时不在同一时间的道路;也不宜用于用地紧张,非机动车较少的山村道路。二块板形式适用于快速干道,如机动车辆多、非机动车辆很少及车速要求高的道路,可以减少对向行驶的机动车之间的相互干扰,特别是经常有夜间行车的道路;在线形上有可能导致车辆相撞的路段以及道路横向高差较大或为了照顾现状、埋设高压线等,有时也可适当地考虑采用。经多年的实践证明,二块板形式可保证交通安全,但车辆行驶时灵活性差,转向需要绕道,以致车道利用率低,而且多占用地,因此此种形式近年来已很少采用,对于已建的二块板道路有的也在改建。

道路横断面设计除考虑交通外,还要综合考虑环境,沿街建筑使用,村镇景观以及路上、路下各种管线、杆柱设施的协调、合理安排。

(Ⅰ)路幅与沿街建筑物高度的协调。道路路幅宽度应使道路两侧的建筑物有足够的日照和良好的通风;在特殊情况(对应防空、防火、防震要求)下,还应考虑街道一侧的建筑物发生倒塌后,仍需保持街道另一侧车道宽度能继续维持交通、能进行救灾工作。

此外,路幅宽度还应使行人、车辆穿越时能有较好的视野,看到沿街建筑物的立面造型,感受良好的街景。一般认为 $H:B = 1:2$ 左右为宜,具体实施时,东西向道路稍宽,南北向道路可稍窄,如图 4-21 所示。

(Ⅱ)横断面布置与工程管线布置的协调。村镇中的各种工程管线,由于其性能、用途各不相同,相互之间在平面、立面位置上的安排与净距要求常常发生冲突和矛盾。道路横断面各组成部分的宽度及其组合形式的确定,必须与管线综合规划相协调;有时路幅宽度甚至取决于管线辐射所需用地的宽度要求。

(Ⅲ)横断面总宽度的确定与远近期建设结合,如图 4-22 所示。

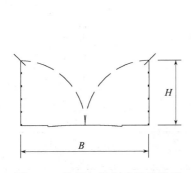

图 4-21 路幅与沿街建筑的关系

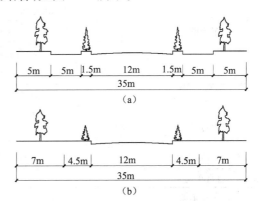

图 4-22 横断面总宽度的确定与远近期建设结合
(a)远期;(b)近期

有关村镇道路的路幅宽度值,目前尚无统一规定,表 4-17 的数值可供参考。

表 4-17　村镇道路路幅宽度及组成建议

人口规模(万人)	道路类别	车道数	单车道宽(m)	非机动车道宽(m)	红线宽(m)
>1.0~2.0	主干道	3~4	3.5	3.0~4.5	25~35
	次干道	3~4	3.5	3.0~4.5	25~35
	支路	3~4	3.5	3.0~4.5	25~35
0.5~1.0	干道	3~4	3.5	3.0~4.5	25~35
	支路	3~4	3.5	3.0~4.5	25~35
0.3~0.5	干路	3~4	3.5	3.0~4.5	25~35
	支路	3~4	3.5	3.0~4.5	25~35

注:当规划人口大于2.0万的村镇,个别主干道可达红线40m以内;接近2.0万的村镇,个别主干道可用三块板或设非机动车道隔离墩,其他道路原则上用一块板。

道路工程建设应贯彻"充分利用,逐步改造"与"分期修建,逐步提高"的原则。因此,道路断面上各组成部分的位置,不仅要注意适应远近期交通量组成和发展的差别,而且也要为今后路网规划布局的调整变动留有余地。对于近、远期宽度的相差部分,可用绿化带、分隔带或备用地加以处理。有些街道根据拆迁条件,也可采取先修建半个路幅的做法。

Ⅲ. 道路的横坡度

为了使道路上的地面雨雪水、街道两侧建筑物出入口以及比邻街坊道路出入口的地面雨雪水能迅速排入道路两侧的边沟或排水暗管,在道路横向必须设置坡度。

道路横坡度的大小,主要根据路面结构层的种类、表面平整度、粗糙度和吸湿性、当地降雨强度、道路纵坡大小等确定。一般地,路面越光滑、不透水、平整度与行车车速要求高,横坡就宜偏小,以防车辆横向滑移,导致交通事故;反之,路面越粗糙、透水、且平整度差、车速要求低,横坡就可偏大。结合交通部《公路工程技术标准》(JTG B01—2003),我国村镇道路横坡度的数值可参考表4-18取用。

表 4-18　道路横坡度

车 道 种 类	路 面 结 构	横坡度(%)
车行道	沥青混凝土、水泥混凝土	1.0~2.0
	其他黑色路面、整齐石块	1.5~2.5
	半整齐石块、不整齐石块	2.0~3.0
	碎、砾石等粒料路面	2.5~3.5
	粒料加固土、其他当地材料加固或改善土	3.0~4.0
人行道	砖石铺砌	1.5~2.5
	砾石、碎石	2.0~3.0
	砂石	3.0
	沥青面层	1.5~2.0
自行车道		1.5~2.0
汽车停车场		0.5~1.5
广场行车路面		0.5~1.5

(4)村镇道路的线形设计

道路是一种由直线和曲线组成的带状构筑物。由于道路受地形、地物、地址条件的限制和交通吸收点、集散点的布局要求,往往需要在平面、立面上恰当地调整道路中心线的转折方向,以满足行车安全、通畅、舒适和工程经济的综合要求。这种使道路各直线段与曲线段在平面和立面上有平顺、柔和的衔接,并在技术标准上满足道路等级的交通要求,称之为道路线形设计。

道路线形包括道路平面线形和道路纵断面线形。前者是指,道路红线范围内的道路中心线及其他主要特征线在现状地形图上的平面投影位置、几何形状和各类部分的尺寸;后者是指,道路中心线或其他主要特征线在纵向所作的垂直剖面线形。

村镇道路平面线形设计是指根据村镇道路网规划已大致确定的道路走向、路与路之间的方位关系,以道路中心线为准,按照行车技术要求及详细的地形、现状勘测资料和工程地质、水文条件在现状地形图上,最终确定道路路幅在平面上的直线、曲线路段及其衔接、交叉路口的形式,桥涵中心线的位置及起讫点以及必要公共交通点,绿化分隔带,地上杆线等平面安排。

道路平面线形基本是由直线段和曲线段两部分组成的。直线部分从交通运输、建筑施工和维护管理等方面来看,在一条路线的起讫点之间,宜采用直线路段为最佳;村镇干道更应尽可能选用较长的直线段;在各交叉口和广场之间,以采用直线路段为最佳。一条路线在从起点到终点的全过程中,为了通过附近的必要的控制点,或者为了利用地形绕避各种障碍物,都不可避免地要发生方向上的转折,为了尽可能降低各种不利因素,一般在两条不同方向的直线之间,都要设一段曲线来代替原来的那段折线,以使车辆能从前一条直线顺利地驶入后一条直线,这种曲线就称为平曲线。

纵断面线形设计是指依据道路平面确定道路中心线在立面上相对于地面的位置、高低起伏关系(如坡度、竖曲线)及其相互线形的平顺衔接,并具体确定平面交叉口、立体交叉口以及桥梁等的控制标高。

1)道路的平面设计

道路平面设计,一般是在村镇道路网规划的基础上进行的:按照主管部门下达的设计任务书中提出的要求,依据有关的设计要求,依据有关的设计规范或技术标准,结合调查勘测所取得的有关资料和数据,以及横断面的布置情况,以道路中线为准,将道路网规划或选线中大致规定的道路走向与其他道路的方位关系等,经过综合考虑和必要的调整加以确定。在此基础上,将全部平面线形确定下来,并绘成道路平面设计图。

①道路平面设计的主要内容

Ⅰ.图上和实地选线。即确定所设计的路线的起点、终点、中间控制点(指受规划或地形、地物现状、交通要求等限制,必须通过或避开的平面转折点、纵断面转坡点或控制标高点)和横断面布置在图纸和实地上的具体位置。

定线应结合自然地形、地物现状、地质水文条件以及临街建筑布局的要求,经济合理地综合考虑。

Ⅱ.平曲线设计是在图纸和实地定线的基础上进行的,包括:

(Ⅰ)选取平曲线半径;

(Ⅱ)根据情况设置超高、加宽和缓和曲线等。

Ⅲ.解决直线(曲线)与曲线之间的衔接问题。

Ⅳ.验算弯曲内侧的安全行车视距。如不能保证,则需决定视线障碍物的清除范围。

Ⅴ.确定分隔带、人行道绿化、杆线设施的位置等。

Ⅵ.对沿线的交叉口和广场、桥涵和排水设施,以及其他各项公用和附属设施进行平面布置,确定其具体位置、采用的形式和尺寸。

Ⅶ. 绘制道路平面设计图。

②道路平曲线的概念

为了使车辆从一条折线段平顺回转,徐徐进入另一折线段,就需要妥善地选择曲线段来与相邻两转折直线段衔接,这种曲线就称为平曲线。

当路线的转折角很小(7°以内),同时设计车速也不大($V<50km/h$)时,可以将折线直接相连而不设平曲线。但如设计车速较高($V>50km/h$),则必须设置较长的平曲线,以保证行车的安全和顺畅;另外,在村镇内部的道路,即使转角较小,也宜设平曲线以使车行道两侧的路缘石平顺、美观。

平曲线一般采用圆曲线(就是一般圆弧),但为了进一步提高使用质量,在圆曲线与两端的直线之间,还应设置过渡的缓和曲线。平曲线能在多大程度上抵消各种因素的影响,更好地保证行车的安全、迅速、经济和舒适,主要取决于圆曲线半径的大小和采用其他措施(如超高、加宽及缓和段等)的情况如何。

③平曲线半径的选择

车辆在曲线路段上行使有着复杂的不断调整行车方向的运动。车速愈高,平曲线半径愈小,则车辆的横向稳定性愈差、燃料消耗和轮胎磨损愈多以及乘客的舒适感愈差。

村镇道路一般车速不超过 $20\sim40km/h$,同时考虑到便于沿街建筑的布置和地上、地下管线的敷设,并有益于街道景观,宜尽可能选用不设超高的平曲线半径。根据村镇道路交通特点、分类,建议的平曲线半径参考值见表4-19。对于郊区道路、过境公路则可参照现行《公路工程技术标准》(JTG B01—2003)的有关规定。

表4-19　乡镇道路平曲线半径参考值

平曲线半径及车速	道路类别		
	主干道	次干道	支路(街坊路)
推荐半径(m)	$230\sim300$	$110\sim150$	$40\sim70$
设超高最小半径(m)	$75\sim100$	$35\sim75$	$15\sim20$
设计车速(km/h)	$25\sim40$	$25\sim30$	$15\sim20$

注:1. 商业街及通往风景点的交通道路,可因地制宜选用次干道栏的数值。

2. 设计车速即计算行车速度,是指路线受限制地段(如弯道、大纵坡段)在正常的气候和行车密度条件下应使线形能达到的安全运行速度。

选用平曲线半径,应结合地形、地物、现状、道路等级综合分析考虑。对各个等级的道路平曲线,原则上应尽量采用较大的半径,以提高道路的使用质量;对于地形、地物复杂的道路,如山区村镇的道路,如采用推荐半径过分增加工程造价与施工困难,也可采用设置超高的最小半径范围值;对次要性道路的局部路段,也可采用降低设计车速、加设交通警告标志等措施来解决最小半径问题;在长直线(特别是下坡)的尽头,不得采用小半径的平曲线,因为在这种直线段上行车极易超速,如对平曲线的出现缺乏思想准备或判断错误,往往会发生事故。

在具体计算确定平曲线半径(R)时,为便于测设,当 $R<125m$ 时,按5m的整倍数取值;当 $125m<R<250m$ 时,按10m的整倍数取值;当 $250m<R<1000m$ 时,按50m的整倍数取值;当 $R>1000m$ 时,则按100m的整倍数取值。此外,当路线转折角在 $3°\sim7°$ 时,由于曲线外距很小,也可不设曲线,而仅将转折点附近左右各10m范围的路缘石施工时做成平顺弧线形。

当汽车在平曲线段行使时,若曲线段过短,会使驾驶员回转方向盘感到急促困难,甚至冲入相邻车道,引起交通事故,加上离心加速变化率过大也会使车内乘客感到不舒适。因此,通常规定不同计算行车速度下的圆曲线最小长度,如表4-20所示。

表4-20　圆曲线最小长度

计算车速(km/h)	50	40	30	20
圆曲线最小长度(m)	40	35	25	20
小转角($\theta<7°$)时最小长度(m)	$600/\theta$	$500/\theta$	$350/\theta$	$280/\theta$

注:此系避免驾驶员产生错觉而发生行车侵入相邻车道的安全要求,当$\theta<2°$时,按2°计算。

④平曲线与平曲线及直线间的衔接

在受地形、地物限制较多的地区(如山区),一条路线在较短的距离内,常会发生连续的转折,致使线形错综复杂,对行车安全十分不利,因此就需要妥善解决好相邻平曲线与平曲线及直线之间的衔接问题。

在同一条道路上转向相同的两条相邻平曲线(中间可以有直线段),称为同向曲线,如图4-23所示;转向不同的(中间可以有直线段),则称为反向曲线,如图4-24所示;直接相连的两个或两个以上的同向曲线,称为复曲线,如图4-25所示。

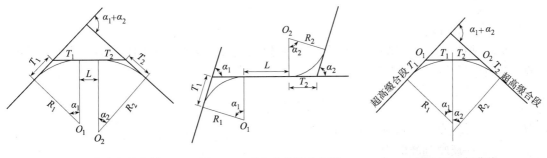

图4-23　同向曲线段的衔接　　图4-24　反向曲线段的衔接　　图4-25　复曲线

对于同向曲线,不论有无超高与加宽,都可直接连成为复曲线。因此,两转点间距离,能布置下两圆曲线的切线即可。如两同向曲线受地形、地物等条件限制而不能直接连成复曲线,就应在两曲线间插入足够长的直线段。

对于反向曲线,如半径大而无超高,可以直接相连,故两转点间的距离,能布置下两圆曲线的切线即可;如设有超高(或缓和曲线),则两曲线之间就需要有一条直线插入段,其最小长度不得小于车速V的2倍,即$2V$(m),以便能设置缓和曲线或两个超高缓和段的长度。在工程特殊困难地段,可将缓和段的不足部分插入圆曲线内,但仍需保留不小于15～20m长的直线段。实际上,即使在无超高的两反向曲线之间,也以留有一定长度的直线为宜。

复曲线一般只在受地形、地物限制而有此必要时才采用,相邻两曲线半径相差不大于2倍(如两个半径都大于不设超高的最小半径,或设计车速不大于30km/h,可不受限制),或插入一个足够长的直线段,即至少能设置得下两个缓和曲线,就是两个同向曲线之间连以短的直线段,其最小长度为$6V$(m)。

⑤行车视距

为了确保在道路上行车的安全,必须使驾驶员能看到前方一定距离的路面,以便及时发现障碍(包括停下来的、在前面慢行的或迎面而来的汽车以及其他物体),并能在一定的车速下及时采取减速避让或刹车等措施,从而避免发生事故,这个必不可少的距离,称为安全行车视距或简称安全视距。

安全视距的长度主要取决于车速、制动性能、路面状况、障碍物情况以及驾驶员为克服障碍所采取的措施。一般有停车视距、会车视距、错车视距、超车视距等。在我国村镇道路上行车视距主要有停车视距、会车视距两种。

Ⅰ. 停车视距

汽车在所行驶的车道上遇到障碍物(如横越车道的行人、待维修的路面坑洞、违章堆料以及不正常的非机动车临时占道等),由于不能或来不及躲避,只得紧急刹车,这样从发现障碍物到汽车在障碍物前完全停住所需要的最短安全距离,称为停车视距。包括反应距离、制动距离和安全距离三个部分,如图 4-26 所示。

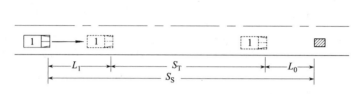

图 4-26　停车视距计算图示

(Ⅰ)反应距离 L_1

即从驾驶员看到障碍物时起,到开始制动时止,这段反应判断时间内汽车所行驶的距离。一般驾驶员的反应时间为 1.2s 左右,因此

$$L_1 = vt = \frac{V}{3.6}t(\mathrm{m}) \tag{4-9}$$

式中　v,V——汽车计算行车速度(m/s,km/h);

　　　t——反映判断能力(s)。

(Ⅱ)制动距离 S_T

即汽车在从开始受到制动到完全停住这段时间内所行驶的距离。当汽车以车速 V 行驶而受到制动后,需要消耗它的全部动能做功,以克服所受到的阻力,使汽车完全停下来。汽车受到制动前所具有的动能为

$$W_{动} = \frac{1}{2}mV^2 = \frac{GV^2}{2g(3.6)^2} = \frac{GV^2}{254} \tag{4-10}$$

式中　m,G——汽车的质量和重量(kg,N);

　　　g——重力加速度(m/s²)。

按"能量守恒及转换定律",这也是克服道路阻力做功所消耗的全部动能,则为克服道路阻力所做的功为

$$W_{阻} = S_T \cdot G(\varphi \pm i) \tag{4-11}$$

式中　φ——相应路面、气候状态下的纵向摩擦系数,见表 4-21;

　　　i——道路纵坡(%)。

表 4-21　纵向摩擦系数

路面类型	路面状态			
	干燥	潮湿	泥泞	冰滑
水泥混凝土路面	0.7	0.6	—	—
沥青混凝土路面	0.6	0.4	—	—

路 面 类 型	路 面 状 态			
	干 燥	潮 湿	泥 泞	冰 滑
表面处治路面	0.4	0.2	—	—
中级或低级路面	0.5	0.3	0.2	0.1

$W_{动}$ 与 $W_{阻}$ 是相等的,即

$$\frac{GV^2}{254} = S_T \cdot G(\varphi \pm i) \tag{4-12}$$

所以

$$S_T = \frac{V^2}{254(\varphi \pm i)} (\text{m}) \tag{4-13}$$

考虑到刹车效果与汽车的制动器性能、品质有关,从安全考虑来看,S_T 值还应乘以制动系数 K,其值通常取 $1.2 \sim 1.4$,村镇道路一般用 1.2,因此

$$S_T = \frac{KV^2}{254(\varphi \pm i)} (\text{m}) \tag{4-14}$$

(Ⅲ)安全距离 L_0

即制动停车后汽车与障碍物之间的最小安全净距。其值通常取 $5 \sim 10$m,村庄道路一般用 5m。

综上所述,村镇道路汽车停车视距为

$$S_S = L_1 + S_T + L_0 = \frac{V}{3.6}t + \frac{KV^2}{254(\varphi \pm i)} + L_0(\text{m}) \tag{4-15}$$

式中,当汽车升坡行使时取正号,降坡行使时取负号。通常,计算标准值多按 i 为 0 时的水平路段来求得。村镇道路的停车视距建议值见表4-22。

表4-22　村镇道路的停车、会车视距

道 路 类 别	最小安全视距(m)	
	停 车 视 距	会 车 视 距
主干道	40	80
次干道	30	60
支路(街坊路)	20 ~ 25	40 ~ 50

Ⅱ. 会车视距

两对向行驶的汽车,在同一车道上相遇,而又来不及错让时,双方同时采取制动刹车所需的最短安全距离。这种情况通常发生在机动车道有效宽度不够的双车道上以及机动车、非机动车混行,且车道偶然被局部侵占的次要车道上。包括反应距离、制动距离和安全距离三部分。如图4-27所示。

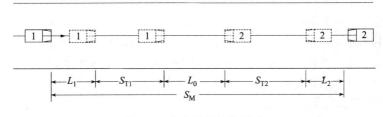

图4-27　会车视距计算图示

（Ⅰ）若 V_1，V_2 分别为汽车 1、汽车 2 的计算行车速度（km/h）；i_1，i_2 分别为汽车 1、汽车 2 所行驶道路的纵坡。则会车视距 S_M 为

$$S_M = L_1 + S_{T_1} + L_0 + S_{T_2} + L_2 = \frac{V_1}{3.6}t + \frac{KV_1^2}{254(\varphi \pm i_1)} + L_0 + \frac{V_2}{3.6}t + \frac{KV_2^2}{254(\varphi \pm i_2)}$$

$$= \frac{V_1 + V_2}{3.6}t + \frac{K}{254}\left(\frac{V_1^2}{\varphi \pm i_1} + \frac{V_2^2}{\varphi \pm i_2}\right) + L_0(\text{m}) \tag{4-16}$$

（Ⅱ）若对向行驶的车速相同，并在同一纵坡为 i 的车道上行驶，则

$$S_M = \frac{V}{1.8}t + \frac{K}{127}\frac{V^2}{(\varphi \pm i)} + L_0(\text{m}) \tag{4-17}$$

由此可见，会车视距几乎为停车视距的 2 倍。从安全角度考虑，对未设置分隔带或严格分道行驶的村镇道路，设计中均宜用会车视距校验线形是否满足。村镇道路的会车视距建议值见表 4-22。

2）道路的纵断面设计

沿着道路中心线方向所作的垂直剖面，称为道路的纵断面。它主要表示道路路线在纵向上的起伏变化情况。道路纵断面设计线形，就是根据道路性质、行车技术要求，结合地形地物现状、排水、路面结构、街道景观、地下管线等要求而综合分析确定的一组由直线和曲线衔接所组成的平顺线形。

在纵断面图上表示原地面各特征点起伏变化的连线，称为地面线（因此线多用黑线表示，因而又称黑线）。地面线上各桩号处的高程，称为地面标高（又称黑色标高）。而表示所设计的道路中心线（一般为路面顶，也有指路肩边缘的）上各特征点的连线，称为设计线（又称红线）。设计线上各桩号处的高程，称为设计标高（又称红色标高）。设计线与地面线上各对应点之间的高程差，称为施工高度或填挖高度，表示该处的填高或挖深的数值。凡设计线高于地面线的需填土，反之则需挖土；若设计线与地面线重合，则表明该处不填不挖。因此，确定路基实际施工高度时，应根据路面设计线扣除路面结构厚度，一般纵断面设计线应力求与地面线平行，以减少土石方工程量。

①纵断面设计的基本要求

对纵断面设计的基本要求，根据道路性质、行车技术要求、排水及临街建筑物设置的需要，结合当地气候、地形、地质水文条件和地物现状等综合考虑：

Ⅰ．道路纵断面设计应具有较好的平顺性，即设计线的起伏不宜过于频繁。这就要求做到纵坡平缓、坡段较长而转坡点较少。在较大的转坡角处，应配置较大半径的竖曲线，以保证行车的安全、迅速。

Ⅱ．力求路基稳定，工程量小。因此，应使设计线尽量与地面线接近，不仅可以减少土方量，还可以最少地破坏自然因素的平衡，路基也就比较稳固。一般在平原和微丘地区不难做到这一点，但在丘陵地区则应考虑做适量的填挖土方，以消除过大的纵坡和过多的转折点，适当拉平设计线，保证线形平顺的要求。

Ⅲ．道路纵断面设计的线形与标高还应保证所设计的道路与相交的道路、广场、桥涵和沿街建筑物的出入口等有平顺的衔接，保证道路两侧的街坊和道路上地面水的顺利排除。为此，路面应具有排水纵坡度；道路侧石顶面，一般应低于街坊地面标高及两侧建筑物的地坪标高，以使人行道能具有必要的横坡度以利排水；设计线的标高还要为地下排水管道的埋设创造条件，保证管道能有最小的覆土深度等。

Ⅳ．应注意与平面线形相配合。

②纵断面设计的主要内容

纵断面设计的主要内容包括:在完成平面设计(主要是确定道路中心线)并据以进行水准测量,取得原地面高程的基础上,根据所设计道路的等级、性质,按照有关的技术标准,结合地形、地质、水文以及气候等自然条件,完成下列各项工作:

Ⅰ. 确定设计线的适当标高;

Ⅱ. 设计沿线各路段的纵坡度及坡长;

Ⅲ. 选定半径值以配置符合行车技术要求的竖曲线;

Ⅳ. 计算各桩号的施工高度;

Ⅴ. 标注有关街道交叉口、桥涵以及各种构筑物的位置与高程,完成纵断面图的绘制。

村镇道路的纵断面大多为道路中心线,当道路横断面为两块板、三块板而上下道不在同一高程上时,应分别确定各个不同车行道的设计中心线。

③纵坡及坡长的确定

Ⅰ. 最大纵坡

在道路的纵断面设计中必须对纵坡度及坡长加以限制。影响道路设计最大纵坡值确定的因素,除道路性质、行车技术要求、自然地形、排水以及工程地质水文条件等外,还必须考虑村镇道路的交通组成、自然地理环境的特征,以及沿街建筑物与地下管线布设的要求。

(Ⅰ)考虑非机动车,特别是自行车行驶的要求。村镇道路中有相当数量的自行车以及一定数量的板车、架子车等,与机动车并行。据国内实测资料分析:适于自行车骑行的纵坡宜在2.5%以内;适于平板三轮车、手推架子车的纵坡宜为2%以内;在山区村镇困难地段,自行车骑行的纵坡也不得超过5%,且其坡长不超过60m。因此在选择道路纵坡值时,对非机动车流量大的村镇内干道,应着重考虑非机动车安全行驶的要求。一般纵坡宜控制在2.5%～3%以内,且坡长在200～300m之间。对下穿铁路的地道桥引道,由于可将机动车、非机动车道分开设置,则可令非机动车纵坡在2.5%以内,机动车道则容许采用3%～4%的纵坡。

(Ⅱ)考虑自然地理环境的特征。我国幅员辽阔,各地自然地理环境差异较大。在气候寒冷、路面易于发生季节性冰冻的北方地区,在气候湿热多雨的南方地区,由于车辆轮胎与路面间的摩擦系数在不利季节比正常情况小,从而影响车辆牵引力的充分发挥,就需要适当降低设计最大纵坡值。对海拔较高的高原村镇,由于空气稀薄使车辆的有效牵引力也得不到充分的发挥,加上因气压低,车辆水箱中的水易于沸腾,使机件发生故障而引发交通事故。因此,对高原村镇的道路设计最大纵坡允许值,也应有所降低。

(Ⅲ)考虑沿街建筑物与地下管线布设的要求。道路纵坡过大不利于沿街建筑物的布置、出入,并影响道路景观。此外,过大的纵坡往往会加大地下管线、特别是给排水管的埋深。

综上所述,对村镇道路的最大设计纵坡度,在有关部门没有作统一规定前,可参考表4-23的数值取用。

表4-23　道路最大设计纵坡度参考值

道 路 类 别	计算行车速度(km/h)	最大纵坡(%)
主干道	40～50	4～6
次干道	30～40	6～7
支路(街坊路)	20～30	7～8

道路的坡长也不宜过短,以免路线起伏频繁,对行车视距均不利。一般最小坡长应不小于相邻两竖曲线的切线之和,即60～100m。当道路纵坡大于5%时,应设置缓和坡段(纵坡为2%～3%),其长度对干道不宜小于100m,对支路不宜小于50m。与此同时,对大坡度的长也

应加以限制,当纵坡为5% ~6%时,坡长为250~350m;纵坡为6% ~7%及7% ~8%时,坡长相应为150~250m及150~125m。

Ⅱ. 最小纵坡

为了保证路面雨雪水的通畅排除,道路纵坡也不宜过小。所谓最小纵坡就是指能满足排水需要的最小纵坡度。其值随路面类型、当地降雨强度以及雨水管道的管径大小、路拱拱度等而变化,一般在0.3% ~0.5%之间。当确有困难纵坡设置小于0.3%时,应做锯齿状结构或采用其他排水措施。

④竖曲线及其半径的选择

Ⅰ. 竖曲线的概念

道路纵断面上的设计坡段线,是由许多折线组成的,则车辆在这些纵坡转折处行驶时,会发生冲击颠簸。为了路线柔和平顺,行车平稳、安全和舒适,必须在纵坡转折点处设置平滑的竖曲线,将相邻两条不同纵坡的直线坡段衔接起来。

当相邻两条纵坡线相交时,形成转坡点,由于上下坡的次序不同,转坡点分为凸形和凹形两种基本形式。图4-28中 ω 为转坡角,其大小等于两相交坡段线的倾斜角之差。这个角通常很小,故可以用两纵坡倾角正切的代数差来表示。即

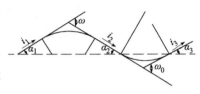

图4-28 纵断面转坡点布置示意图

$$\omega = i_1 + i_2 \qquad (4-18)$$

式中 i_1 和 i_2 分别为两相邻直线段的设计纵坡(以小数计),当升坡时取正号;当降坡时取负号。道路的纵坡转折处是否要设置竖曲线,视转坡角 ω 的大小与道路等级而定。当村镇道路主干道的 $\omega \geq 0.5\%$,次干道 $\omega \geq 1.0\%$ 时,应设置凸形竖曲线;当主、次干道的 $\omega \geq 0.5\%$,支路的 $\omega \geq 1.0\%$,应设置凹形竖曲线。

Ⅱ. 竖曲线半径的计算与确定

竖曲线通常采用圆弧线形,和平曲线一样,主要是确定其半径。

(Ⅰ)凸形竖曲线

凸形竖曲线半径的大小主要取决于保证安全视距的要求。分两种情况考虑:

情况1:竖曲线长 L 大于行车容许最小安全视距 S。

如图4-29所示,从图中可知

$$S = S_1 + S_2$$
$$(R_凸 + h_1)^2 = S_1^2 + R_凸^2$$

即
$$S_1^2 = 2R_凸 h_1 + h_1^2$$

由于 h_1^2 与 $2R_凸 h_1$ 相比,其值很小,可忽略不计,故得

$$S_1 = \sqrt{2R_凸 h_1}$$

同理可得

$$S_2 = \sqrt{2R_凸 h_2}$$

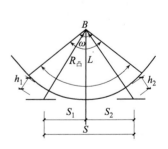

图4-29 凸曲线半径
计算图示($L > S$)

故
$$S = S_1 + S_2 = \sqrt{2R_凸 h_1} + \sqrt{2R_凸 h_2}$$

进而可知

$$R_凸 = \frac{S^2}{2\left(\sqrt{h_1} + \sqrt{h_2}\right)^2} \qquad (4-19)$$

式中 $R_凸$ ——凸形竖曲线半径(m);

h_1——驾驶员视线高度(m),通常取 $h_1 = 1.2$m;

h_2——当 S 为停车视距时,为障碍物高度(m),取 $h_2 = 0.1$m;当 S 为会车视距时,为对向行驶的车辆驾驶员视线高度(m),取 $h_2 = 1.2$m。

情况2:竖曲线长 L 小于行车容许最小安全视距 S。

如图4-30所示,从图中可知

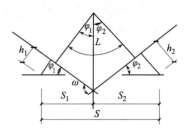

$$\omega = \varphi_1 + \varphi_2$$

$$S = S_1 + S_2 = \overline{AP_1} + \overline{P_1 P_2} + \overline{P_2 B}$$

通常 φ_1, φ_2 角均很小,则可近似地取

$$S = \overline{AP_1} + \overline{P_1 P_2} + \overline{P_2 B} = \frac{h_1}{\varphi_1} + \frac{R_凸(\varphi_1 + \varphi_2)}{2} + \frac{h_2}{\varphi_2}$$

$$= \frac{h_1}{\varphi_1} + \frac{R_凸 \omega}{2} + \frac{h_2}{\omega - \varphi_1}$$

图4-30 凸曲线半径计算
图示($L > S$)

对 $\left(\dfrac{h_1}{\varphi_1} + \dfrac{h_2}{\omega - \varphi_1}\right)$ 微分求最小值,可得

$$S = \frac{R_凸 \omega}{2} + \frac{\left(\sqrt{h_1} + \sqrt{h_2}\right)^2}{\omega}$$

进而可得

$$R_凸 = \frac{2}{\omega}\left[S - \frac{\left(\sqrt{h_1} + \sqrt{h_2}\right)^2}{\omega} \right] \tag{4-20}$$

(Ⅱ)凹形竖曲线

凹形竖曲线半径主要取决于减轻离心力冲击的需要,以不致使人感到不舒适,也使车辆支架弹簧不致超载过多。由运动学原理,可知

$$R_凹 = \frac{v^2}{a} = \frac{V^2}{13a} \tag{4-21}$$

式中 $R_凹$——凹形竖曲线半径(m);

v, V——计算行车速度(m/s,km/s);

a——离心加速度(m/s^2),通常规定 $a = 1.5 \sim 0.7$ m/s^2。

我国村镇道路的竖曲线最小半径建议参考值见表4-24。

表4-24 村镇道路竖曲线最小半径参考值

道 路 类 型	一般最小半径(m)		最小半径限值(m)	
	凸形	凹形	凸形	凹形
主干道	700～1000	700～900	450～650	450～650
次干道	400～4700	400～700	250～450	250～450
支路(街坊路)	200～300	200～300	100～200	100～200

和平曲线一样,竖曲线半径也应力求取较大值,以50m或100m为进级以便于测设。竖曲线最小长度对村镇干道为25～35m,对支路为20m。

(5)村镇道路交叉口类型及其设计

道路与道路相交的部位称为道路交叉口,各个方向的道路在交叉口相互联结而构成道路网。交叉口是道路交通的咽喉,因此道路的运输效益、行车安全、车速、运营费用和通行能力等在很大程度上取决于交叉口的正确规划和良好设计。

根据交叉口交通运行的特点,为使交叉口获得安全畅通的效果,必须对交叉口的交通流进行科学的组织和控制。其基本原则是:限制、减小或消除冲突点,引导车辆安全畅通的行使,一般可分为平面交叉和立体交叉两大基本类型。村镇道路上一般车速低、流量少,因此多采用平面交叉的措施,下面主要介绍道路平面交叉口的类型及其设计。

1) 平面交叉口的类型

常见的道路平面交叉口的类型有十字形交叉、T字形交叉、X字形交叉、Y字形交叉、错位交叉和环形交叉等形式,如图4-31所示。

十字形交叉是常见的交叉口形式,适用于相同或不同等级道路的交叉,构型简单,交通组织方便,街角建筑容易处理。

T字形交叉,包括倒T字形交叉,适用于次干道联结主干道或尽端式干道联结滨河干道的交叉口,这也是常见的一种形式。

X字形交叉为两条道路斜交,一对角为锐角(小于75°),另一对角为钝角(大于105°)。这种交叉口,转弯交通不便,街角建筑难处理,锐角太小时此种形式不宜采用。

Y字形交叉式道路分叉的结果,一条尽端式道路与两条道路以锐角或钝角相交,要求主要道路方向车辆通畅。

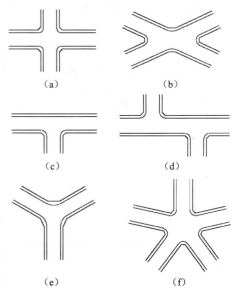

图4-31 道路平面交叉口的形式
(a)十字形交叉口;(b)X字形交叉口;
(c)T字形交叉口;(d)错位交叉口;
(e)Y字形交叉口;(f)环形交叉口

错位交叉是两个相距不太远的T字形交叉相对拼接,或由斜交改造而成。多用于主要道路与次要道路的交叉,主要道路应设在交叉口的顺直方向,以保证主干道上交通通畅。

环形交叉是用中心岛组织车辆按逆时针方向绕中心岛单向行驶的一种形式,多用于两条主干道的交叉。

平面交叉口类型的选择,应根据主要道路与相交道路的交通功能、设计交通量、计算行车速度、交通组成和交通控制方法,结合当地地形、用地和投资等因素综合分析进行。改善现有平面交叉口时,还应调查现有平面交叉口的状况,收集交通事故和交通道路、路网的交通量增长资料进行分析研究,做出合理的设计。

2) 平面交叉口设计

平面交叉口设计的主要任务是合理解决各向交通流的相互干扰和冲突,以保证交通安全和顺畅,提高交叉口以及整个路网的通行能力。对村镇简单平面交叉口设计,主要解决的问题是:交叉口上行驶的车辆有足够的安全行车视距;交叉口转角缘石有适宜的半径。此外,还应合理布置相关的交通岛、绿化带、交通信号、标志标线、行人横道线、安全护栏、公交停靠站、照明设施以及雨水口排水设施等。

① 交叉口视距

平面交叉口必须有足够的安全行车视距,以便车辆在进入交叉口前一段距离内,驾驶员能够识别交叉口的存在,看清相交道路上的车辆运行情况以及交叉口附近的信号、标志等,以便控制车辆避免相撞。这一段距离必须大于或等于停车视距。

Ⅰ. 对于无信号控制和停车控制标志的交叉口,交叉视距可采用各相交道路的停车视距。用两条相交道路的停车视距作为直角边长,在交叉口组成的三角形,称为视距三角形。在此三角形范围内,应保证通视,并不得有阻碍驾驶员实现的障碍物存在。不同计算行车速度下的平面交叉视距,可参照表 4-25 取用。

表 4-25　平面交叉视距

计算行车速度(km/h)	50	40	30	20
停车视距(m)	60	40	30	20
停车视距最低限值(m)	45	30	25	15

Ⅱ. 对于信号交叉口,驾驶员从认准信号到制动停车所行驶的距离与驾驶员反应、判断时间,以及制动前的行车速度、路面粗糙程度有关。最小识别距离为

$$S = \frac{Vt}{3.6} + \frac{2.5}{g}\left(\frac{V}{3.6}\right)^2 \tag{4-22}$$

式中　S——识别信号最小距离(m);

　　　V——计算行车速度(km/h);

　　　g——重力加速度(m/s^2);

　　　t——反应时间(s),村镇可取 $t = 10$s。

村镇平面交叉口最小识别距离,可参照表 4-26 取用。

表 4-26　交叉口最小识别距离

计算行车速度(km/h)	50	40	30	20
交通信号识别距离(m)	180	140	100	60
停车标志识别距离(m)	75	55	35	20

Ⅲ. 视距三角形应根据最不利情况来确定。对十字形交叉口,最危险的冲突点应为靠中线的那条直行车道与最靠右的那条另一方向直行车道的轴线的交点。如图 4-32 所示。

②交叉口转角的缘石半径

为使各种右转弯车辆能以一定的速度顺利地转弯行驶,交叉口转弯处车行道边缘应作成圆曲线或多圆心曲线,以适应车轮运行轨迹。这种车行道边缘通畅称为路缘石或缘石,其曲线半径称为路缘石(或缘石)半径,如图 4-33 所示,不考虑机动车道加宽前的缘石半径为

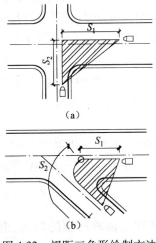

图 4-32　视距三角形绘制方法

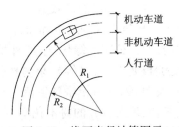

图 4-33　缘石半径计算图示

$$R_1 = R\left(\frac{B}{2} + \omega\right) \tag{4-23}$$

式中　R——机动车右转弯,车道中心线的圆曲线半径(m),具体计算如下:

$$R = \frac{V^2}{127(\mu \pm i)} \tag{4-24}$$

式中　V——车辆右转弯的车速(km/h);

　　　μ——横向力系数,一般 $\mu = 0.15$;

　　　i——路面横坡度,向曲线内倾斜时取"+"值;向曲线外侧倾斜时取"-"值,一般取 $i = 1.5\%$ 来进行计算;

　　　B——机动车单车道宽度,一般 $B = 3.5$m;

　　　ω——非机动车道宽度,一般不少于 3.0m。

缘石半径过小,会引起右转弯车辆降速过多,或导致右转弯车辆向外侵占直行车道,从而引起交通事故。据统计,街道交叉口车速为路段车速的50%左右,因此对村镇道路交叉口的车速主干道用 20~25km/h;一般道路用 15~20km/h。由此计算出交叉口缘石转弯半径,如表4-27 所示。

表 4-27　道路交叉口缘石转弯半径

右转弯计算行车速度	25	20	15
缘石转弯半径(m)	20~25	10~15	10~15

此外,缘石半径还应满足村镇道路上一般车辆的最小转弯半径要求。国产主要载重汽车的最小转弯半径为 8.0~11.0m;公共汽车为 9.5~12.0m;小汽车为 5.6~7.5m。

综上所述,村镇道路平面交叉口缘石半径的取值对主干道可为 20~25m;对一般道路可为 10~15m;居住小区及街坊道路可为 6~9m。另外,对非机动车道可为 5m,不宜小于 3m。

(四)镇区绿化系统规划

1. 镇区绿化作用

(1)遮阳覆盖,调节气候

良好的绿化环境对村镇的小气候具有改善和调节作用。

(2)净化空气,保护环境

绿色植物的叶绿素在阳光下进行光合作用,能吸收大量的二氧化碳,放出氧气。同时,由于树木叶子表面不平,有的还分泌黏性油脂和浆液,能够吸附空气中大量的烟尘及飘尘。蒙尘的树木经雨水冲刷后,又能恢复滞尘作用。据测定:一亩树木的树叶一年可附着各种灰尘20~60t。许多树木在生长过程中能分泌出大量挥发性物质——植物杀菌素,抵抗一些有害细菌的侵袭,减少空气中微生物的含量。据分析,绿化地带比无绿化的闹市街道,每立方米空气中的含菌量少85%以上。绿化区可以减弱噪声的强度,减轻噪声对人体的影响。

(3)结合生产,创造经济效益

各村镇可根据不同的地点和条件,因地制宜地种植有特色、有经济价值的植物。如结合村镇边缘的防护林,公园的绿化、生产种植用材林(水杉、柳杉、泡桐等)、经济林(油桐、乌桕、银杏等)、药用林(厚朴、杜仲等)、果树林(苹果、梨、桃、李等)。

(4)绿化环境,为村镇添景生色

高矮参差、形态各异的树木花草,在一年四季的色彩变化装饰着村镇的建筑、道路、河流,丰富了村镇的主体轮廓,为村镇面貌添景生色。

（5）安全防护作用

位于地震区的村镇，中心地区设置大块的绿地更有必要，在地震期间可以成为人们疏散避难的场所。

在村镇某地段发生火灾时，大块的绿地起到隔离和缓冲作用，防止火灾蔓延，同时可作为人们疏散的场地。

2. 镇区绿化分类

（1）公共绿地用地规划

公共绿地是全村镇居民共同使用的绿地，包括街道绿地、广场绿地、水旁绿地（河流、海边、湖泊、池塘、水库等绿地）及居住区内小块集中绿地和为全村镇居民服务的小块游园绿地。

（2）生产防护绿地用地规划

生产绿地是指苗圃、药圃、果园及各类林地。防护绿地是指根据防火、防风、防毒、防尘、防噪声及污水净化等功能分成的防风林带、卫生防护林带、生产建筑的隔离绿化带、村镇边缘的防护林带及其他有防护意义的绿化带。

3. 镇区绿化系统规划

镇区绿化系统是镇区总体布局中的一个主要的组成部分。规划布置时，必须和生产建筑用地、居住区用地、道路系统以及当地的自然地形等方面的条件作综合考虑，全面安排。在进行规划布置时应注意以下几点：

（1）绿地系统应根据各地区特点、村镇性质、经济水平来制定。我国地跨亚热带、温带、亚寒带，各地自然地形、地质条件不一，气象气候各不相同，经济发展水平、人口稠密程度均不一样，有的差距较大。因而在绿化用地、树种选择、绿地系统的配置方面，均要根据各自的特点而定。在发挥绿化主要作用的同时，应根据各村镇的地域特点，结合生产选择合适的品种。

在严寒地区，植树多考虑防风的作用。在炎热地区，绿地布置要考虑村镇通风。在作为旅游疗养中心的村镇，绿地区是村镇的主要功能分区之一，要规定它的绿化下限指标，限定它的建筑密度，提高空地率、绿化率，而不规定它的绿化上限指标；

（2）绿化系统规划要结合其他用地的布局进行统筹安排。绿化应和整体功能布局协调，服务于功能要求。如学校的绿化和医院的绿化各有特点；

（3）绿地合理分级、分布，满足村镇居民休息、游览的需要。一般村镇根据自身规划及地域特点，可设一个综合性公园，有条件的可设一个专门性公园，如儿童公园、花卉公园（牡丹、水仙、兰、郁金香、竹）等。居住区可适当设置小游园；

（4）结合地形，少占好地和道路。绿地布局应结合地形的现有绿化分布，尽可能利用不适宜建设和布置道路交通的破碎地段和山冈、河流，巧妙布置，会产生独特的效果；

（5）村镇内的绿地规划要与田间的防护林带及其他各种防护林相呼应，全面规划，让各类绿地有机结合起来，以便形成一个完整的绿地系统；

（6）旧村镇改造时，各地要根据具体情况，确定合适的绿地指标，并较均衡地布置于村镇中。旧村镇绿地很少，这是我国的普遍现象，在旧村镇改造时，适当提高层数，降低建筑密度，合理紧凑地布置道路系统、工程管线、留出绿地面积。

（五）生产建筑用地规划

1. 工业用地规划原则与要求

（1）工业用地布置的一般原则

1）有足够的用地面积；用地基本上符合工业的具体特点和要求；减少开拓费用，有方便的交通运输条件；能解决给排水问题。

2）职工的居住用地应分布在卫生条件较好的地段上，尽量靠近工业区，并有方便的交通联系。

3）工业区和村镇各部分，在各个发展阶段中，应保持紧凑集中，互不妨碍，并充分注意节约用地。不占基本农田。

4）相关企业之间应取得较好的联系，开展必要的协作，考虑资源的综合利用，减少市内运输。

（2）工业用地布置的基本要求

1）工业用地的自身要求

工业用地的具体要求有如下几个方面：

①用地的形状和规模。工业用地的形状与规模，不仅因生产类别不同而不同，且与机械化、自动化程度、采用的运输方式、工艺流程和建筑层数有关。当把技术、经济上有直接依赖关系的工业组成联合企业时，如钢铁、石油化工、纺织、木材加工等联合企业，则需要很大的用地。可见影响工业用地大小的因素很多，规划中必须根据村镇发展战略对不同类型的工业用地进行综合的调查分析，为未来的村镇支柱产业留有足够的空间和弹性。但同时也要注意工业发展要节约用地，不占或少占农田。

②地形要求。工业用地的自然坡度要和工业生产工艺、运输方式和工业坡度相适应。利用重力运输的水泥厂、选矿厂应设于山坡上；对安全距离要求很高的厂，宜布置在山坳或丘陵地带；有铁路运输时则应满足线路敷设的要求。

③水源要求。安排工业项目时注意工业与农业用水的协调平衡。用水量大的工业类型用地，应布置在供水量充沛的地方，并注意与水源高差的关系。有些工业对水质有特殊的要求，如食品工业对水的味道和气味、造纸厂对水的透明度和颜色、纺织工业对水的铁质等的要求，规划布局时必须予以充分注意。

④能源要求。安排工业区必须有可靠的能源供应，否则无法引入相应工业投资项目。

⑤工程地质与水文地质要求。工业用地不应选在 7 级和 7 级以上的地震区，地基的承载力一般不应小于 150kPa；山地村镇的工业用地应特别注意，不得选址于滑坡、断层、岩溶或泥石流等不良地质地段；在黄土地区，工业用地应尽量选在湿陷量小的地段，以减少基建工程费用。工业用地的地下水位最好低于厂房的基础，并能满足地下工程的要求；地下水的水质要求不致对混凝土产生腐蚀作用。工业用地应避开洪水淹没地段，一般应高出当年最高洪水位 0.5m 以上。最高洪水频率，大中型企业为百年一遇，小型企业为 50 年一遇。厂区不应布置在水库坝址下游，如必须布置在下游时，应考虑安置在水坝发生意外事故时，建筑不致被水冲毁的地段。

⑥工业的特殊要求。某些工业对气压、湿度、空气含尘量、防磁、防电磁波等有特殊要求，应在布置时予以满足。某些工业对地基、土壤以及防爆、防火等有特殊要求时，也应在布置时予以满足。如有的化工厂有很多的地下设备，需要有干燥不渗水的土壤。再如有易燃、易爆危险性的企业，要求远离居住区、铁路、公路、高压输电线等，厂区应分散布置，同时还须在其周围设置特种防护地带。

⑦其他要求。工业用地应避开以下地区：军事用地、水利枢纽、大桥等战略目标；有用的矿物储藏地区和采空区；文物古迹埋藏地区以及生态保护与风景旅游区；埋有地下设备的地区。

2）交通运输的要求

　　工业用地的交通运输条件关系到工业企业的生产运行效益,直接影响到吸引投资的成败。工业建设与工业生产多需要来自各地的设备与物资,生产费用中运输费占有相当比重,如钢铁、水泥等工业生产运输费用可占生产成本的15% ~ 40%。在有便捷运输条件的地段布置工业可有效节省建厂投资,加快工程进度,并保证生产的顺利进行。因此,工业多沿公路、铁路、通航河流进行布置。

　　各种运输方式的建设与经营管理费用均不相同,在考虑工业布局时,要根据货运量的大小、货物单件尺寸与特点、运输距离,经分析比较后确定运输方式,将其布置在有相应运输条件的地段。在工业中可采用铁路、水路、公路或连续运输。

　　①铁路运输

　　铁路运输的特点是运输量大、效率高、运输费用低,但建设投资高,用地面积大,并要求用地平坦。

　　②水路运输

　　水路运输费用最为低廉。

　　③公路运输

　　公路运输机动灵活、建设快、基建投资少,是村镇的主要运输方式。为此,在规划中要注意工业区与码头、车站、仓库等有便捷的交通联系。当利用现有公路进行运输时,沿途必须经过的公路构筑物和桥涵应能满足最大和最重产品或原件通过的可能。

　　④连续运输

　　连续运输包括传送带、传送管道、液压、空气压缩输送管道、悬索及单轨运输等方式。连续运输效率高,节约用地,并可节约运输费用和时间,但建设投资高,灵活性小。

　　工业区的运输方案应考虑各种运输方式相互联系、相互补充,形成系统,并避免货运线路和主要客运线路交叉。

　　(3)防止工业对镇区环境的污染

　　为减少和避免工业对村镇的污染,在村镇中布置工业用地时应注意以下几个方面:

　　1)减少有害气体对村镇的污染

　　散发有害气体的工业不宜过分集中在一个地段。工业生产中散发出各种有害气体,给人类和各种植物带来危害。在村镇中布置工业时,应了解各种工业排出废气的成分与数量,对集中和分散布置给环境带来的污染状况进行分析和研究。应特别注意,不要把废气能相互作用产生新的污染的工厂布置在一起,如氮肥厂和炼油厂相邻布置时,两厂排放的废气在阳光下发生复杂的化学反应,形成极为有害的光化学污染。

　　工业在村镇的布置要综合考虑风向、风速、季节、地形等多方面的因素影响。空气流通不良会使污染物无法扩散而加重污染,在群山环绕的盆地、谷地及静风频率高的地区,不宜布置排放有害废气的工业。

　　2)防止废水污染

　　水在流动中有自净作用,当排入水体的污染数量过大,超过自净能力,能引起水质恶化。工业生产过程中产生大量含有各种有害物质的废水,这些废水若不加控制,任意排放,就会污染水体和土壤,进一步造成水源缺乏。当前我国工业建设大规模展开,需水量、排水量均日益增加,应不让水源进一步遭受污染。在村镇现有及规划水源的上游不得设置排放有害废水的工业,亦不得在排放有害废水的工业下游开辟新的水源。集中布置废水性质相同的工厂,以便统一处理废水,节约废水的处理费用,如纺织、制革、造纸等企业都排出含有机物的废水,布置在一起可统一用微生物处理。

3）防止工业废渣污染

工业废渣主要来源于燃料和冶金工业，其次来源于化学和石油化工工业，它们数量大，化学成分复杂，有的具有毒性。工业废渣回收利用途径较多，应尽量回收利用，否则不仅需占用大量土地，而且会对土壤、水质及大气产生污染。布置工业时可根据其废渣的成分、综合利用的可能，适当安排一些配套项目，以求物尽其用。不能立即综合利用的废渣，要对其堆砌场地早做安排，尽量利用荒地堆砌废渣，并注意防止其对土壤、水源的污染。

4）防止噪声干扰

工业生产噪声很大，形成村镇局部地区噪声干扰。从工厂的性质看，噪声最大的是金属制品厂，其次为机械厂和化工厂。在规划中要注意将噪声大的工业布置在离居住区较远的地方，也可设置一定宽度的绿化带，减弱噪声干扰。

（4）工业区与居住区的空间关系

一般，工业区与居住区的距离以步行不超过 30min 为宜。工业区与居住区之间按要求隔开一定的距离，称为卫生防护带，带内遍植乔木，这段距离的大小随工业排放污物的性质和数量不同而变化。

2. 工业区规划

工业区应该有一个统一的规划，区内布局应紧凑，各厂不应各自为政，要注意节约用地。工业的统一布置能使建筑布局完整，也能改变工业区的面貌。

工业在镇区中的布置可根据生产的卫生类别、货运量及用地规模，分为三种情况：布置在远离镇区的工业，镇区边缘的工业，布置在镇区内和居住区内的工业。

针对工业的各种特点，如原料来源、生产协作、运输、能源、水源、劳动力、有害影响等进行全面分析，确定影响工业用地布局的主要因素。但应注意，各类工业又有许多不同的特点，必须保证多种产业发展的弹性可能，才能使布局真正科学合理。

1）布置在远离镇区或与镇区保持一定距离的工业

由于经济、安全、卫生的要求，有些工业如放射性工业、剧毒性工业以及有爆炸危险的工业宜布置在远离镇区的地方，而有严重污染的钢铁联合企业、石油化工联合企业等宜与镇区有一定距离。工业区与居住区之间必须保留足够的防护距离。

2）布置在镇区边缘的工业区

对镇区有一定干扰、污染，用地多，货运量大的工厂应布置在镇区边缘，如某些机械厂、纺织厂等。

3）布置在镇区内和居住区内的工业

基本没有干扰、污染，用地小，货运量不太大的工业可布置在镇区内和居住区内，这些工业包括：小型食品工业；小型服装工业；小五金、小百货、日用工业品、小型服务修配厂；文教、卫生、体育器械工业等。

一般的工厂都有一定的交通量和噪声，由于工厂规模较小，布置得当，也可以使居住区基本不受影响。

（六）仓储用地规划

1. 仓库的分类

仓库的分类有多种方法，根据村镇规划的需要，可作如下分类。

(1)从村镇的卫生安全角度,仓库可按储存货物的性质和设备特征分为:

1)一般性综合仓库。这类仓库的技术设备比较简单。储存商品的物理、化学性质比较稳定,互不干扰。如,对村镇环境没有什么污染的百货、五金、花纱布、医药器材、烟叶、土产等仓库;无危险、无污染的化工原料仓库;一般性工业成品仓库及一般性(不需冷藏的)食品仓库等。

2)特种仓库。这类仓库对交通、设备、用地有特殊要求,或对村镇卫生、安全有一定影响的,如冷藏、活口、蔬菜、粮、油、燃料、建筑材料以及易燃、易爆、有毒的化工颜料等仓库。

(2)从使用的角度,可按仓库的职能分为:

1)储备仓库。保管储存国家或地区的储备物资,如粮食、工业品、设备等储备仓库。它们主要不是为本村镇服务,物资的流动性不大,但一般规模较大,对外交通要便利。

2)转运仓库。专为物资中转作短期存放的仓库,不需做货物的加工包装,但须与对外交通设施密切配合,有时也可作为对外交通用地的组成部分。

3)供应仓库。主要的存储物资是为本村镇生产、生活服务的生产资料与居民日常生活消费品,这类仓库不仅存储物资,有时还做货物的加工包装。

4)收购仓库。这类仓库主要是把零星物资收购暂时储存,再集中批发转运出去,如农副产品等。

2. 仓储用地规划原则与要求

(1)满足仓储用地的一般技术要求:

1)地势高兀,地形平坦,有一定坡度,利于排水;

2)地下水位不能太高,不能将仓库布置在潮湿的洼地上。蔬菜仓库,要求地下水位同地面的距离不得小于2.5m;储藏在地下室的食品和材料库,地下水位应离地面4m以上;

3)土壤承载力高,特别是沿河修建仓库时,应考虑河岸的稳定性和土壤的耐压力。

(2)有利于交通运输。仓库用地必须以接近货运需求量大或供应量大的地区为原则,应合理组织货区,提高车辆利用率,减少空车行使里程,最方便地为生产、生活服务。大型仓库必须考虑铁路运输以及水运条件。

(3)有利建设,有利经营使用。不同类型和不同性质的仓库最好分别布置在不同的地段,同类仓库尽可能集中布置。

(4)节约用地,但有一定发展余地。仓库的平面布置必须集中紧凑;提高建筑层数;采用竖向运输与储存的设施,如粮食采用的筒仓以及其他各种多层仓库等。

(5)沿河布置仓库时,必须留出岸线,满足居民生活、游憩的需要。与村镇没有直接关系的储备、转运仓库应布置在村镇或居住区以外的河(海)岸边。

(6)注意村镇环境保护,防止污染,保证村镇安全,应满足卫生要求、安全方面的要求。见表4-28、表4-29。

表4-28 仓储用地与居住街坊之间的卫生防护带宽度标准

仓　　　库　　　种　　　类	宽度(m)
全市性水泥供应仓库、可用废品仓库、起灰尘的露天堆场	300
非金属建筑材料供应仓库、劈柴仓库、煤炭仓库、未加工的二级无机原料临时储藏仓库,500m³ 以上的藏冰库	100
蔬菜、水果储藏库,600t以上批发冷藏库,建筑与设备供应仓库(无起灰材料的)、木材贸易和箱桶装仓库	50

注:各类仓库距疗养院、医院和其他医疗机构的距离,按国家卫生监督机关的要求,可按上列数值增加0.5~1.0倍。

表 4-29　易燃和可燃液体仓库的隔离地带（m）

隔 离 地 带	仓 库 容 积	
	600m³ 以上	600m³ 以下
至厂区边界	200	100
至居住街坊边界	200	100
至铁路港口用地边界	50	40
至码头的边界	125	75
至不燃材料露天堆场的边界	20	20

（七）镇区公用工程系统规划

在村镇规划中要解决许多工程问题,如给水工程、排水工程、电力系统工程、电信工程规划,防灾、减灾规划等。在村镇规划工作中,规划师要与各不同工种的专业工程师合作,要具有一些有利于合作的其他专业知识,这些专业规划一般由各专业工程师进行。有一些单项工程的综合工作则由规划师承担,如竖向规划等。村镇规划工作既不能包办这些专业工程,也不能把这些工程规划看作与己无关。

1. 镇区给排水工程规划

（1）村镇给水工程规划的任务和一般原则

1）给水对象

村镇给水系统的供水对象一般有:村镇居住区、工农业企业、车站、码头、公共建筑等。各供水对象对水量、水质和水压有不同的要求,概括起来可分为三种用水类型:

①生活用水,即人们日常生活中的用水。包括居住区的生活饮用水,洗衣、洗澡、冲洗厕所等用水,工业职工生活饮用水,淋浴用水及村镇公共建筑用水,水质要求较高,须满足各项标准;

②生产用水,即村镇企业生产用水。不同的企业水质要求不同。对于特殊水质要求,可采用企业后处理的方法解决;

③消防用水,为了保障人民生命财产,用于扑灭火灾的用水。它是一种突发用水,对水量、水压的要求必须符合消防规范。

除了上述各项用水外,还有村镇的街道洒水、绿化浇水、给水系统本身也要消耗一定的水量及未预见水量(其中包括管网漏失水量等)。

2）村镇给水系统组成

村镇给水系统组成比城市给水简单,一般由取水、净水、输配水三部分组成。

①取水工程。把所需的水量从水源取上来,一般包括取水构筑物和取水泵房。

②净水工程。把取上来的水经过适当净化和消毒处理,使水质满足使用要求。一般包括净化构筑物及消毒设备。

③输配水工程。将净化处理后的水以一定的压力,经过管道系统输送到各用水点。一般包括清水泵房、调节构筑物和输配水管道。

3）给水系统规划的任务

给水工程从提出到实施包括规划、设计、施工、运转四个阶段,规划是给水工程的第一步,是整个工程的基础。给水工程规划的任务就是经济合理、安全可靠地向各村镇用户供应满足使用要求的用水。

村镇给水工程规划中,集中式给水应包括确定给水量、水质标准、水源及卫生防护、水质净化、给水设施、管网布置;分散式给水应包括确定给水量、水质标准、水源及卫生防护、取水设施,我们主要讨论集中式供水。

4)村镇给水系统规划的一般原则

村镇给水工程规划应符合国家的建设方针、政策。在村镇总体规划的基础上,提出技术先进、经济合理、安全可靠的方案。村镇给水工程规划的原则如下:

①村镇给水工程规划应能在一定的设计年限内保证供应所需水量,并符合水质、水压的要求。当消防灭火或有紧急事故时能及时供应必要的用水;

②给水工程规划必须正确处理各种用水之间的关系,使资源得到充分利用;

③村镇给水工程应按近期需要设计,但也要考虑远期发展,做到远近结合,全面规划。对于扩建、改建工程,应充分发挥原有工程设施的效能;

④给水系统的布置(统一、分区、分质和水压等)应根据水源、地形、村镇企业用水要求及原有给水工程等条件综合考虑后确定,必要时提出不同方案进行技术经济比较;

⑤村镇工业生产用水应根据生产工艺尽量重复使用,节约用水;

⑥给水工程规划应优先采用新技术、新工艺;

⑦选择水源时应在保证水量的前提下,采用优质水源以确保居民健康,即使有时基建费用高一些也是值得的。采用地下水源时,应慎重估计可采的储量,以防过量开采造成地面下沉或水质变坏;

⑧输配水工程是给水工程投资的主要部分,应多做方案比较;

⑨给水工程规划,应执行现行的《室外给水设计规范》(GB 50013—2006),并符合国家与地方城乡建设、卫生、电力、公安、环保、农业、水利等有关部门的规定。

(2)村镇给水用量的计算

村镇给水规划时,首先要确定用水量。这是选择水源,确定取水构筑物形式和规模、计算管网和选用各种设备的主要依据。村镇给水的用水量应包括综合生活用水、生产、消防、浇洒道路和绿化、管网漏失水量和未预见水量。

1)综合生活用水量

生活用水包括居民生活用水、公共建筑(学校、影剧院等)用水。

①居民生活用水定额

居住建筑生活用水量的标准虽和各地的经济水平、供水方式、居住条件、气候条件、生活习惯等因素有关,但影响居住建筑用水量最重要的因素是建筑内的卫生设备水平。居住建筑生活用水量应按现行的国家有关标准进行计算,如表4-30所示。村镇可参照中、小城市标准执行。

表4-30 居民生活用水定额[L/(人·d)]

分　区	特　大　城　市		大　城　市		中小城市	
	最高日用水	平均日用水	最高日用水	平均日用水	最高日用水	平均日用水
一	180～270	140～210	160～250	120～190	140～230	100～170
二	140～200	110～160	120～180	90～140	100～160	70～120
三	140～180	110～150	120～160	90～130	100～140	70～110

②公共建筑用水定额

应根据建筑物的性质、规模及《城市给水工程规划规范》(GBJ 50282—98)的有关规定进行计算,也可按居住建筑生活用水量的8%~25%进行计算。

③综合用水定额

综合用水定额指居民日常生活用水和公共建筑用水,如表4-31所示。村镇可参照中、小城市标准执行。

表4-31 综合生活用水定额[L/(人·d)]

分 区	特 大 城 市		大 城 市		中 小 城 市	
	最高日用水	平均日用水	最高日用水	平均日用水	最高日用水	平均日用水
一	260~410	210~340	240~390	190~310	220~370	170~280
二	190~280	150~240	170~260	130~210	150~240	110~180
三	170~270	140~230	150~250	120~200	130~230	100~170

注:①居民生活用水指城市居民日常生活用水。
②综合用水定额指居民日常生活用水和公共建筑用水。但不包括浇洒道路、绿地和其他市政用水。
③特大城市指市区和近郊区非农业人口100万及以上的城市;大城市指市区和近郊区非农业人口50万及以上,不满100万的城市;中、小城市指市区和近郊区非农业人口不满100万的城市。
④一区包括:贵州、四川、湖北、湖南、江西、浙江、福建、广东、广西、海南、云南、江苏、安徽、重庆;
二区包括:黑龙江、吉林、辽宁、北京、天津、河北、山西、河南、山东、宁夏、陕西、内蒙古河套以东和甘肃黄河以东的地区;
三区包括:新疆、青海、西藏、内蒙古河套以西和甘肃黄河以西的地区。
经济开发区和特区城市,根据用水实际情况,用水定额可酌情增加。

2)企业生产用水量和工作人员生活用水

生产用水量应包括乡镇工业用水量、畜禽饲养用水量和农业机械用水量,可按所在省、自治区、直辖市政府的有关规定进行计算。

生产用水量指的是生产单位数量产品所消耗的水量,但由于品种繁杂,各地的情况也不同,确定此项用水量时应根据当地的实际情况,按当地政府的有关规定进行计算。下面给出一些数据可作参考:工业用水量见表4-32;农业专业户用水量见表4-33,农业机械用水量见表4-34。

表4-32 工业用水量表

序 号	工 业 名 称	单 位	用水量标准(m³)	备 注
1	食品植物油加工	每1t	6~30	有浸出设备者耗水量大
2	酿酒	每1t	20~50	白酒单产耗水量可达80m³/t
3	酱油	每1t	8~20	
4	制茶	每50kg	0.1~0.3	
5	豆制品加工	每1t	5~15	
6	果脯加工	每1t	30~35	
7	啤酒加工	每1t	20~25	
8	饴糖加工	每1t	20	
9	制糖(甜菜加工)	每1t	12~15	
10	屠宰	每头	1~2	包括饲养栏等用水

续表

序　号	工业名称		单　位	用水量标准(m³)	备　注
11	制革	猪皮	每张	0.15 ~ 0.3	
		牛皮	每张	1 ~ 2	
12	塑料制品		每1t	100 ~ 220	
13	肥皂制造		每1万条	80 ~ 90	
14	造纸		每1t	500 ~ 800	
15	水泥		每1t	1.5 ~ 3	
16	制砖		每1千块	0.8 ~ 1	
17	丝绸印染		每1万m	180 ~ 220	
18	缫丝		每1t	900 ~ 1200	
19	棉布印染		每1万m	200 ~ 300	
20	肠衣加工		每1万根	80 ~ 120	

表4-33　专业户饲养家禽家畜用水量

序　号	用　水　项　目		用水量标准[L/(头·d)]
1	牛	奶牛(人工挤奶)	90
		成牛或肥牛	30 ~ 60
2	马		60 ~ 80
3	猪	母猪	60 ~ 80
		肥猪	30 ~ 60
4	羊		8 ~ 10
5	鸡		0.5
6	鸭		1

表4-34　农业机械用水量

序　号	用　水　项　目	单　位	用水量(L)
1	柴油机	每0.735kW·h	30 ~ 35
2	汽车	每台每昼夜	100 ~ 120
3	拖拉机或联合收割机	每台每昼夜	100 ~ 120
4	拖拉机拆修保养	每台每次	1500
5	农机小修厂	每台机床	35

工业企业内工作人员的生活用水量,应根据车间性质确定,一般可采用25 ~ 30L/(人·班),其时变化系数为2.5 ~ 3.0。工业企业内工作人员的淋浴用水量,应根据车间卫生特征确定,一般可采用40 ~ 60L/(人·班),其延续时间为1h。

3)消防用水

消防用水是一种突发性的用水,村镇消防用水量应按《村镇建筑设计防火规范》(GBJ 39—90)计算。消防用水应充分利用江河、湖泊等水源,并结合农田水利建设,利用渠道、水井、水池等。一般来讲,在较小的村镇中,水厂的规模可不考虑消防用水量,发生火警时,以暂时局部停止其他供水的办法来满足消防用水要求,管网考虑消防用水量的储备和供给。

4)浇洒道路和绿地的用水量

可根据当地的条件确定。前者常用 $1 \sim 1.5L/(m^2 \cdot 次)$,每日 $2 \sim 3$ 次,后者采用 $1 \sim 2L/(m^2 \cdot d)$。

5)管网漏失水量及未预见水量

可按最高日用水量 $15\% \sim 25\%$ 计算。

6)村镇给水系统总用水量

村镇给水系统总的用水量为上述各项之和。

7)用水量变化系数

一年中用水量最多一天的用水量,称为最高日用水量。一年中,最高日用水量与平均日用水量的比值称为日变化系数,村镇的日变化系数一般比城市大,可取 $1.5 \sim 2.5$。

最高日内,最高一小时用水量与平均一小时用水量的比值,称为时变化系数。村镇用水相对集中,故时变化系数大,取 $2.5 \sim 4.0$。时变化系数与村镇规模、工业布局、工作班制、作息时间的统一程度、人口组成等多种因素有关,一般来讲,小村镇取上限,大村镇取下限。

根据最高日用水量时变化系数,可以计算时最大供水量,根据时最大供水量选择管网设备。

(3)水源选择及其保护

1)水源的选择

①水源分类

给水水源可分为地下水和地表水两大类:

Ⅰ.地下水,有深层和浅层两种。一般来讲,地下水由于经过地层过滤且受地面气候及其他因素的影响较小,因此它具有水清、无色、水温变化小、不易受污染等优点。但是,它受到埋藏与补给条件、地表蒸发及流经地层的岩性等因素的影响;同时又具有径流量小(相对于地面径流)、水的矿化度和硬度较高等缺点。另外,局部地区的地下水会出现水质浑浊,水中有机物含量较大,水的矿化度很高或其他物质(如铁、锰、氯化物、硫酸盐、各种重金属盐类等)含量较大的情况。

Ⅱ.地表水,受各种地表因素的影响较大,具有和地下水相反的特点。如地下水的浑浊度与水温变化较大,易受污染,但水的矿化度、硬度较低,含铁量及其他物质较小;径流量一般较大,且季节性变化强。

②水源的水质要求

村镇给水主要供给生活饮用水,作为生活饮用水源的水质应符合现行《生活饮用水水源水质标准》(CJ 3020—93)的要求。

Ⅰ.若只经过加氯即作生活饮用水的水源水,大肠菌群平均每升不得超过 1000 个;净化处理及加氯消毒后供作生活饮用水的水源水,大肠菌群平均每升不得超过 10000 个。

Ⅱ.经过净化处理后,水源水的感官性状和化学指标及水源水的毒性学指标,应符合《生活饮用水卫生标准》(GB 5749—2006)的要求。

Ⅲ.生活饮用水水质标准在地方性甲状腺肿地区或高氟地区,应选用含碘、含氟量适宜的水源。否则应根据需要,采用预防措施(碘含量在 10mg/L 以下时容易发生甲状腺肿,氟化物含量在 1.0mg/L 以上时容易发生氟中毒)。

若不得不采用超过上述某项指标的水作为水源时,应取得省、市、自治区卫生主管部门的同意,并应根据其超过的程度,与卫生部门共同研究处理方法,使其符合《生活饮用水卫生标准》(GB 5749—2006)的有关规定。

③水源的选择

水源的选择是给水工程规划中一个重要的环节,甚至对整个村镇规划带来全局性的影响。因此,在水源的选择过程中,要进行充分的调查,有条件时要进行水资源的勘察,尽可能全面掌握情况,进行细致的分析研究,并按照下面的原则进行水资源的选择:

Ⅰ.生活饮用水的水源水质符合有关国家标准规定。

Ⅱ.水量充足,水源卫生条件好,便于卫生防护。

Ⅲ.取水、净水、输配水设施安全经济,具备施工条件。

Ⅳ.在水源水质符合要求的前提下,优先选用地下水。地下水常常可以不经处理或经简单处理即可满足使用要求,从而大大简化整个给水工程系统,节约投资;取水条件及取水构筑物都较简单,造价低,便于分期修建,且卫生防护条件好;可以靠近大型用户设立取水构筑物,适用于多水源给水系统,从而降低给水管网投资并提高给水系统工作的可靠性。

Ⅴ.选择地下水作为给水水源时,不得超量开采;选择地表水作为给水水源时,其枯水期的保证率不得低于90%。

2)水源保护

按照国家有关标准规定,"集中式"给水水源卫生防护地带的范围和防护措施,应符合下列要求:

①地面水

Ⅰ.取水点周围半径不小于100m的水域内,不得游泳、停靠船只、捕捞和从事一切可能污染水源的活动,并应设有明显的范围标志。

Ⅱ.河流取水点上游1000m至下游100m的水域内,不得排入工业废水和生活污水,其沿岸的防护范围内,不得堆放废渣,设置有害化学物品的仓库或堆栈,设置装卸垃圾、粪便和有毒物品的码头,沿岸农田不得使用工业废水或生活污水灌溉及施用有持久性或剧毒的农药,并不得从事放牧。

Ⅲ.供生活饮用的专用水库和湖泊,应视具体情况将整个水库、湖泊及其沿岸列入此范围,并按上述要求执行。

Ⅳ.在水厂生产区或单独设立的泵站,沉淀池和清水池外围不小于10m的范围内,不得设立生活居住区和修建禽畜饲养场、渗水厕所、渗水坑;不得堆放垃圾、粪便、废渣或铺设污水渠道,应保持良好的卫生状况,并充分绿化。

②地下水

Ⅰ.取水构筑物的防护范围,应根据水文地质条件、取水构筑物的形式和附近地区的卫生状况确定,其防护措施应按地面水厂生产区要求执行。

Ⅱ.在单井或井群的影响半径范围内,不得使用工业废水或生活污水灌溉和施用持久性或剧毒农药,不得修建渗水厕所、渗水坑或排污水渠道,并不得从事破坏深层土层的活动。如果取水层在水井影响半径内部露出地面或取水层与地面没有相互补充关系时,可根据具体情况设置较小的防护范围。

Ⅲ.在水厂生产区的范围内,应按地面水生产区的要求执行。

在地面水水源取水点上游1000m以外,排放工业废水和生活污水,应符合现行的《工业企业设计卫生标准》（GBZ 1—2002）的规定；医疗卫生、科研、畜牧兽医等机构含病原体的污水，必须经过严格消毒处理，彻底消灭病原体后方准排放。为保护地下水源，对人工回灌的水质应以不使当地地下水水质变坏或超过饮用水水质标准为限。有害工业废水和生活污水不得排入渗坑或渗井。

对于村镇水源，农田排水会对水源产生污染。一般农田在施撒化肥后，只有10%左右被农作物吸收，其散失的大部分经雨水冲刷流入水体产生污染。在规划中，为确保水源的水质，有必要根据各种农药的性质，对水源卫生防护地带及其附近一定范围农田的作物栽培种类，作出一定的限制，以便有效防止农药对水源的污染。

（4）给水管网的布置

给水管网一般由输水管（由水源至水厂以及水厂到配水管的管道，一般不装接用户水管）和配水管（把水送至各用户的管道）组成。输水管道不宜少于两条，但从安全、投资等各方面比较也可采用一条。配水管一般连成网状，故称为配水管网。按其布置形式可分为树枝状和环状两大类，也可根据不同情况混合布置。

树枝状管网（图4-34a）的干管与支管的布置如树枝与树干的关系。它的优点是：管材省、投资少、构造简单；缺点是：供水的可靠性较差，一处损坏则下游各段全部断水，同时各支管的尽端易形成"死水"，恶化水质。这种管网适合于村镇的地形狭长、用水量不大、用户分散以及用户对供水安全要求不高的情况。

环状管网（图4-34b）的配水干管与支管均呈环状布置，形成许多闭合环。这种管网供水可靠，管网中无死端，保证了水经常流通，水质不易变坏，并可大大减轻水锤作用，但管线中长度较大，造价高，适用连续供水要求较高的村镇。

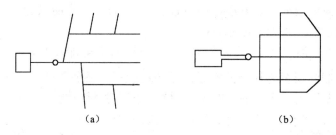

（a）　　　　　　　　　　　　　（b）

图4-34　给水管网布置形式

（a）树枝状；（b）环状

管网布置的基本要求是：管网布置在整个给水区域内，并应满足大多数用户对水量和水压的要求。给水干管最不利点的最小服务水头，单层建筑可按5～10m计算，建筑物每增加一层应增压3m。局部管网发生故障时，应尽量减少间断供水范围或保证不间断供水。管网的造价及经常管理费用应尽量低，以最短的输水途径输水至每一用户，使管线的总长度最短。在规划设计中，近期工程可考虑局部主要地段为环状，其余为树枝状，以后根据发展再逐步建成环状管网。

管网线路应根据下列原则进行布置：

1）干管的方向应与给水的主要流向一致，并以最短的距离向用水大户或水塔或高位用水地供水；

2）管线的长度要短，减少管网的造价及经常维护费用；

3）管线布置要充分利用地形，输水管要优先考虑重力自流，减少经常动力费用，并避免穿

越河谷、铁路、沼泽、工程地质条件不良的地段及洪水淹没地段;

4)给水管网尽量在现有道路或规划道路的人行道下面敷设,节约用地;

5)给水管网应符合村镇总体规划的要求。

2. 村镇排水工程规划

(1)村镇排水性质

村镇排水按排水性质可分为三类:雨水、生活污水、生产废水。

1)雨水

其特点是时间集中、水量集中,如不及时排出,轻者会影响交通,重者会造成水灾。平时冲洗街道用水所产生的污水和火灾时的消防用水,其性质与雨水相似,所以可视为雨水之列。通常雨、雪水不需要进行处理,可以直接排入水体。

2)生活污水

生活污水是人们日常生活中使用过的水,这些污水来自厨房、厕所、浴室、食堂等。生活污水中含有大量的有机物和细菌。有机物易腐烂而产生恶臭,所含的细菌中有大量病原菌。所以生活污水必须经过适当处理,使其水质得到一定的改善之后才能排入江、河等水体。

3)生产废水

生产废水是人们从事生产活动中所产生的废水。由于各行业生产的性质和过程不同,生产的废水性质也不相同。一部分生产废水污染轻微或未被污染,可以不经处理排放或回收重复利用,如冷却水。另一部分受到严重污染,有的含有强碱、强酸,有的含有酚、氰、铬、铝、汞、砷等有毒物质,有的甚至含有放射性元素或致癌物质,这类废水必须经过适当处理后才能排放。

(2)排水工程规划的任务

村镇排水工程规划根据村镇总体规划,制定排水方案,具体内容为:

1)估算各种排水量。分别估算生活污水、生产废水和雨水量。一般将生活污水和生产废水之和称为村镇的总污水量,雨水量单独估算。

2)选择排水体制。根据各村镇的实际情况、经济条件,确定排水方式。

3)确定污水排放标准。污水排放标准应符合国家有关规范规定。

4)布置排水系统。包括污水管道、雨水管渠、防洪沟的布置。

5)确定村镇污水处理方式及污水处理厂的位置选择。根据国家环境保护规定及村镇具体条件,确定其排放程度、处理方式及污水综合利用途径。

6)估算村镇排水工程规划的投资。

(3)排水量的计算

村镇排水量包括雨(雪)水、生活污水、工业废水。

1)雨水量的计算

村镇雨水排水量计算根据降雨强度、汇水面积、径流系数计算,常用的经验公式为

$$Q = \phi F q \tag{4-25}$$

式中　Q——雨水设计流量(L/s);

　　　F——汇水面积,按管段的实际汇水面积计算(m^2);

　　　q——设计降水强度[(L/s)/hm^2];

　　　ϕ——径流系数。

降水强度 q 指单位时间内的降水深度。设计降水强度和设计重现期、设计降水历时有关。设计重现期为若干年出现一次最大降水量的期限。设计重现期长则设计降水强度大;重现期短

则设计降水强度小。正确选择重现期是雨水管道设计中的一个重要问题。设计重现期一般应根据地区的性质(如广场、干道、工厂、居住区等)、地形特点、汇水面积大小、降水强度公式和地面短期积水所引起的损失大小等因素来考虑。通常低洼地区采用的设计重现期的数值比高地大;工厂区采用的设计重现期值比居住区的大;雨水干管采用的设计重现期比雨水支管的大;市区采用的重现期比郊区的大。重现期的采用范围为 0.33 ~ 2.0 年。通常重现期如表4-35 所示。

表4-35 设计重现期(年)

$q_{20}[L/(s \cdot hm^2)]$ 地区性质 汇水面积(万 m²)	100 以下			101 ~ 150			151 ~ 200		
	居住区		工厂广场	居住区		工厂广场	居住区		工厂广场
	平坦地形	沿溪各线		平坦地形	沿溪各线		平坦地形	沿溪各线	
20 及 20 以下	0.33	0.33	0.5	0.33	0.33	0.5	0.33	0.5	1
21 ~ 50	0.33	0.33	0.5	0.33	0.5	1	0.5	1	2
51 ~ 100	0.33	0.5	1	0.5	1	2	1	2	2 ~ 3

注:1. 平坦地形指地面坡度小于 0.003。当坡度大于 0.003 时,设计重现期可以提高一级选用。

2. 在丘陵地区、盆地、主要干道和短期积水能引起较严重损失的地区(如重要工厂区、主要仓库区等),根据实际情况,可适当提高设计重现期。

设计降水强度还和降雨历时有关。降雨历时为排水管道中达到排水量最大降雨持续的时间。雨水降落到地面以后要经过一段距离汇入集水口,需消耗一定的时间,同时经过一段管道后,也消耗一定的时间,所以设计降雨历时应包括汇水面积内的积水时间和渠内流行时间,其计算公式如下:

$$t = t_1 + mt_2 \tag{4-26}$$

式中 t——设计降水历时(min);

t_1——地面集水时间(min),视距离长短、地形坡度和地面覆盖情况而定,一般采用 5 ~ 15 min;

m——延缓系数,管道 $m = 2$,明渠 $m = 1.2$;

t_2——管道内水的流行时间(min)。

根据设计重现期、设计降水历时和各地多年积累的气候资料,可以得出各地计算设计降水强度的经验公式。各村镇常常因气象资料不足,可按邻近城市的标准进行计算。

2)生活污水的计算

村镇居住区的生活污水量按每人每日平均排出的污水量、使用管道的设计人数和总数变化系数计算,计算公式为

$$Q = \frac{qNK_S}{T \times 3600} \tag{4-27}$$

式中 Q——居住区生活污水的设计流量(L/s);

q——居住区生活污水的排放标准[L/(人·d)];

N——使用管道的设计人数(人);

T——时间(h),建议用 12h;

K_S——排水量总变化系数。

在选用生活污水量排放标准时,应根据当地的具体情况确定,一般以同一地区给水设计所采用的标准为依据,可按生活用水量的 75% ~ 90% 进行计算。设计人数,一般指污水排出系统设计期限终期的人口数。生活污水总变化系数详见表4-36。

表 4-36　生活污水量总变化系数(K_S)

污水平均日流量(L/s)	5	15	40	70	100	200	500	1000	≥1500
总变化系数 K_S	2.3	2.0	1.8	1.7	1.6	1.5	1.4	1.3	1.2

村镇工厂生活污水,来自生产区厕所、浴室和食堂。其流量不大,一般不需计算。管道可采用最小管径(150mm)。如果流量较大需要计算,可按下式进行计算

$$Q = \frac{25 \times 3.0A_1 + 35 \times 2.5A_2}{8 \times 3600} + \frac{40A_3 + 60A_4}{3600} \tag{4-28}$$

式中　Q——工厂生产区的生活污水设计流量(L/s);

A_1——一般车间最大班的职工总人数(一个或几个冷车间的总人数);

A_2——热车间最大班的职工总人数(一个或几个热车间的总人数);

A_3——三、四级车间最大班使用淋浴的职工人数(一个或几个车间的总人数);

A_4——一、二级车间最大班使用淋浴的职工人数(一个或几个车间的总人数);

25,35——一般车间和热车间生活污水量标准[L/(人·d)];

40,60——三、四级和一、二级车间淋浴用水量标准[L/(人·d)],淋浴污水在班后1h内均匀排出;

3.0,2.5——一般车间和热车间的时变化系数。

3)工业废水的计算

工业废水的设计流量一般是按工厂或车间的每日产量和单位产品废水量来计算的,有时也可以按生产设备的数量和每一生产设备的每日废水量计算。以日产量和单产废水量为基础的计算公式为

$$Q = \frac{mM \times 1000}{T \times 3600} K_S \tag{4-29}$$

式中　Q——工业废水设计流量(L/s);

m——生产每单位产品的平均废水量(m^3);

M——产品的平均日产量;

T——每日生产时数(h);

K_S——总变化系数。

但是,生产每单位产品的平均废水量差异较大,可以参考生产每单位产品的用水量来进行估算。在规划工作中,也可以按性质相同、规模相近的工厂的排水量作为估算的依据。

(4)村镇排水体制的选择

村镇雨(雪)水、生活污水、生产废水的排除方式,称为排水体制。排水体制分为分流制和合流制。

1)分流制

①完全分流制

生活污水、生产废水和雨水分为三个系统或污水和雨水两个系统,用管渠分开排放。污水流至污水处理厂,经处理后排放。雨水和一部分无污染工业废水就近排入水体,如图4-35所示。

完全分流制标准最高,适用于规模较大、经济条件较好的

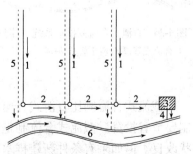

图 4-35　分流制排水系统
1-污水干管;2-污水主干管;
3-污水厂;4-出水口;
5-雨水干管;6-河流

村镇。在发达国家的村镇多用此体制。

②不完全分流制

污水采用埋设的暗管排放,雨水采用路面边沟(明沟)排水,这种分流体制比完全分流制标准低、投资省,先解决污水排放系统,待日后再完善。这种体制适合我国村镇目前的情况,可重点先解决污水排放系统,但地势平坦、村镇规模大、易造成积水的地区不宜采用。

③改良型不完全分流制

指的是雨水排放系统采用多种形式混用,可采用路边浅沟、街巷浅沟、某些干道用路边沟加盖及分用暗管等混合方式。适合于逐步发展、规模不断扩大的村镇,组织得好,既经济又适用。

2)合流制

①直泄式合流制

雨水、生活污水和生产污水流入同一管渠不经处理混合,分若干排水口,就近直接排入水体,如图4-36所示。这种排水体制是最初级的排水形式。在人口不多、面积不大、无污染工业的村镇可以采用这种形式。随着村镇规模和工业的发展,污水量不断增加,水质日趋复杂,这样的排水体制将造成水质的严重污染。目前不少村镇还是采用直泄式合流制,要逐步改革。

②全处理合流制

雨水和污水流到污水处理厂经处理后排放,如图4-37所示。这种方式投资大,效果不如分流制,缺点多于优点,很少采用。

③截流式合流制

雨水、污水和工业废水合流,分数段排向沿河流的截流干管。晴天时全部输送到污水处理厂,雨天时雨污混合,水量超过一定数量的部分,通过溢流井排入水体,其余部分仍排至污水处理厂,如图4-38所示。

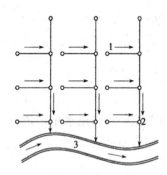

图4-36　直泄式合流制排水系统
1-合流支管;2-合流干管;3-河流;

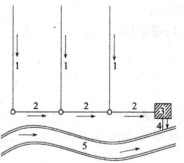

图4-37　全处理合流制排水系统
1-合流干管;2-合流主干管;3-污水厂;
4-出水口;5-河流

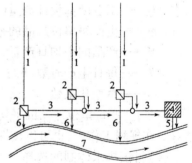

图4-38　截流式合流制排水系统
1-合流支管;2-溢流井;
3-截流主干管;4-污水厂;5-出水口;
6-溢流干管;7-河流

截流式合流制比直泄式合流制有明显的优点,大大减轻对自然水体的污染,比全处理合流制要节省投资。截流式合流制是直泄式合流制的一种改进形式,适用于大多数村镇的排水现状改良。但如果有条件新建排水系统,则应采用雨污分流。

(5)村镇污水排放标准

村镇污水排放应符合现行的国家标准《污水综合排放标准》(GB 8978—1996)的有关规定;污水用于农田灌溉,应符合现行的国家标准《农田灌溉水质标准》(GB 5084—92)的有关规定。

(6)村镇排水系统的形式及沟管布置

1)村镇排水系统的平面布置形式

①集中式排水系统

全村镇只设一个污水处理厂与出水口,这种方式对村镇很适合,当地形平坦、坡度方向一致时可采用此方法,如图4-39所示。

②分区式排水系统

大、中城市常采用此系统,而村镇常常由于地形条件,将村镇划分为几个独立的排水区域,各区域有独立的管道系统、污水处理厂和出水口,如图4-40和图4-41所示。

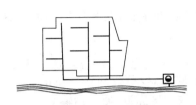

图4-39　集中式排水系统　　图4-40　狭长村镇分区式排水系统　　图4-41　因地形限制采取分区式排水系统

③区域排水系统

几个相邻的村镇,污水集中排放至一个大型的地区污水处理厂。这种排水系统能扩大污水处理厂的规模,降低污水处理费用,能以一个更高的技术、更有效的措施防止污染扩散,是我国今后村镇排水发展的方向,特别适合于经济发达、村镇密集的地区。

2)排水沟管的布置

①排水沟管布置步骤

Ⅰ.在地形图上根据总体规划和道路规划,按等高线划分若干排水区域。

Ⅱ.分析排水区域内污、废水的性质,确定要不要进行处理及选择排水体制。

Ⅲ.根据污、废水排泄水体位置和村镇地形确定污、废水排水方向和排出口位置,并在平面图上沿道及用地功能区布置排水主要沟管。

Ⅳ.排水沟管确定以后,确定各管段负担的居民数、工业废水集中流量或雨水汇水面积。

Ⅴ.根据排水体制,分别计算各管段负担的排水设计流量,估算管径、坡度。

Ⅵ.考虑管道标高。起点埋深的决定应满足排水管道能接纳所负责的排水地区各用户排水的需要,同时管道的埋深应保证不冰冻和不被动荷载破坏,灌顶覆土深度不小于0.7m。

②排水沟管的布置

Ⅰ.污水沟管

村镇的污水沟管系统,一般按道路系统布置,但不是每条街道都必须设置污水沟管,能满足所有污水排出管都能就近纳入污水沟管就可以了。近来,居住区常以小区形式建设,其内部的路沟管常自成体系,一般只需在其一侧或两侧设置街沟或管道即可。

沟管应尽量避免穿过场地,避免与河道、铁路等障碍物交叉。

沟管有干、支管之分。直接承接房屋、小区和工厂排水的,称为支沟管;承接支沟管排水的称为干沟管。当村镇较大时,干沟管常有二、三级。通向污水处理厂或出水口的干管称为总干沟管。管道定线时,先定总干沟管,总干沟管的路线服从于污水处理厂或出水口的位置。沟管线路要顺应地形,尽量做出顺坡,以避免或尽量减少中途泵站。干沟管应避开狭窄而交通繁忙的道路,避免迂回,并便于分期实施建设。

Ⅱ.雨水沟管

村镇雨水沟管应根据下列原则进行布置:

(Ⅰ)充分利用地形,使雨水能就近排入池塘、河流或湖泊等水体;

(Ⅱ)雨水干沟管应设在排水地区的低处,通常这种位置也是设置道路的合适位置;

(Ⅲ)避免设置雨水泵站;

(Ⅳ)积极配合村镇总体规划,对村镇的竖向、道路、绿化等规划内容提出要求,为妥善解决雨水排除问题创造条件。

(7)污水处理方式

污水处理厂的作用是对生产、生活污水进行处理,达到规定的排放标准,是保护环境的重要设施。

污水处理厂的选址,应布置在村镇水体的下游、地势较低处,便于污水汇流入厂,不污染村镇用水,处理后便于向下游排放。它和村镇的居住区有一定的距离,以减少对居住区的污染。如果考虑污水用于农田灌溉及污泥肥田,其选址则相应地要和农田区靠近,便于运输。

污水处理与利用的方法很多,选择方案应考虑以下因素:

①环境保护对污水的处理程度要求;

②污水的水量和水质;

③投资能力。

污水处理方法一般可归纳为物理法、生物法、化学法。

1)物理法。主要利用物理作用分离污水中的非溶解性物质。处理构筑物较简单、经济。用于村镇水体容量大、自净能力强、污水处理程度要求不高的情况。

2)生物法。利用微生物的生命活动,将污水中的有机物分解氧化为稳定的无机物质,使污水得到净化。此法处理程度比物理法要高,常作为物理法处理后的二级处理。

3)化学法。是利用化学反应作用来处理或回收的溶解物质或胶体物质的方法。化学处理法处理效果好、费用高,多用作生化处理后的出水,做进一步的处理,提高出水水质,即三级处理。

3. 镇区电力、电信工程规划

(1)村镇电力工程规划

1)电力工程规划的基本要求、内容与步骤

①电力工程规划的基本要求

电力工业是公用事业,其基本任务是为国民经济和人民生活提供"充足、可靠、合格、廉价"的电力。因此对村镇电力工程规划的基本要求是:

Ⅰ.满足村镇各部门用电及其增长的需要;

Ⅱ.保证供电的可靠性要求;

Ⅲ.保证良好的电能质量,特别是对电压的要求;

Ⅳ.要节约投资和减少运行费用,达到经济、合理的要求;

Ⅴ.注意远近期规划相结合,以近期为主,考虑远期发展的可能;

Ⅵ.要便于实现规划,不能一步实施时,要考虑分步实施。

②电力工程规划的基本内容

电力工程规划包括的内容与村镇规模及构成、地理位置、地区特点、经济发展水平(工业、农业和旅游服务业等)状况及其构成,以及远近期规划等有关,所以必须根据每个村镇的特点和对村镇总体规划深度的要求来作电力工程规划。电力工程规划一般由说明书和图纸组成,它的内容包括:

Ⅰ. 村镇负荷的调查;

Ⅱ. 分期负荷的预测及电力的平衡;

Ⅲ. 选择村镇的电源;

Ⅳ. 确定发电厂、变电站、配电所的位置、容量及数量;

Ⅴ. 选择供电电压等级;

Ⅵ. 确定配电网的接线方式,布置线路走向;

Ⅶ. 选择输电方式;

Ⅷ. 绘制电力负荷分布图;

Ⅸ. 绘制电力系统供电的总平面图。

③电力工程规划的基本步骤

Ⅰ. 收集资料。

Ⅱ. 分析和归纳收集到的资料,进行负荷预测。

Ⅲ. 根据负荷及电源条件,确定供电电源的方式。

Ⅳ. 按照负荷分布,拟定若干个输电和配电网布局方案,进行技术经济比较,提出推荐方案。

Ⅴ. 进行规划可行性论证。

Ⅵ. 编制规划文件,绘制规划图表。

2)村镇电力负荷运算

①村镇电力负荷的分类及其特点

Ⅰ. 村镇电力负荷的分类

(Ⅰ)农业排灌。我国北方多数地区缺水,以前农田多以提水灌溉为主,近年来都致力于开发地下深层水源,深井提水站发展很快;南方各省水源丰富,排涝和灌溉用电皆有,一般地区把排涝和灌溉合用一套电气设备。近年来在丘陵地区及一些经济较发达的地区,开始广泛采用灌溉技术,它节约用水,有利于水土保护,不需要花很大力气平整土地,这是农业灌溉的方向。

(Ⅱ)农业生产。在农业生产中,用电非常广泛,如脱粒、扬净、烘干、运输储藏、种子处理等;近年来,大规模的工厂化温室育苗、温室蔬菜等发展迅速。

(Ⅲ)农副产品加工。在农副产品加工中,如磨粉、碾米、粉碎、切片、烘干、轧花、榨油、饲料加工、果品加工、食品加工等,村镇已基本实现电气化。

(Ⅳ)畜牧业。在我国传统的畜牧业中,如供水、清除粪便、挤奶、电剪毛、电孵化等,其电气化的比重越来越高,用电负荷也越来越大;特别是近年来,工厂化养殖场发展较快,全面电气化可使人工减少50%以上。

(Ⅴ)村镇企业。改革开放以来,我国的村镇企业发展尤为迅速,除了传统的为农业机械的维修和配件加工服务的各类农业机械修造厂、小型化肥厂、水泥厂、砖瓦厂、小煤矿以及小型木材加工、纺织、化工塑料、造纸、制糖、食品、粮食加工等企业之外,近年来又发展了若干其他类型的企业,使用电负荷增加迅速。

(Ⅵ)市政和生活。随着村镇建设的不断发展,市政用电也不断增加。居民的物质和文化生活迅速发展,例如除电灯照明外,电视机、电风扇、洗衣机、电冰箱、电水壶以及空调、微波炉等家用电器业不同程度地进入了村镇居民家庭;各种娱乐设施,例如电影院、剧场、录像厅、电子游戏室、卡拉 OK 厅、舞厅等也不断涌现,所有这些都使得村镇用电增加。

Ⅱ. 村镇电力负荷的特点

(Ⅰ)地区性强。我国地域宽广、各地区地形、地质、气候等自然因素以及耕作方式、村镇企业特点、文化生活方式等相差较大。最大负荷的出现时间以及负荷曲线的变化差别很大。

(Ⅱ)负荷的季节性强。在村镇经济中,由于农业生产占很大比重,而农业生产具有很强的季节性,所以村镇电力负荷也就具有较强的季节性。我国北方以旱田作物为主,南方以水田为主。一般高峰负荷出现在夏秋两季。季节性强是农业负荷最基本的和最重要的特点。

(Ⅲ)负荷密度小,分布不均匀。村镇的负荷密度一般较小,而且负荷多集中在村镇周围和河川、渠道两侧。据调查,目前我国平原地区农村负荷密度,大都每平方公里在 20kW 以上,丘陵地区的农村,每平方公里一般为 10 ~ 20kW,山区仅为 1 ~ 3kW,远远小于大、中城市的用电负荷密度。这样,送变电工程投资将相对增加,根据这一点,仔细研究采用的供电电压和接线方式,对降低电网造价具有重要意义。

(Ⅳ)最大负荷利用小时少。最大负荷利用小时是指年用电量与最大负荷的比值。据调查,农村用电综合最大负荷利用小时只有 2000 ~ 3000h,少数排灌负荷比重较大的地区仅有几百小时。在含有一定比例的地方工业负荷的农村电网中,最大负荷利用小时也只有 3000 ~ 4000h,所以农村电力网设备利用率不高。

(Ⅴ)功能因素低。由于村镇用电的主要负荷 95% 以上是小型异步电动机,加之电网布局和设备配套不尽合理,自然功率因素比较低,又很少装设无功补偿设备,因此功率因素一般在 0.6 ~ 0.7,个别地区甚至低至 0.4 ~ 0.5。这是造成农村电力网电能损耗大的主要原因之一。

②规划用电负荷的基本计算方法

在对规划区的近期负荷与远景负荷进行调查的基础上,应科学地整理、计算出负荷数据(而不是简单地将所有设备功率或负荷相加),以正确地为系统规划、变电所布局、电源选点等提供依据。

根据村镇电力用户的特点,一般将用户分为农业用户、工业用户、市政及生活用户等三类,分别计算负荷。

Ⅰ. 农业用户

村镇的农业用户是村镇的基本用户,也是最大的用户,因此在很大程度上决定村镇的用电多少,必须予以足够重视。

农业用电一般是用作农业排灌、农业生产、农副产品加工和畜牧业等。规划用电负荷的计算,通常有下列几种方法:

(Ⅰ)需用系数法

先介绍几个统计负荷时常用的名词。

A. 设备定额容量(P_n)。设备铭牌上所示的容量,称为设备额定容量。如果多台设备组成用电设备组,则这组设备额定容量就是该组设备额定容量之和,包括停止工作的设备,不包括备用设备。

B. 同时系数($K_t \leqslant 1$)。用户在用电时,不一定同时开动全部电动机,也不一定同时打开全部电灯;一些用电设备的负荷功率达到最大值时,另一些用电设备的负荷功率不一定达到最大值。这种用电设备及负荷参差不齐、相互错开的情况,可用同时系数来表示,其计算公式为

$$K_t = \frac{P_{zmax}}{\sum P_n} \tag{4-30}$$

式中　P_{zmax}——规划单位综合最大负荷(kW);

140

$\sum P_n$——各类设备额定容量总和(kW)。

C. 需用系数($K_x < 1$)。用电单位或同类用户的实际用电最大负荷 P_{max}(又称为计算负荷),与其定额容量总和 $\sum P_n$ 之比,称为需用系数。其计算公式为

$$K_x = \frac{P_{max}}{\sum P_n} \tag{4-31}$$

这种方法比较简单,广泛用于规划设计和方案估算。在已知用电设备总额定容量,而不知其最大负荷和年用电量的情况下,用总额定容量乘以需用系数,可得出最大负荷 P_{max};然后再乘以最大负荷利用小时数 T_{max},即可得出年用电量 A。其值为

$$P_{max} = K_x \sum P_n \quad (kW) \tag{4-32}$$

$$A = P_{max} T_{max} \quad (kW \cdot h) \tag{4-33}$$

(Ⅱ)单位产品耗电定额法

该方法就是指生产某一单位产品或单位效益所耗用的电量。如排灌 1 亩地、脱粒 1t 小麦所耗用的千瓦小时电,称为用电单耗。

此方法适用于规划设计地区或用户的设备总定额容量不易确定,而计划生产规模及单位产品或单位效益量的耗电定额又易确定时。

年用电量计算:

$$A = \sum_{i=1}^{n} A_i = \sum_{i=1}^{n} C_i D_i \tag{4-34}$$

式中　A, A_i——规划区全年总用电量、第 i 类产品全年用电量($kW \cdot h$);

C_i——第 i 类产品计划年产量或效益总量(t, hm^2 等);

D_i——第 i 类产品用电量单耗($kW \cdot h/t$, $kW \cdot h/hm^2$)。

最大负荷计算:

$$P_{max} = \sum_{i=1}^{n} \frac{A_i}{T_{imax}} \tag{4-35}$$

式中　P_{max}——最大负荷(kW);

T_{imax}——第 i 类产品最大负荷利用小时数(h)。

在规划设计时,对于产品用电量单耗,可以收集同类地区、同类产品的数值,进行综合分析,得出每种产品的单位耗电量。若无资料,表 4-37 ~ 表 4-39 可供参考。

表 4-37　农副产品加工用电定额

类　　别	用 电 项 目	计 算 单 位	单位耗电量($kW \cdot h$)
粮食加工	磨小麦面	t	50 ~ 70
	磨玉米面	t	25 ~ 28
	垄稻谷	t	3 ~ 3.2
	碾糙米	t	8 ~ 9
	种子直接加工熟米	t	9 ~ 11
	磨薯粉	t	3
	薯类切片	t	0.15
	扬净	t	1
	烘干	t	4

类　　　　别	用　电　项　目	计　算　单　位	单位耗电量(kW·h)
饲料加工	风送截断	t	14.7
	青饲切割	t	1
	干草切割	t	4
	粉碎豆饼	t	7.36
	粉碎玉米心	t	10.3
	粉碎其他茎叶	t	18.4
农产品加工	榨豆油	t	350
	榨花生米	t	270
	榨菜籽油	t	250
	榨芝麻油	t	90
	榨棉籽油	t	400
	各种油料破碎	t	3～7
	花生脱壳	t	2.5
	棉籽脱绒	t	25～30
	精提花生油	t	7～10
	轧花	t	20～23
	弹花(皮棉)	t	50～70
	酿酒	t	10～70
	制糖	t	15

表4-38　农业机械化用电

类　　　别	用电项目	计算单位	单位耗电量(kW·h)	备　　注
移动作业	耕地	hm²	135～150	
	耙地	hm²	12～18	
固定作业	水稻脱粒	t	7～8	
	麦类脱粒	t	8～10	
	玉米脱粒	t	1.75～2.50	
	扬净	t	0.3～1.0	风净
	谷物烘干	t	4	

表4-39　电力提水灌溉用电

扬程(m)		3	5	10	15	20	30
每1km保灌面积(hm²)	5天灌一次	6.7	4	2	1.3	1	0.67
	10天灌一次	13.4	8	4	2.68	30	1.34
	15天灌一次	20	12	6	4	45	2
每亩每次耗电量(kW·h)		11.25	18	2.4	54	72	112.5

(Ⅲ)用电设备定额法

该方法就是用已知每千瓦用电设备的效益量(或产品产量),计算最大负荷和年用电量。

采用此方法需收集用户的用电性质、产品类型、年产量或年生产价值,以及年最大负荷利用小时数。在村镇,该方法多用于排灌用电设备的负荷计算。

对每1kW装机排灌面积的设备定额计算方法为

$$D_{PK} = \frac{S}{P_n} \tag{4-36}$$

式中　D_{PK}——平均每1kW排灌面积定额(hm^2/kW);

　　　S——排灌面积(hm^2);

　　　P_n——排灌所需电动机的功率(kW)。

P_n通常用下式计算求出

$$P_n = \frac{QHK}{102\eta} \tag{4-37}$$

式中　Q——水泵流量(L/s);

　　　H——水泵总扬程(m);

　　　K——备用功率系数,可取$K = 1.1 \sim 1.5$;

　　　η——水泵效率(%),一般农用单级水泵的$\eta = 0.5 \sim 0.8$。

(Ⅳ)典型法

该方法就是根据典型设计或同类村镇的用电量进行估计。在村镇规划时,往往很难实现确定用户类型构成比例、用电设备多少、总额定功率等,可以通过调查与本地自然地理条件、村镇规模相近,而电气化水平高又能代表本地实际发展方向的村镇,计算出每万亩耕地和每个农户的用电水平,作为本地区的规划标准,然后计算出最大负荷及年用电量。

用典型法计算负荷,也可作为校验分类负荷计算成果的准确度。

(Ⅴ)年递增率法

当各种用电规划资料暂缺的情况下,可采用年递增率法,此法适用于远景综合用电负荷的估算。其计算公式为

$$A_n = A(1 + K)^n \tag{4-38}$$

式中　A_n——规划地区n年后的用电量(kW·h);

　　　A——规划地区最后统计年度的用电量(kW·h);

　　　K——年平均递增率;

　　　n——预测年数(年)。

Ⅱ.工业用户

村镇工业是村镇的重要组成部分。其用电负荷在村镇占有较大比重,尤其是沿海经济较发达地区的村镇,村镇工业不但数量多,而且规模大,用电负荷成为村镇的主要负荷。

农业用电负荷的计算方法同样适用于工业用电负荷计算。

部分工业企业单位产品耗电定额、用电设备需用系数与同时系数参考值,如表4-40～表4-42所示。

表4-40　乡镇工业单位产品耗电定额

名　　称	单　　位	耗电定额	年利用小时数(h)
面粉厂	kW/t	35～63	
酿造厂	kW/t	50～60	4000

续表

名　称	单　位	耗电定额	年利用小时数(h)
水泥厂	kW/t	35~100	6000
橡胶鞋厂	kW·h/千双	750	2000
食品加工厂	kW/t	15~20	
玻璃厂	kW/箱	44~50	5000
锯木厂	kW/m³	10~20	2000
制糖厂	kW/t	100~120	4000
棉纺织厂	kW/万纱锭	773~822	6000

表4-41　工厂车间低压负荷需用系数参考值

车　间　类　别	K_x	车　间　类　别	K_x
铸钢车间(不包括电弧炉)	0.3~0.4	废钢铁处理车间	0.45
铸铁车间	0.35~0.4	电镀车间	0.4~0.62
锻压车间(不包括高压水泵)	0.2~0.3	中央实验室	0.4~0.6
热处理车间	0.4~0.6	充电站	0.6~0.7
焊接车间	0.25~0.3	煤气站	0.5~0.7
金工车间	0.2~0.3	氧气站	0.75~0.85
木工车间	0.28~0.35	冷冻站	0.7
工具车间	0.3	水泵站	0.5~0.65
修理车间	0.2~0.25	锅炉房	0.65~0.75
落锤车间	0.2	压缩空气站	0.7~0.85

表4-42　工厂各组用电设备之间同时系数参考值

应　用　范　围	同时系数 K_t	应　用　范　围	同时系数 K_t
冷加工车间	0.7~0.8	确定配电站计算负荷小于5000kW	0.9~1.0
热加工车间	0.7~0.9	确定配电站计算负荷为5000~10000kW	0.85
动力站	0.8~1.0	确定配电站计算负荷超过10000kW	0.80

Ⅲ. 市政及生活用电

市政及生活用电包括的范围很广,一般分为:住宅照明用电;公共建筑照明用电;街道照明用电;装饰艺术照明用电;生活电器用电;给水排水用电等几部分。

计算这一类负荷时,仍应根据收集到的资料,从现状出发来制定定额,同时也应考虑经济的发展、居民生活水平逐步提高等因素。

(Ⅰ)按每人指标计算

该方法是按每人用电负荷指标进行计算,即:村镇最大用电负荷为

$$P_{max} = m \cdot P_{1max} \tag{4-39}$$

村镇最大用电量为

$$A = mA_1 \tag{4-40}$$

式中　P_{1max}——每人最大负荷(kW/人);

　　　A_1——每人最大用电量(kW·h/人);

m——村镇总人数(人)。

(Ⅱ)按不同的用电情况分别计算

A. 住宅照明

这部分是村镇居民生活的基本用电,所占比重也是市政生活用电中最大的。其计算方法是:

住宅照明总计算负荷为

$$P = \frac{(P_1 S_1 + P_2 S_2)K_c}{1000} \qquad (4-41)$$

住宅照明年用电量为

$$A = PT_{max} \qquad (4-42)$$

式中　P_1——单位居住面积上的照明定额(W/m^2);

P_2——单位辅助面积上的照明定额(W/m^2),$P_2 = P_1 E_x$;

E_x——辅助面积平均最低照度与居住面积照度之比的百分数;

S_1——居住面积(m^2);

S_2——辅助面积(m^2);

K_c——负荷的利用系数;

T_{max}——最大负荷利用小时数(h)。

B. 公共建筑照明用电

包括机关、学校、幼儿园、托儿所、商店、医院以及其他文化福利设施等的照明。

除某些有特殊要求的建筑外,一般公共建筑照明用电的计算,可采用每平方米面积上的用电定额指标来计算。计算方法是:

公共建筑照明总功率为

$$P = P_1 S / 1000 \qquad (4-43)$$

公共建筑照明总用电量为

$$A = PT_{max} \qquad (4-44)$$

式中　P_1——单位面积上的负荷(W/m^2);

S——公共建筑的有效面积(m^2);

T_{max}——最大负荷利用小时数(h)。

C. 给水排水用电

村镇中的雨水一般是自流式排除,污水也只需稍加处理,耗电量不多,耗电较多的主要是给水工程。因此一般只考虑给水工程的用电。

对于自来水厂,可按水厂的装机容量进行计算。当资料不全时,可根据给水工程规划确定的每天规划用水量,按下式进行估算:

$$P = \frac{9.81QH}{3600\eta} \qquad (4-45)$$

$$A = PT_{max} \qquad (4-46)$$

式中　P——水厂的电力负荷(kW);

Q——每小时规划最大用水量(m^3/h);

H——水的扬程(m);

η——水泵机组的效率,可取 0.75 ~ 0.8;

A——年用水量($kW \cdot h$);

T_{max}——年最大负荷利用小时数(h)。

D. 街道照明

街道照明与照明器的种类、不同的照明要求、不同的街道宽度等有关。有关部门据此制定了街道每1m长所需要的用电负荷。其计算方法为

$$P = (P_1 L_1 + P_2 L_2 + \cdots + P_n L_n)/1000 \tag{4-47}$$

$$A = P T_{max} \tag{4-48}$$

式中　　　　P——街道照明总功率(kW);

$P_1, P_2, \cdots, P_n$——分别为不同宽度和照度的每1m长街道用电负荷(W/m^2);

$L_1, L_2, \cdots, L_n$——分别对应于$P_1, P_2, \cdots, P_n$的街道长度(m);

　　　　　　A——街道照明的年用电总量(kW·h);

　　　　T_{max}——年最大负荷利用小时数(h)。

E. 其他用电

包括装饰艺术照明用电、生活电器用电以及其他如室内电梯、通风机、空调机等的用电。这部分用电可以调查、估算出设备的额定容量,采用需用系数法进行计算。若不能获得足够的资料,则可根据本地区特点、经济发展状况、邻近先进地区的有关资料,估算出它占市政生活用电的百分比。

有关市政生活用电定额,可参考表4-43取用。

表 4-43　生活用电定额表

项　　目	用电定额(W/m^2)	项　　目	用电定额(W/m^2)
医院	7~9	行政办公机构	6
影剧院	8	宿舍、敬老院	2~4
中、小学	6	6m 宽及以下的道路路灯	3
饮食店、商店、照相等服务业	5	12m 宽道路路灯	5

在作村镇供电规划时,用电负荷不需要计算得很详细、很具体,因此在实际工作中,应根据规划地区的特点,地理、气候条件,用电负荷的种类,性质,经济发展状况等,结合现状资料,实事求是、具体问题具体分析,灵活选择计算方法,不必局限于某一种或几种计算方法。

3)电源的选择及线路布置

①电源的选择

电源是电力网的核心。村镇供电电源的选择,是村镇电力工程规划设计中的重要组成部分。电源选择的合理与否,对充分利用和开发当地动力资源、减少电源的建设工程投资、降低发电成本、降低电网运行费用、满足村镇的用电需要等具有重要的作用。

村镇的电源一般分为发电站和变电所两种类型。

Ⅰ. 发电站

目前我国村镇主要有水力发电站、火力发电站、风力发电站,还有沼气发电等。水力发电是利用水的势能或动能来发电。水的流量越大、落差越大、流速越快,水能越多,发电量也越多。水能是一种不污染环境,清洁、廉价的而且又是一种用之不竭的可再生能源。我国的村镇特别是经济欠发达的中西部山区,蕴藏着丰富的水能,可开发价值很大。利用水能发电,一次性建造投资虽然比较高,但运行费用低廉,是比较经济的能源。目前,在我国村镇的自建电站中,小水电站占很大的比重。火力发电是燃烧煤、石油或天然气来发电,其一次性建造投资高,运行费用也高,我国村镇除少数产煤区外,很少有这种电站。风力发电是利用风能发电;沼气发电是燃烧沼气发电,这两种发电方式的发电量均不大,还处于研究阶段,目前村镇还未大规模应用。

Ⅱ. 变电所

它是指电力系统内,装有电力变压器,能改变电网电压等级的设施与建筑物。其作用为:将区域电网上的高压变成低压,再分配到各用户。这种供电是区域电网供电。一般区域电网技术先进,具有运行稳定、供电可靠、电能质量好、容量大、能够满足用户多种负荷增长的需要以及安全经济等优点。因此,在有条件的村镇,应优先选用这种供电方式。变电所供电是目前我国村镇采用较多的供电方式。

②变电所的选址

变电所的选址是一项很重要的工作,它将决定投资数量、效果、节约能源的作用以及今后的发展,所以必须从技术上和经济上作慎重的选择。主要着眼于提高供电的可靠程度,减少运行中的电能损失,降低运行和投资的费用,同时还要考虑工作人员的运行操作安全、养护维修的方便等。

变电所的选址应符合下列要求:

Ⅰ. 接近村镇用电负荷中心,以减少电能损耗和配电线路的投资;

Ⅱ. 便于各级电压线路的引进或引出,进出线走廊要与变电所位置同时决定;

Ⅲ. 变电所用地要不占或少占农田,选择地质、地理条件适宜,不易发生塌陷、泥石流、水灾、落石、雷震等灾害的地段;

Ⅳ. 交通运输便利,便于装运主变压器等笨重设备,但与道路应有一定间隔;

Ⅴ. 临近工厂、设施等应不影响变电所的正常运行,尽量避开易受污染、灰渣、爆破等侵害的场所;

Ⅵ. 要满足自然通风的要求,并避免西晒;

Ⅶ. 考虑变电所在一定时期(如 5～10 年)内发展的可能。

③确定送配电线路的电压

村镇电力网送配电线路的电压,按国家标准主要有 220kV、110kV、60kV、35kV、10kV、6kV、3kV、380/220V 等几个等级。采用哪个电压等级供电适当,应作全面衡量,主要应考虑以下几点:

Ⅰ. 电力线路输送容量与输送距离

在电力线路输送容量和输送距离一定的条件下,传输的电压等级越高,则导线中的电流越小,线路中功率损耗或电能损耗也就越小,这就可以采用较小截面的导线。但是电压等级越高,线路的绝缘费用就越高,杆塔、变电所的构架尺寸增大,投资就要增大。因此对于一定的输电距离和输送容量,有一个在技术、经济上均较合理的电压。

Ⅱ. 用电等级与供电的可靠性

用户的用电等级是根据其用电性质的重要程度确定的。重要用户对供电的可靠性要求高,用电等级就高。

用电负荷根据供电可靠性及中断供电在政治、经济上所造成的损失或影响程度,分为三级。一级负荷:对此种负荷中断供电,将造成人身伤亡、重大政治影响、重大经济损失、公共场所秩序严重混乱等。若某用户拥有一级负荷,则不能认为该用户全部为一级负荷。二级负荷:对此种负荷中断供电,将造成重大政治影响、较大经济损失、公共场所秩序混乱等。三级负荷:不属于一级和二级的用电负荷。

电压等级与可靠性是相关的,电压等级越高,可靠性也就越高。但是,在同一电压等级中,供电的条件越优越,可靠性就越高。

Ⅲ. 用电设备的电压等级

用电设备的电压等级直接确定了对供电线路的电压等级要求,一般可设置与之相当的电力线路供电。当条件允许设置变配电装置,而用电的可靠性要求较高时,也可以提高一级电压等级向用户供电。

选择电网电压时,应根据输送容量和输电距离,以及周围电网的额定电压情况,拟定几个方案,通过经济技术比较确定。如果两个方案的技术经济指标相近,或较低电压等级的方案的优点不太明确时,宜采用电压等级较高的方案。各级电压电力网的经济输送容量、输送距离与适用地区,参照表4-44。

表4-44 各级电压电力网的经济输送容量、输送距离与适用地区

额定电压(kV)	输送容量(kW)	输送距离(km)	适 用 地 区
0.38	0.1 以下	0.6 以下	低压动力与三相照明
3	0.1～1.0	1～3	高压电动机
6	0.1～1.2	4～15	发电机电压、高压电动机
10	0.2～2.0	6～20	配电线路、高压电动机
35	2.0～10	20～50	县级输电网、用户配电网
110	10～50	30～150	地区级输电网、用户配电网
220	100～200	100～300	省、区级输电网
330	200～500	200～600	省、区级输电网,联合系统输电网
500	400～1000	150～850	省、区级输电网,联合系统输电网
750	800～2200	500～1200	联合系统输电网

Ⅳ. 确定配电网的接线方式

前面提到用电的负荷等级分为三级。为保证其可靠性要求,则对于一级负荷的用户,必须有两个或两个以上的独立电源供电。这里的独立电源是指不因其他电源停电而影响本身供电的电源。一级负荷容量较大或有高压用电设备时,应采用两路高压电源。如一级负荷容量不大时,应优先采用从电力系统或邻近单位取得第二低压电源,也可采用应急发电机组;如一级负荷仅为照明或电话站负荷时,宜采用蓄电池组作为备用电源。对于二级负荷的用户,应做到当发生电力变压器故障或线路常见故障时,不致中断供电(或中断后能迅速恢复)。二级负荷是否需要备用电源,应看该用户对国民经济的重要程度,通过技术经济比较来确定。在负荷较小或地区供电条件困难时,二级可由单回路6kV 及以上专用架空线供电。三级负荷为一般负荷,对三级负荷的供电要求,不作特殊规定。

按照上述要求,电力网的接线方式一般分为一端电源、两端电源和多端电源供电的电力网。

(Ⅰ)一端电源供电的电力网

一端电源供电网又称为开式网,系指电力网中的用户或变电所,只能从一个方面取得电能的电力网。接线方式有:放射式、干线式、树枝式等类型,如图4-42 所示。

一端电源供电网的特点是:接线简单、经济、运行方便,但供电可靠性较低。放射式接线又称为用户专用线,可用于给容量大的三级负荷或一般二级负荷供电。这种接线在运行时的电压质量与供电可靠性等,不受其他用户负荷的影响。干线式接线与树枝式接线的负荷点多,导致运行时各负荷的随机变动,对电压质量和供电可靠性等有影响。为了提高干线式与树枝式接线的供电可靠性,可以在干线或分支的适当地方,加装分段开关或熔断器,以提高供电的可靠性和检修的灵活性。

(Ⅱ)两端电源供电的电力网

两端电源供电网系指电网中的用户或变电所,可以从两个电源取得电能的电力网,如图

4-43所示。环形网和双回路电网接线简单,运行、检修灵活,供电可靠性高。电力系统网架和向一级负荷或重要二级负荷供电的电网,常采用这种接线方式。

在环形网或双回路接线中,电源则必须接在两个独立电源上,即接在两个发电厂或同一电厂由两台发电机供电的不同母线段。

(Ⅲ)多端电源供电的电力网

多端电源供电网又称为复杂网。复杂网中包含有能从三个或三个以上方面取得电能的变电所或负荷点,如图4-44所示。多端电源供电可靠性高,运行、检修灵活,但是投资大,继电保护、运行操作复杂。这类电网主要用于电力系统网架接线,以加强电力系统发电厂之间及发电厂与枢纽变电所之间的联系。供用电网络,一般不采用复杂网的接线形式。

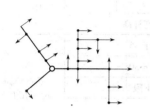

图 4-42　一端电源供电网

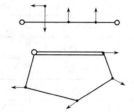

图 4-43　两端电源供电网

图 4-44　多端电源供电网

Ⅴ. 电力线路的布置

电力线路按结构可分为架空线路和电缆线路两大类。架空线路是将导线和避雷线等架设在露天的线路杆塔上。电缆线路一般直接埋设在地下,或敷设在地沟中。村镇电力网多采用架空线路结构,该结构的建设费用比电缆线路要低得多,施工期短,且施工、维护及检修方便。

在村镇供电规划中,电力线路的布置,应满足用户的用电量,保证各级负荷用户对供电可靠性的要求,保证供电的电压质量以及在未来负荷增加时,有发展的可能性。在布置电力线路时,一般应遵循下列原则:

(Ⅰ)线路走向应尽量短捷。线路短,则可节约建设费用,同时减少电压和电能损耗。一般要求从变电所到末端用户的累积电压降不得超过10%;

(Ⅱ)要保证居民及建筑物的安全,避免跨越房屋建筑。同时还要确保线路的安全,不同电压的架空电力线路与地面距离及接近、交叉、跨越各项工程设施的最小距离必须符合一定标准,见表4-45;

表 4-45　电力线路的各种距离标准(m)

电力线路类别		配电线路		送电线路			附加要求
		1kV 以下	1~10kV	35~110kV	154~220kV	330kV	
与地面的最小距离	居民区	6	6.5	7	7.5	8.5	
	非居民区	5	5.5	6	6.5	7.5	
	交通困难地区	4	4.5	5	5.5	6.5	
与山坡、峭壁的最小距离	步行可到达的山坡	3	4.5	5	5.5	6.5	
	步行不能到达的山坡	1	1.5	3	4	5	
与建筑物	最小垂直距离	2.5	3	4~5	6	7	
	最小距离	1	1.5	4~5	5	6	
与甲类易燃仓库之间的距离		—	—	不小于杆高的1.5倍且需大于30			

电力线路类别		配电线路		送电线路			附加要求
		1kV 以下	1～10kV	35～110kV	154～220kV	330kV	
与行道树	最小垂直距离	1	1.5	3	3.5	4.5	
	最小水平距离	1	2	3.5	4	5	
与铁路	至轨顶最小垂直距离	7.5(突轨6.0)		7.5(6.5)	8.5(7.5)	9.5(8.5)	
	杆塔外缘至轨道中心最小水平距离	交叉:5.0		交叉:5.0			
与道路	至路面最小垂直距离	6	7	7	8		
	杆柱距路基边最小水平距离	0.5		平行:最高杆高;受限制地区:5～6			
与通航河道	至50年一遇洪水水位最小垂直距离	6	6	6	7		
	边导线至斜坡上缘最小水平距离	最高杆高		最高杆高			
与弱电线路	一级弱电线路	大于45°		大于45°			送电线路应架在上方
	二级弱电线路	大于30°		大于30°			
	三级弱电线路	不限		不限			
	至被跨越线最小垂直距离	1	2	3	4	5	
	至边导线最小水平距离	1	2	最高杆高受路径限制按括弧内数(4)			
电力线路之间	1kV 以下	1	1	3	4	5	电压高的线路一般架在上方
	1～10kV	1	2	3	4	5	
	平行时最小水平距离	2.5		最高杆高受路径限制按括弧内数(5),(7),(9)			

（Ⅲ）线路应兼顾运输便利,尽可能地接近现有道路或可行船的河流;

（Ⅳ）线路穿过林区或需要重点保护的地区和单位,要按有关规定与有关部门协商解决;

（Ⅴ）线路要避开不良地形、地质,以避开地面塌陷、泥石流、落石等对线路的破坏,还要避开长期积水场所和经常进行爆破作业的场所。在山区应尽量沿起伏平缓且地形较低的地段通过;

（Ⅵ）线路应尽量不占耕地、不占良田。

电力线路的选择工作,一般分为图上选线和野外选线两步。首先在图上拟定出若干个线路方案;然后收集资料,进行技术经济分析比较,并取得有关单位的同意和签订协议书,确定出2～3个较优方案;再进行野外踏勘,确定出一个线路的推荐方案,报上级审批;最后进行野外选线,以确定线路的最终路线。

（2）村镇电信工程规划

村镇电信工程包括有线电话、有线广播和有线电视。电信工程的规划应由专业部门进行,涉及村镇建设规划需要统一考虑的,主要是电信线路布置和站址选择问题。

1）有线电话

交换机已逐步普及为程控交换机,其特点是灵活性大、适应能力强、便于增加新业务性能和实现数字交换。在村镇,通常集镇一级(即乡政府所在地)设有线电话交换台,再向集镇内各单位用户和所属各村镇连接有线电话线路。集镇交换台通往上级电信部门的线路称之为中继线;通往用户电话机的线路称之为用户线。

①有线电台交换台台址的选择

在交换台台址选择时,必须符合环境安全、服务方便、技术合理和经济实用的原则,综合考虑，一般布置原则如下：

　　Ⅰ．交换台应尽量接近负荷中心，使线路网建设费用和线路材料用量最少；

　　Ⅱ．便于线路的引入和引出。要考虑线路维护管理方便，台址不宜选择在过于偏僻或出入极不方便的地方；

　　Ⅲ．尽量设在环境安静、清洁和无干扰影响的地方。应尽量避免设在较大的振动、强噪声、空气中粉尘含量过高、有腐蚀性气体、易燃和易爆的地方；

　　Ⅳ．地理、地质条件要好，不易发生塌陷、泥石流、流沙、落石、水害等；

　　Ⅴ．要远离产生强磁场、强电场的地方，以免造成干扰。

②有线电话线路的布置原则

　　有线电话线路的结构和电力线路结构一样，也分为架空线路和电缆线路两大类。一般村镇有线电话线路采用架空结构，在经济较发达的村镇，多采用电缆线路。有线电话线路的布置原则为：

　　Ⅰ．线路走向应尽量短捷，做到"近、平、直"的要求，以节省线路工程造价；

　　Ⅱ．注意线路的安全和隐蔽；

　　Ⅲ．应尽量不占耕地、不占良田；

　　Ⅳ．要便于线路的架设和维护；

　　Ⅴ．避开有线广播和电力线的干扰；

　　Ⅵ．不因村镇的发展而迁移线路。

　　线路布置的间隔距离必须符合有关规范的要求。结合村镇的具体情况，可参照表4-46选用。

表 4-46　电信线路的主要间隔距离标准

项　目	间 隔 距 离 说 明		最小间隔距离（m）
1	线路离地面最小距离	一般地区	3
		在市区（人行道上）	4.5
		在高产作物地区	3.5
2	线路经过树林时，导线与树距离	在城市，水平距离	1.25
		在城市，垂直距离	1.50
		在郊外	2.0
3	导线跨越房屋时		1.5
4	跨越公路、乡镇大路、市区马路，导线与路面距离		5.5
	跨越镇区胡同（里弄）土路		5
5	跨越铁路，导线与轨面距离		7.5
6	两个电信线路交越，上面与下面导线最小距离		0.6
7	电信线路穿越电力线时应在电力线下方通过，两线间最小距离		
	架空电力线额定电压	$1 \sim 10kV$	2(4)
		$20 \sim 110kV$	3(5)
		$154 \sim 220kV$	4(6)
8	电杆位于铁路旁时与轨道隔距		$13h$（h 为电杆杆高）

注：表内带括号数字是电力线路无防雷保护装置时的最小距离。

2）有线广播和有线电视

有线广播就是将由广播站发出的音频电流,经导线及变压器等设备传送到用户的扬声器上,转换为声音发出来的这一套设备系统。有线电视就是将有线电视台发出的视频信号,经电缆及分支器等设备传送到用户的电视机上,转换为图像和声音发出来的这一套设备系统。

①有线广播站和有线电视站地址的选择

Ⅰ. 尽量设在靠近村镇有关领导部门办公的地方,以便于传达上级有关指示或发布有关通知。

Ⅱ. 应尽量设在用户负荷中心,既节省线路网建设费用,又保证传输质量。

Ⅲ. 尽量设在环境安静、清洁和无噪声干扰影响的地方,并避免设在潮湿和高温的地方。

Ⅳ. 要选择地理、地质条件较好的地方。

Ⅴ. 要远离产生强磁场、强电场的地方,以免产生干扰。

②线路布置的原则

有线广播、有线电视与有线电话同属于弱电系统,其线路布置的原则与要求基本相同。有线广播和有线电视线路的布置原则,可参照有线电话线路的布置原则执行,在此不再赘述。线路布置的间隔距离必须符合有关规范的要求,可参照表4-46。

有些村镇将由县到村镇的有线电话干线兼作有线广播的干线,由镇到中心村、基层村的有线电话线兼作用户线,用户线全部集中在村镇的电话交换台,由交换台装置闸刀开关来控制各用户线路。这种兼作两用的做法,可以大大节约线路的投资,但相互间的干扰大。为了使广播和电话两不误,就必须制定使用电话线路做广播的制度和时间。

4. 镇区防灾、减灾规划

（1）村镇防洪工程规划

1）防洪工程规划的要求

①应与农田灌溉、水土保持、绿化及村镇的给水、排水、航运等结合起来,达到综合利用江、河、湖的目的;

②充分利用有利地形,如山谷、洼地和原有的湖塘,修筑山塘水库,调节径流,削减洪峰,搞好河、湖水系建设;

③防洪规划,要做到远期与近期结合。工程布局应先从近期规划出发,并照顾到村镇远期发展规划的需要,同时要考虑到随着国家经济的发展来提高村镇防洪标准的要求;

④要处理好防洪工程与村镇建设规划中其他工程设施的矛盾,如公路、建筑物、电力电讯、人防工程及排水工程的等,在规划中要统筹兼顾,合理安排。工业用地的地下水位最好是低于厂房的基础,并能满足地下工程的要求;地下水的水质要求不致对混凝土产生腐蚀作用。工业用地应避开洪水淹没地段,一般应高出当年最高洪水位0.5m以上。最高洪水频率,大中型企业为百年一遇,小型企业为50年一遇。厂区不应布置在水库坝址下游,如必须布置在下游时,应考虑安置在水坝发生意外事故时,建筑不致被水冲毁的地段。

⑤要因地制宜、因材制宜,从村镇的具体情况出发,采用当地效果良好的工程方案。

2）防洪工程规划的内容

①收集当地的水文资料

水文资料如江河的年平均最高水位、历史最高水位、历史上洪水灾害情况等。在掌握了当地水文资料的基础上,提出村镇防洪存在的问题与解决的措施。

②确定防洪标准

防洪工程的标准,除了对工程建造质量上的要求外,还要确定洪水频率的设防标准。洪水频率标准通俗地说是用多少年一遇的洪水作为防洪工程的规划设计标准。如:设计标准频率为 $D = 1\%$,通常我们称为重现期(T)为百年一遇的洪水。

由此可见,重现期和频率之间的关系为倒数关系,即:$D = 1/T$。

防洪标准的确定应考虑村镇本身在区域范围内的重要性,村镇规模的大小,工业、企业的性质、规模,农田数量,受淹后的损失和恢复的难易程度,以及防洪工程本身的造价和作用。总之,既要经济又要安全,一般可取 20~50 年一遇的洪水重现期。

现阶段各村镇防洪中,由于各村镇规模、村镇经济总量的迅速增加,原来的防洪标准普遍偏低,村镇规划时应根据各村镇的具体情况、经济条件适当提高防洪标准。

村镇所辖地域范围的防洪规划,应按现行的国家《防洪标准》(GB 50201—94)的有关规定执行。邻近大型工矿企业、交通运输设施、文物古迹和风景区等防护对象的村镇,当不能分别进行防护时,应按就高不就低的原则按现行的国家《防洪标准》的有关规定执行。

③防洪规划措施

对于靠近江河的村镇应考虑修建防洪堤,确定防洪标高、警戒水位、设置排洪闸,排内涝渍水工程等。

对于山区的村镇,应结合所在地区河流的流域规划全面考虑,在上游修建蓄洪水库、水土保持工程,在村镇的河岸修筑防洪堤,山边修筑截洪沟等。

3)防洪工程措施

①修筑防洪堤岸

村镇用地范围的标高普遍低于洪水位时,则应按防洪标准确定的标高修筑防洪堤;汛期一般用水泵排除堤内积水,排水泵房和集水池应修建在堤内最低处。堤外侧则应结合绿化规划种植防浪林,以保护堤岸。

筑堤时一定要同时解决排涝问题。排水系统在河岸边的出水口应设置防倒灌的闸门。堤内的湖、塘应充分加以利用,以便降低内涝的水位,减小排涝泵站的规模,减少其设计流量,从而降低投资和运行费用。

②整修河道

我国北方地区降雨集中,洪水历时短但洪峰量较大,可平时河道又干涸,河床平浅,河滩较宽,这对于村镇用地、道路规划、桥梁建造都不利。在规划中要考虑防洪标准下的泄洪能力,将河道加以整治,修筑河堤以束流导引,变河滩地为村镇用地,把平浅的河床加以浚深,或把过于弯曲的河道截弯取直,以增加泄洪能力,降低洪水位,从而降低河堤高度。

③整治湖、塘、洼地

应结合村镇总体规划,对一些湖、塘、洼地加以保留与整治,或浚挖用来养鱼,或略加添垫修整用来作绿化苗圃,有的可结合排水规划加以连通,以扩大蓄纳容量。

④修建截洪沟

山区的村镇,往往受到山洪的威胁。可以在村镇用地范围的靠山较高的一侧,顺地形修建截洪沟,因势利导,将山洪引至村镇范围外的其他沟河,或引至村镇用地下游方向排入其附近的河流中。截洪沟的布置,尽量采用明沟并避免从村镇范围内穿过。对依山傍水的村镇,在考虑修建截洪沟的同时,还应根据洪水调查资料,修筑必要的河堤和采取局部排渍的措施。

位于蓄洪滞洪区内的村镇,当根据防洪规划需要修建围村埝(保庄圩)、安全庄台、避水台等就地避洪、安全设施时,其位置应避开分洪口、主流顶冲和深水区,其安全超高应符合表4-47

的规定。

表 4-47　就地避洪安全设施的安全超高

安　全　设　施	安置人口（人）	安全超高（m）
围村埝 （保庄圩）	地位重要、防护面大	>2.0
	≥10000	2.0～1.5
	≥1000，<10000	1.5～1.0
	<1000	1.0
安全庄台、避水台	≥1000	1.5～1.0
	<1000	1.0～1.5

注：安全超高是指蓄、滞洪时的最高洪水水位以上，考虑水面浪高等因素，避洪安全设施需要增加的富余高度。

在蓄滞洪区内的村镇建筑内设置安全层时，应进行统一规划，并符合现行的国家标准《蓄滞洪区建筑工程技术规范》（GB 50181）的有关规定。

（2）人防工程规划

人防工程规划是镇区规划工作的重要内容。尽管现在是和平时期，但如果不考虑人防工程，一旦发生战争，就会对人民的生命、财产安全造成巨大损害。根据"平战结合"的原则，一些重要的建制镇或有特殊要求的村镇在进行规划工作时应考虑人防工程规划。

镇区人防工程在总体规划阶段包括：确定人防系统的组成、主要人防设施的布置、确定人防设施的标准。在建设规划阶段应包括：地下设施的规模数量、位置布局、平时的用途等。人防工程设施在布局时，要避开易遭受到袭击的军事目标，避开易燃、易爆物品的生产及储存单位。人防工程的布局要注意面上分段、点上集中，应有重点的组成群体，便于连通及平时的开发。地上、地下建筑物要统一安排。

（八）镇区用地的竖向规划

在镇区规划工作中合理地利用地形，是达到工程合理、造价经济、景观优美的重要途径。各类用地的竖向设计是镇区各种总平面规划与建设的组成部分，对山区和丘陵地区尤为重要。往往有这样的情况，在镇区规划方案初步设计阶段，完全没有考虑实际地形的起伏变化，为了追求构图上的形式美，任意地开山填沟，既破坏自然地形的景观，又浪费大量的土石方工程费用。甚至有时各单项工程的规划设计互不配合，各自进行，结果造成标高不统一、互不衔接、桥梁的净空不够，或一些地区的地面水无法排出，道路标高与地面标高不相配合，给施工建设带来诸多不便。为了避免上述问题，就需要在规划的各个阶段，按照当时的工作深度，将镇区用地的一些主要的控制标高综合考虑，使各用地之间的标高相互协调。对于一些不利于镇区建设的自然地形给予适当改造，或提出一些工程措施，使土石方工程量尽量减少。

1. 镇区竖向规划的基本内容

镇区用地竖向规划工作的基本内容应包括下列方面：

（1）结合镇区用地选择，分析研究自然地形，充分利用地形，尽量少占或不占农田。对一些需要经过工程措施后才能用于镇区建设的地段提出工程措施方案。防止由于规划和设计不当所引起的滑坡、崩塌以及水土流失、生态环境破坏等灾难；

（2）综合考虑各类用地的各项控制标高问题，使得建筑物、构筑物、室外场地、道路、排水沟、地下管网等的设计标高，及与铁路、公路、码头等的标高关系，相互衔接，相互协调；

(3)使镇区道路的纵坡度既能符合地形条件又能保证交通通畅;

(4)合理组织村镇各项用地的地面排水。在有洪水威胁的地区,应能够确保村镇不受洪水的影响和危害;

(5)确定场地土方平整方案,选择弃土或取土场地。计算土石方工程量,挖方和填方力求做到就地、近距离平衡;

(6)规划应尊重现有的地形、地貌和生态、水系环境,因地制宜,随坡就势,结合其内在的要求和各自的特点,做好高程上的安排;

(7)利用地形巧妙布置,为村镇良好的景观创造条件。

2. 竖向规划的基本方法

(1)竖向规划设计的形式

在村镇规划设计时,必然要将建设用地的自然地面加以适当改造,以满足村镇生产和生活的使用功能要求,这一改造以后的地面称为设计地面。根据设计地面的不同形式,可分为以下三种:

1)连续式。用于建筑密度大、地下管线多、有密集道路的地区。连续式又分为平坡式和台阶式两种。

①平坡式。就是镇区用地处理成一个或几个坡面的整平面。它适用于自然坡度不大于2%的平缓地区和虽有3%、4%坡度而占用坡段面积不大的情况。

②台阶式。是由几个高差较大的不同平面连接而成。它适用于自然地面坡度不小于4%、用地宽度小、建筑物之间的高差在1.5m以上的地段。在台阶连接处,一般设置挡土墙或护坡等构筑物。

2)重点式。在建筑密度不大、自然地面坡度不大于5%、地面水能顺利排除的地段,重点在建筑物附近进行场地平整,其他部分都保留自然地形地貌不变。这种形式适用于独立的单栋建筑或成组建筑用地(组与组之间距离较远时的情况)。

3)混合式。建筑用地的主要部分是连续式,其余部分是重点式。由于村镇用地具体地形的复杂性,往往单纯一种规划形式很难真正做到合理性、科学性,往往是因地制宜、交替运用多种形式,进行规划设计,因此,混合式是一种灵活的处理手法。

(2)竖向设计前所需要的资料

在进行竖向设计前,须具备下列资料,才能顺利进行规划设计。

1)地形测量图。比例为1:500或1:1000,图上有0.25~1.00m高程的地势等高线及每100m间距的纵横坐标及地形地貌,如:河流、水塘、沼池、高丘、峭壁等情况。

2)建筑场地的自然条件、气候情况、地质构造和地下水情况。

3)建筑物和构筑物的平面布置图。

4)规划中的街道中心标高、坡度、距离,最好是纵断面和横断面图。

5)各种工程管线的平面布置图。

6)地表面雨雪水的排除方向,如流向低洼地、雨水管、渠等。还必须了解洪水或高地雨水冲向基地,而影响基地的情况。

7)弄清取土的土源、弃土的场地。

以上各种资料尽量与有关单位协调取得,也可根据设计阶段的要求,陆续取得。

(3)竖向设计的步骤

村镇用地的竖向规划设计,其一般步骤如下:

1)了解和熟悉所取得的各种资料,并进行检查,如有疑问,应及时向有关部门查询。

2）深入现场，勘察地形，了解地形现状情况，并将地形测量图与现状比较，使之统一起来。

3）根据地形图，绘出村镇的纵、横断面图，标出典型的地面坡度。根据地形条件，确定建设用地整平方式、排水方向并划分分水岭和排水区域，定出地面排水的组织计划，找出排水的最低点及其高程，由此推算出全镇区的其他控制点的标高。

4）确定建筑物、构筑物、室外场地、道路、排水沟、地下管网等的设计标高，以及与铁路、公路和码头等的设计标高，相互衔接、相互协调。

5）确定建筑物的室内地坪标高，其值等于室外地坪标高加上室内外高差。室内外高差的最小值应根据建筑物的使用性质确定，一般规定如下：

①住宅、宿舍为 150~450mm；

②办公、学校、卫生院为 300~600mm；

③影剧院、图书馆为 450~900mm；

④一般工厂车间、仓库为 150~300mm；

⑤有汽车站台的仓库为 900~1200mm；

⑥电石仓库为 300mm；

⑦纪念性的建筑物根据建筑师的要求而定；

⑧建筑标高要与道路标高相适应，建筑物室外标高一般应至少等于道路的中心标高。

6）绘制土石方的工程图，计算土石方工程量。一般应力求做到挖方和填方平衡，填挖方之差应大于 5%~10%，最好是挖方大于填方。若土方工程量太大，超过技术经济指标时，应修改设计，使土方接近平衡。

7）根据地形整平方式，设置必需的挡土墙、护坡和排水构筑物等。如在地形过陡处，高地有雨水冲向建筑物或道路的情况下，应设置截水明沟。

3. 土石方工程量计算

竖向规划设计图的表示方法，一般采用设计等高线法、高程箭头法。

（1）设计等高线法

该方法就是用设计等高线来表示地面的地形标高，高程间隔一般采用 0.1m，0.2m，0.25m，0.5m。当建设用地坡度较大时，采用 0.25m 或 0.5m 的高程间隔。

其设计方法是：先将建设场地的自然地形，按不同情况画几个横断面，按竖向设计的形式，确定坡度和台阶宽度，找出挖方和填方的交界点，作为设计等高线的基线。按所需要的设计坡度和排水方向，试画出设计等高线。设计等高线用直线或曲率半径较大的曲线来表示，尽可能使设计等高线接近或平行于自然地形等高线。

设计等高线法多用于地形变化不太复杂的丘陵地区和规划设计。它的优点是能较完整地将任何一块设计用地或一条道路与原来的地形作比较，可随时一目了然地看出设计的地面或道路的填挖方情况，以便于调整。设计等高线低于自然等高线为挖方，高于自然等高线为填方。缺点是需要计算，计算的时间较长，图面表示也比较复杂。

（2）高程箭头法

根据竖向规划设计原则，确定出建设用地内建筑物、构筑物的室内外地坪标高，区内地面控制点的标高，道路交叉点、变坡点的标高，道路的坡长、坡度，并辅以箭头表示各类地面的排水方向，最后在竖向规划图上表示出来，从而得到镇区竖向规划设计图。

高程箭头法的规划设计工作量较小，凸面表示比较简单，图纸制作较快，且易于变动与修改，是竖向设计常用的表示方法。缺点是比较粗略，设计意图不易交代清楚，有些部位的标高不明确,且准确性差。为弥补上述不足,在实际工作中可采用设计标高表示法和局部剖面相结合的方法。

(3)竖向规划设计图例

竖向规划设计图例如表4-48所示。

表4-48 绘制竖向布置图的图例

编 号	图 例	说 明	
1	780.00	等高线断面间距为0.5m,根据测量之地形图绘制	
2	780.00	设计等高线断面间距为0.5m	
3	780.20 780.51	房屋设计外地坪四角散水坡的标高	
4	780.20	房屋室内地坪设计标高	
5		道路设计纵坡方向	
6	0.03 / 60.50	道路设计纵坡度及两转折点间距离	
7	782.32		
8		地面流水方向	
9	X=4588952.30 Y=39456587.71	城市规划局所规划之干道中心线及坐标	
10		填土与挖土之间的零界限	
11	+0.5 782.32	施工标高	设计地面标高
	781.82		自然地面标高
12	-33 +45	按方格网计算的土石方工程量	

(九)镇区环境保护与旅游资源规划

1. 镇区环境保护规划

(1)环境和环境污染

"环境",实际上是指人们生活周围的境况。它包括两方面:一是自然环境,它是围绕在我们周围的自然因素的总和,即大气圈、水圈、岩石圈等几个自然圈所组成的;二是人为环境即社会环境,是人类社会为了不断提高自己的物质和文化生活而创造的环境,如工业、交通、娱乐场所、文化古迹及风景游览区等,都是人类社会的经济活动和文化活动创造的环境。但"环境保护"所指的环境,通常主要是指自然环境。

在自然界中,所有的生物,其中包括人类都是生活在生物圈里。在这个生物圈里,各种生物之间、生物和环境之间密切联系、彼此影响、相互适应、相互制约,并通过食物链进行物质和能量交换,形成一个动态的生态系统。一个湖泊、一条河流、一片森林、一个村镇都可以构成一个生态系统。一个大的生态系统又由许多小的生态系统组成。

生态系统内部具有一定的平衡,这种平衡关系称为生态平衡。但这种平衡只是暂时的、相对的动态平衡,任何自然的因素或人为的活动都有可能破坏这种平衡。在一定条件下,生态具有调节能力,能达到新的平衡状态。但超过生态系统的调节限度,生态平衡就会遭到严重的破坏,环境恶化,人和生物的机体一时无法适应,就产生了环境污染。也就是说,某种污染物质(或因素)一旦超过了自身的自净能力和生物适应的范围,环境就受到了污染,生物就遭受污染的危害。

在人与自然界组成的生态系统中,人类为了自身的生存和延续,一方面能动地改造周围的环境,进行生产和生活;另一方面,又要随时调整自己,以适应不断改变的环境,使其保持相对的平衡。在人类历史上,由于人们不合理地向自然界索取,引发了大量的环境污染问题。

(2)镇区污染的类型

目前镇区污染主要是水体污染,其次是烟尘、大气污染和噪声污染。

1)水体污染

水体污染的来源有两种。一种是自源污染,包括地质溶解作用;降水对大气的淋洗、对地面的冲刷,夹带各种污染物流入水体而形成,如酸雨、水土流失等。另一种是人为的污染,即工业废水和生活污水对水体的污染。人为污染是水体污染的主要来源。

水体污染的防治:

①全面规划、合理布局是防止水污染的前提和基础。对河流、湖泊、地下水等水源,加强保护,建立水源卫生防护带。对江河流域统一管理,妥善布置和控制排污,保持河流的自净能力,上游污染不能危及下游。

②从污染源出发,改革工艺,进行技术改造,减少排污是防治的根本措施。事实证明,通过加强管理,改进工艺,实行废水的重复使用和一水多用,回收废水中的有用成分,既能有效地减少工业废水的排出量、节约用水,又减少处理设施的负荷。

③加强工业废水的处理和排放管理,执行国家关于废水的排放标准,促进工厂进行工艺改革和废水处理技术的发展。

④改善村镇排水系统,根据条件对污水进行适当的处理。常见的处理方法如表4-49所示。

表4-49 常见废水处理方法简表

分 类	处理方法	处理 工 艺	处理 物 质
物理处理法	筛滤法	用金属制的格栅	去除大颗粒固体
	过滤法	用多孔滤料过滤	去除悬浮性固体
	沉淀法	用沉淀池静置	去除细微悬浮物
	吹脱法	将气体吹入水中	去除易挥发的物质
	浮选发	靠空气压力或隔板	除去浮油、乳化油
化学处理法	中和法	加入适量的酸或碱	处理含碱或酸的废水,使水的 pH 值为 7 左右
	化学凝聚法	加凝聚剂	去除胶体物质
	电解法	靠电荷消除胶体上的电荷,使其凝聚下沉	去除胶体物质、乳化油
	离子交换法	用离子交换树脂、天然蒙脱土、沸石、多水高岭土作离子交换剂	硬水软化
	氧化法	空气氧化:利用空气中的氧自然氧化	使有害物质氧化成无害物质
		化学氧化:在水中加入氧化剂	
		电解氧化:用石墨作阳极、钢板作阴极	

分 类	处理方法	处 理 工 艺	处 理 物 质
物理化学法	吸附法	采用多孔吸附剂(活性炭等)	吸附水中的味、臭、油、酚
	萃取法	用某种萃取剂	去除溶于萃取剂的污染物
	泡沫分离法	吹气入水,使水中污染物吸附在泡沫上	去除吸附在泡沫上的物质
	反渗透法	使水通过一种特殊的半透膜,溶质被截留	处理含重金属的废水
生物处理法	好气性生物处理法	在水中通入空气,使好气性微生物繁殖,分解污染物质	处理有机污染物或氰化物等
	嫌气性生物处理法	使污水在缺氧的情况下,利用嫌气性微生物的活动,分解有机物质	有机物去除率可达 80%～90%
土地		合理的污水灌溉,可使污水受到土壤的过滤、吸附以及生物氧化作用,从而使污水得到处理。但污水必须符合农田灌溉标准	污水中的氮、磷、钾被植物吸收,BOD去除率可达 80%～90%

2)大气污染

大气是人类及一切生物呼吸和进行物质代谢必不可少的物质。所谓大气污染就是指由于人类的各种活动向大气排出的各种污染物质,其数量、浓度和持续时间超过环境所允许的极限时,大气质量发生恶化,使人们的生活、工作、身体健康以及动植物的生长发育,受到影响和危害的现象。

①大气污染来源

大气污染物多种多样,主要来源于燃料(煤、石油、煤气等)燃烧时烟囱排放的烟尘以及拖拉机、工厂、矿井的排气、漏气、跑气和粉尘等。其中对人类生活环境威胁最大的是烟尘中的二氧化硫、一氧化碳、碳化氢、二氧化碳以及一些有毒的金属离子等。

粉尘主要来源于燃料燃烧过程中产生的废弃物。一般的燃烧装置,原煤燃烧后约有原重量的10%以上以烟尘形态排入大气;矿物油燃烧后约有原重量的1%以烟尘形态排入大气;此外,固体物料的开采、运输、筛分、碾磨、装卸等机械处理过程中,也会产生大量的粉尘。产生粉尘污染的行业主要有水泥、矿业、食品、冶炼、钢铁工业、石灰生产、砖瓦窑和石棉生产等。

粉尘按其粒径大小可分为降尘与飘尘。粉尘颗粒较大,多属于燃烧不完全的小炭粒在空气中停留时间短,因自重大很快降落至地面。飘尘可长时间在空中停留,其中相当一部分比细菌还小,易被人吸到肺里,侵入肺细胞而沉积,并可能进入血液运送至全身,对人体健康有很大影响。

二氧化硫是燃烧煤和石油产生的气体,是污染大气的主要毒物,无色且有刺激性气味,二氧化硫能直接影响身体健康和植物生长,并能腐蚀金属器材和建筑物。二氧化硫遇到水汽变成硫酸烟雾,其毒性比二氧化硫大10倍。

一氧化碳是无色无味的剧毒气体,它是由于煤炭和石油燃烧不充分而产生的。空气中含百万分之一的氧化碳就会使人中毒,如果达到1%时就会使人在两分钟内死亡。随着煤和石油产量的增长和大量消耗,一氧化碳的排放量逐年增加,其中80%以上是汽车尾气。

另外,还有许多大气污染物质。常见的大气污染物质及危害见表4-50。

表4-50 大气污染物对人体的影响

污 染 物	对 人 体 的 影 响
烟雾	视程缩短导致交通事故,易发生慢性支气管炎
飞尘	阳光不足,血液中毒,尖肺、肺感染
二氧化硫	刺激眼角膜和呼吸道黏膜、咳嗽、声哑、胸痛、支气管炎、哮喘,甚至死亡

污 染 物	对 人 体 的 影 响
二氧化碳	刺激鼻腔和咽喉,胸部紧缩、呼吸促迫,失眠、肺水肿,昏迷,甚至死亡
一氧化碳	头晕、头痛、恶心、四肢无力,还可引起心肌损伤、损害中枢神经,严重时甚至死亡
氟化氢	刺激黏膜,幼儿发生斑状齿,成人骨骼硬化
硫化氢	刺激黏膜,导致眼炎或呼吸道炎,头晕、头痛、恶心、肺水肿
氯气	刺激呼吸器官,导致支气管炎,量大时引起中毒性肺水肿
氯化氢	刺激呼吸器官
氨	刺激眼、鼻、咽喉的黏膜
气溶胶	引起呼吸器官疾病
苯并芘	致癌
臭氧	刺激眼睛、咽喉,呼吸机能减退
铅	铅中毒症,妨碍红血球的发育,儿童记忆力低下

②防治大气污染的技术措施

消除和减轻大气污染的根本方法是控制污染源;同时,规划好自然环境,提高自净能力。具体有以下技术措施:

Ⅰ.改进工艺设施、工艺流程,减少废气、粉尘排放。

Ⅱ.改革燃料构成。选用燃烧充分、污染小的燃料。如城市煤气化;有条件的地方尽量使用太阳能、地热等洁净能源;汽车燃料采用无铅汽油等。

Ⅲ.采用除尘设备,减少烟灰排放量。

Ⅳ.发展区域供热,减少居民炉灶产生的污染。

Ⅴ.依法管理。按环境标准和排放标准进行监督管理,管理和治理相结合,对严重污染者依法制裁。

3)防止大气污染的规划措施

①村镇布局规划合理

工业企业是造成大气污染的主要污染源,工业用地应安排在盛行风向的下风向。主要考虑盛行风向、风向旋转、最小风频等气象因素。

②考虑地形、地势的影响

村镇规划时,除了要收集本市、县的气象资料外,还要收集当地的资料。局部地区的地形、地貌、村镇分布、人工障碍物等小范围气流的运动——空气温度、风向、风速、湍流产生的影响,尽量避开空气不流通、易受污染的地区。

山区及山前平原地带易产生山谷风,白天风向由平原吹向山区,晚上风向相反,此风可视为当地的两个盛行风。散发大量有害气体的工厂应尽量布置在开阔、通风良好的山坡上。

山间盆地地形较封闭,全年静风频率高,而且产生逆温,有害气体不易扩散,因此不宜把工业与居住区布置在一起。污染工业应布置在远离城市的独立地段。

沿海地区的工业布局要考虑海陆风向的影响。白天风向从海洋吹向大陆,称为海风;晚上,风从陆地吹向海洋称为陆风。所以沿海地区的工业区与居住区布置,应沿主导风向对称布置。

③设卫生防护带

设立卫生防护带,种植防护林带,可以维持大气中氧气和二氧化碳的平衡,吸滞大气中的尘埃,吸收有毒有害气体,减少空气中的细菌。同时,可以根据某些敏感植物受污染的症状,对大气污染进行报警。

（3）噪声污染及防治

一般来讲，声音在 50dB（分贝）以下，环境显得安静；接近 80dB 时，就显得比较吵闹；到 90dB，感到十分嘈杂；如果达到 120dB 以上，耳朵就开始有痛觉，并有听觉开放的可能。

1）噪声来源

噪声的危害不可忽视，轻则干扰和影响人们的工作和休息，重则使人体健康受到损害。在噪声的长期影响下会引起听力的衰退、神经衰弱、高血压、胃溃疡等多种疾病。如果长期在 90dB 的噪声环境中劳动，就会患不同程度的噪声性耳聋，严重的会丧失听力。随着社会的发展，噪声污染成增加的趋势。噪声来源主要有以下几个方面：

①工厂噪声。工厂设备在生产过程中所发出的噪声；

②交通噪声。机动车噪声为主要噪声声源，包括汽车、拖拉机等，少数村镇还有铁路和轮船；

③建筑和市政工程施工噪声。现阶段村镇建设发展迅速，村镇中有大量的建筑工地，建筑施工中的噪声很大，影响居民正常休息、生活，必须依法进行管理。

2）噪声的防治

噪声防治的目标就是在某一区域符合噪声控制的有关标准，我国目前正在进行允许噪声标准的研究，有关方面在大量调查和测试工作的基础上，提出了几项噪声允许的标准的建议，如表 4-51 ~ 表 4-53 所示。

表 4-51　工业企业噪声标准（每天工作 8 小时）

企　业　类　型	A 声级（dB A）
新建企业	85
现有企业	90
改建企业	85

表 4-52　居住区环境噪声标准

时　　间	A 声级（dB A）
白天：晨 7 时至晚 9 时	46 ~ 50
夜晚：晨 9 时至晚 7 时	41 ~ 45

表 4-53　一般噪声标准

为保护听力，最高噪声声级	75 ~ 90dB
工作和学习	55 ~ 70dB
休息和睡眠	35 ~ 50dB

治理噪声的根本措施是减少或消除噪声源。通过改进工艺设备、生产流程来减少或消除噪声源；通过吸声、隔声、消声、隔振、阻尼、耳塞、耳罩等来减少噪声。通常的规划措施有：

①远离噪声源。村镇规划时合理布局，尽可能将噪声大的企业和车间相对集中，和其他区域之间保持一定的距离，使噪声源和居住区之间的距离符合表 4-54 的要求。

表 4-54　各声级声源点与居住区防噪声距离

声源点的噪声级（dB）	距离（m）	声源点的噪声级（dB）	距离（m）
100 ~ 110	300 ~ 500	70 ~ 80	30 ~ 100
90 ~ 100	150 ~ 300	60 ~ 70	20 ~ 50
80 ~ 90	50 ~ 150		

②采取隔声措施。合理布置绿化。绿化能降低噪声,绿化好的街道比没有绿化的街道可降低噪声 8~10dB。利用隔声要求不高的建筑物形成隔声屏障,遮挡噪声。

③合理布置村镇交通系统,减少交通噪声污染。

2. 村镇旅游资源规划

随着人们生活水平的提高,旅游在人们的生活中的地位越来越重要。在村镇规划与建设中,因地制宜地发展旅游,既可以取得较好的经济效益,又可以创造优美的村镇环境。

(1)村镇旅游资源

旅游资源是发展旅游业的物质基础。一般来说,凡是能为旅游者提供旅游观赏、度假疗养、娱乐休息、体育锻炼、探险猎奇、考察研究等的客体和劳务,均可称为旅游资源。

旅游资源可以分为自然旅游资源和人文旅游资源两大类。

1)自然旅游资源

自然旅游资源由地貌、水体、气候、生物等自然地理要素组成。由于地表自然条件的地域差异,各地区各种自然要素的不同组合,构成了千变万化的景象和环境。

①地貌旅游资源

Ⅰ. 山地旅游资源。山地常能构成雄伟、奇特、险峻、秀丽之景,吸引人们去探险、寻幽、避暑、攀登,是旅游的理想之地。

Ⅱ. 岩溶地貌旅游资源。岩溶是在特定的地理环境下,由可溶性岩石受到含有二氧化碳的水的溶解和冲刷作用形成的。我国可溶性岩石分布范围很广,因气候、岩石条件的不同,岩溶地貌发育程度差异很大。有的以地面奇峰为主,有的以地下溶洞见长,有的则以泉水为特色。

Ⅲ. 其他地貌旅游资源。除了山地、岩溶地貌外,我国还有黄土地貌、风成地貌、火山地貌、冰川地貌,等等。

②水体旅游资源

水在自然界分布最广,是大多数风景旅游区的主要组成部分。水面在现代娱乐生活中有重要意义,游泳、滑冰、垂钓、水球、舢板、帆船等体育运动和娱乐运动都是在水面上进行的。

Ⅰ. 海滨旅游资源。海洋是个广阔的天地,也是最吸引游客的地方。海水中含有钾、钠、氯、碘、镁等矿物元素;海滨空气中含有的氧、臭氧较多,有利于身体健康。由于海洋水面的调节,滨海地区温度变化幅度较小,空气清新洁净,是理想的避暑、休假、疗养胜地。

Ⅱ. 河流、湖泊旅游资源。河流是重要的旅游资源,特别是河流的上中游段,群山环绕,两岸风光变化无穷,引人入胜。

Ⅲ. 泉水资源。泉水中以温泉和矿泉与旅游业关系较为密切。温泉可以供人们沐浴,矿泉中含有多种矿物元素,对人的身体非常有利,或饮或浴,因此矿泉集中的地方几乎都成了疗养胜地,吸引众多的游人前往。

Ⅳ. 瀑布资源。瀑布是从悬崖或河床断面上倾斜而下的水流。它是自然山水结合的产物,由溪水、跌水和深潭三部分组成,具有形、声、色和动态的景观特点。

③气候旅游资源

我国幅员辽阔,大部分国土位于温带和亚热带,四季分明,春夏秋冬景观变更明显、对比强烈,极大地丰富了我国的气候旅游资源。

我国东半部具有大范围的季风气候,即冬季盛行大陆季风,寒冷干燥;夏季盛行海洋季风,湿热多雨。青藏高原海拔高,面积大,形成独特的高寒气候。西北地区则因僻处内陆,为海洋季风势力所不及,具有西风带内陆干旱气候。而这种多样化气候的形成,与我国的地势分布有直接关系。

以上只是几个大的地区的主要气候特点。至于山区气候,其类型就更加复杂多样了。即使同一个山区,也具有不同尺度、不同层次的立体气候特征,这为山区开发提供了有利的气候资源。

④生物、植物旅游资源

我国地形复杂,气候多样,物种繁多,生物资源十分丰富,多种奇花异草、珍禽异兽,对旅游者有着巨大的吸引力。

我国有许多特色竹木和名贵花卉。松树、竹松、牡丹、杜鹃花、报春花、龙胆花、山茶花及许多引进品种。同时还有许多珍禽走兽,独特的动物现象,如蛇岛、蛙会等。又可结合自然保护区开发旅游资源。

2)人文旅游资源

人文旅游资源是人类社会活动的产物,是指能够吸引人们旅游的古今人类所创造的物质财富和精神财富,它具有鲜明的时代性、民族性和高度的思想性、艺术性,在旅游业中比自然旅游资源更具强烈的感染力和吸引力,占有很重要的地位。人文旅游资源主要包括历史古迹、民族风情、村镇面貌以及饮食文化、风俗特产等方面。

①历史古迹

一个地区的历史古迹是长期文明的结晶,是文化遗产、地区文化、历史的独特体现,使人文旅游资源中重要的旅游资源。我国有悠久的历史,留下了大量的历史古迹,在规划中必须加以保护利用和开发。

常见的历史古迹有古建筑、古遗址。

②民族风情旅游资源

在长期的历史发展过程中,各民族逐渐形成各自鲜明的特点,他们的风俗、服饰、节庆活动以及建筑、艺术等都对其他民族的旅游者具有强烈的吸引力。我国是个多民族的国家,具有丰富的民族风情旅游资源。

③村镇风貌旅游资源

村镇风貌是村镇自然资源、文化古迹、建筑群及村镇各项功能设施给人们的综合印象,也是物质文明在村镇建设中的具体体现,我国地域辽阔,村镇面貌千变万化,且有些村镇风貌独具特色,是很好的旅游资源。

④其他人文资源

除了上述人文旅游资源外,还有其他的旅游资源,如风味小吃、特色佳肴、名优特产、工艺品、土特产等都是主要的旅游资源。

(2)村镇旅游资源的保护和规划

1)村镇旅游资源的保护

村镇旅游资源由自然旅游资源和人文旅游资源两部分组成,大多是自然及人类文化遗留下来的珍贵遗产,不但具有易受破坏的脆弱性,且还具有难以恢复的不可再生特点,而旅游资源又是旅游业发展的基础,因此,必须将旅游资源列入村镇规划之中。保护村镇的旅游资源有以下重要意义:

①保护好村镇自然旅游资源,也就是保护好村镇的山、水、动物、植物,即村镇的自然环境和生态系统平衡,在村镇建设过程中减少环境污染,保持村镇的地方特色;

②保护村镇的人文旅游资源,也就是保护村镇的历史古迹、风貌、风情,保护和发展地方特色行业,可以体现村镇的历史连续性、文化传承;

③保护村镇的旅游资源,在村镇精神文明建设方面发挥着重大的作用;

④保护好旅游资源,进行开发,促进村镇经济的发展;

⑤旅游资源和村镇建设的合理规划利用,可以构成独特的村镇面貌。

2)村镇旅游资源规划

村镇旅游资源的开发利用是一个系统工程,不仅仅是旅游本身的开发利用,还涉及与其相配套的食、住、行、娱乐等方面,必须认真进行可行性研究,并制定村镇旅游资源规划,切忌盲目上马,造成巨大浪费。

村镇旅游资源规划,要根据村镇的特点开发独特的旅游项目。在规划布局中要遵循因地制宜原则、生产与旅游兼顾发展原则、开发与保护相结合的原则及创新性原则。

根据不同村镇的资源,常有以下几种类型的旅游资源开发。

①开发利用村镇历史古迹。悠久的历史为村镇留下了丰富的历史古迹,有寺庙、殿、戏楼、传统民居、堡门、石碑、故居等。如江苏省昆山市周庄、安徽省黟县西递村等。

②因地制宜,结合村镇生产,开发特色旅游。常见的有种植花卉、盆景、水果、蔬菜等,供游人采摘,让游人体验植物生长和收获的乐趣。

③利用村镇的自然资源开发休息、疗养旅游。村镇的山、水、林、田、阳光、草地、河滩、温泉、矿泉,能让人们避开繁杂的都市生活,得以休息、疗养。开发这类村镇应以优美的环境、方便的交通、丰富的自然野趣为主要特点。以大城市近郊风景区周围的村镇最佳。

④发展体育、娱乐型村镇。以某项体育或娱乐项目为特色,发展具有体育特色的村镇,吸引大城市中的爱好者来旅游参观、娱乐健身。

⑤发展文化旅游型村镇。以当地的文化特色吸引游客。如吉林、浙江、安徽等有许多小村镇以地方戏或地方风土人情、历史名人故事等为主题开发旅游资源。

⑥发展商贸旅游型村镇。有些村镇在长期的发展过程中,成为某种产品的重要集散地,吸引大批游客前来购物,如张家港的妙桥镇成为羊绒衫的批发中心。

⑦发展民风、民俗旅游型村镇。我国是一个多民族国家,民风、民俗各不相同,可以此吸引大量的游客,如云南省、广西自治区等地区的村镇。

村镇人居环境是整个村镇经济环境、社会环境和生态环境的综合体现。以村镇经济、社会、环境的可持续发展为目标,通过合理的村镇旅游规划,保证村镇人居环境的整体性和稳定性,保证人居环境空间布局的高效性和合理性,保证人居环境的功能设施建设的便捷性和全面性,以营造出和谐、自然、优美的村镇人文景观生态系统。

第三节　镇区总体布局[1]

一、镇区用地要求

镇区用地的选择,是根据能够满足规划布局和各项设施对用地环境的要求,在用地综合评价的基础上对用地进行选择。作为镇区用地的选择有下列要求:

---

[1] 本节主要参考文献:金兆森,张晖. 村镇规划. 第1版。

（1）用地选择，要为合理布局创造条件。村镇各类建筑与工程设施，由于性质和使用功能要求的不同，其对用地也有不同的要求。所以首先应尽量满足各项建设项目对自然条件、建设条件和其他条件的要求。并且还要考虑各类用地之间的相互关系，才能使布局合理。如工副业用地，离居住用地过近就会影响居住区的安宁，甚至有可能污染居住环境。

（2）要充分注意节约用地，尽可能不占耕地和良田。

（3）选择发展用地，应尽可能与现状或规划的对外交通相结合，使村镇有方便的交通联系，同时应尽可能避免铁路与公路对村镇的穿插和干扰，使村镇布局保持完整统一。

（4）要符合安全要求。一是要不被洪水所淹没，如若选用洪水淹没地作村镇用地时，必须有可靠的防洪工程设施；二是要注意滑坡，避开正在发育的冲沟。石灰岩溶洞和地下矿藏的地面也要尽可能避开；三是避开高压线走廊，与易燃、易爆的危险品仓库要有安全的距离。

（5）要符合卫生要求。首先要有质量好、数量充沛的水源。即经过一般常规处理能达到国家饮用水的标准，水量能满足生活和工副业生产所需。其次，村镇用地不能选在洼地、沼泽、墓地等有碍卫生的地段。当选用坡地时，要尽可能选在阳坡面，对于居住用地尤为重要。在山区选择用地，要注意避开窝风地段。此外，在已建有污染环境的工厂附近选地，要避开工厂的下游和下风向。

二、镇区用地布局

（一）村镇用地组织布局

用地布局是村镇规划工作的重点，而村镇规划用地组织结构则是用地总体布局的"战略纲领"，它指明了村镇用地的发展方向、范围，规定了各村镇的功能组织与用地的布局形态。因此，它将对村镇的建设与发展产生深远的影响。

村镇用地规划组织结构的基本原则应具备如下"三性"的要求。

（1）紧凑性。村镇规模有限，用地范围不大。如以步行的限度（如为2km或半小时之内）为标准，用地面积约1~4km²，可容纳1万~5万人口，无需大量公共交通。对村镇来说，根本不存在城市集中布局的弊病，相反，这样的规模对完善公共服务设施、降低工程造价是有利的。因此，只要地形条件允许，村镇应该尽量以旧镇为基础，由里向外集中连片发展。

（2）完整性。村镇虽小也必须保持用地规划组织结构的完整性，更为重要的是要保持不同发展阶段的组织结构的完整性，以适应村镇发展的延续性。合理布局不只是指达到某一规划期限是合理的、完整的，而应该在发展的过程中都是合理的、完整的。只有这样才能够保证规划期限目标的合理和完整。

（3）弹性。由于进行村镇规划所具备的条件不一定很充分，再加上规划期限内，可变因素、未预料的因素很多，因此，必须在规划用地组织结构上赋予一定"弹性"。所谓"弹性"，可以在两方面加以考虑：其一，是给予组织结构以开敞性，即用地组织形式不要封死，在布局形态上留有出路；其二是在用地面积上留有余地。

紧凑性、完整性、弹性是在考虑村镇规划组织结构时必须同时达到的要求。它们三者并不矛盾，而是互为补充的。通过它们共同的作用，形成在空间上、时间上都协调平衡的村镇规划组织结构形式。这样的结构形式既是统一的，又是有个性的。因此，它将能够担负起村镇发展与建设的战略指导作用。

(二)村镇用地的功能分区

村镇用地的功能分区过程就是村镇用地功能组织,它是村镇规划总体布局的核心问题。村镇活动概括起来主要有工作、居住、交通、休息四个方面。为了满足村镇上述各项活动的要求,就必须有相应的不同功能的村镇用地。它们之间,有的有联系,有的有依赖,有的则有干扰和矛盾。因此按照各类用地的功能要求以及相互之间的关系加以组织,使之成为一个协调的有机整体。

村镇在建设中,由于历史的、主观的、客观的多种原因,造成用地布局的混乱现象比较普遍,其根本原因是没有按其用地的功能进行合理的组织。因此,在村镇规划布局时,必须明确用地功能组织的指导思想,遵从村镇用地功能分区的原则。

(1)村镇用地功能组织必须以提高村镇的用地经济效益为目标。过去,有些村镇片面强调农业生产,轻视村镇建设,基本上不考虑功能的分区和合理组织,以致形成了村镇内拥挤混杂、村镇外分散零乱的村镇总体布局,大大降低了村镇的经济效益。另外,有些村镇存在着搞大马路、大广场,底层低密度的现象,浪费了大量的村镇建设用地,同样也降低了村镇用地的经济效益。因此,在村镇总体规划布局时,必须同时防止以上两种倾向,应该以满足合理的功能分区组织为前提,进行科学的用地布局。

(2)有利生产和方便生活。把功能接近的紧靠布置,功能矛盾的相间布置,搭配协调,便于组织生产协作,使货源、能源得到合理利用,节约能源,降低成本,为安排好供电、山下水、通讯、交通运输等基础设施创造条件。这样使各项用地紧凑集中,组织合理,以达到节省用地、缩短道路和工程管线长度、方便交通、减少建设资金的目的。另外,由于乡镇是一定区域内的物资交流中心,保证物资交换通畅也是发展生产、繁荣经济不可缺少的环节,在用地功能组织时也要给予考虑。

(3)村镇各项用地组成部分要力求完整、避免穿插。为避免不同功能的用地混在一起造成彼此干扰,布置时可以合理利用各种有利的地形地貌、道路河网、河流绿地的功能,合理地划分各区,使各部分面积适当,功能明确。

(4)村镇功能分区,应对旧村镇的布局采取合理调整,逐步改造完善。

(5)村镇布局要十分注意环境保护的要求,并要满足卫生防疫、防火、安全等要求。要使居住、公建用地不受生产设施、饲养、工副业用地的废水污染,不受臭气和烟尘侵袭,不受噪声的骚扰,使水源不受污染等。

(6)在村镇规划的功能分区中,要反对从形式出发,追求图面上的"平衡"。结合各村镇的具体情况,因地制宜地探求切合实际的用地布局和适当的功能分区。

三、镇区总体布局中的景观艺术

随着经济社会的快速发展,村镇建设将形成怎样的景观,是必须给予高度重视的问题。镇区景观是由村镇的建筑物、构筑物、道路、绿化、开放性空间等物质实体构成的空间整体视觉形象。镇区景观和城市景观是不同地域、不同规模,但是同一性质的问题。都是人工条件支配或控制了自然条件的一种环境。

镇区景观建设与镇区规划是有重要区别的。并不是作好了镇区规划就可以代替镇区景观建设,从而产生优美的镇区景观。从城市设计的角度看,镇区景观是四维地研究和解决建筑形式、色彩、质地等美学问题。在这方面有很多无可争议的实例。例如江南水乡的周庄,山西的王家大院、乔家大院,云南的丽江等都是因为景观特色才成为举世瞩目的旅游胜地的。

随着农民生活水平的不断提高,农民的居住环境需要改善,镇区景观建设应有较高的审美理念,镇区景观和自然景观组成的整体景观水平是一个村镇文明水平的重要体现。

镇区总体布局中的景观设计应既能体现不同的地域特色和人文风情,又能符合视觉美感的要求。注重各类构成景观的空间要素对村镇景观的影响。除了民居、公共建筑以外,院落、绿化、道路、桥梁、牌示等作为总体景观重要构成要素的各类构筑物的设立也要符合视觉美感的要求。

根据不同地区的空间自然地理特点,村镇景观可以考虑三种基本形态:

(1)风景名胜区内的村镇景观。这是最重要的景观形态,不仅关系到村镇自身形象,而且直接影响到风景名胜区的景观。本身处在风景之中,所以景观设计要遵从风景名胜景观的需要,要融入风景,互相因借,成为景观构成要素之一。

(2)平原地区的村镇景观。这部分地区地貌平坦,没有起伏变化,给村镇景观设计留出了广阔天地,相对于风景名胜区内的村镇景观来说,可以相对独立地考虑村镇景观。因此,每一个村镇都可以在体现区域总体风格统一,体现地方民居建筑语汇特点的前提下,体现个性变化。但都应该有符合人们视觉美感要求的聚散、疏密、错落、对比、曲直、主次等构图意识,有形式、密度、肌理的审美韵味。一个村落、一个小镇要有富于变化的天际线,有主景建筑或标志物,使村镇成为地景的高潮,主景建筑成为村镇景观的高潮。

(3)城市边缘地区的村镇景观。紧邻城市周边的村镇应该作为城市设计的内容来考虑,因其所处位置直接影响城市形象,在一定程度上是互相因借的关系,所以与风景名胜区内的村镇景观有相同的性质。但不同之处在于其景观形式上可以更加多样化,建设标准应该更高一些,形成园林化的村镇,把每个村镇都变成城市周边的花园。

当前,统筹城乡发展,其中包括在村镇景观建设为自己创造优美怡人的最佳人居景观环境,为村镇创造一流的景观形象。这体现了人的全面发展,也体现了城乡协调发展。同时也是改善村镇整体形象的重要工作。

四、镇区总体布局的方案比较

综合比较是城市规划设计的重要工作方法,在规划设计的各个设计阶段中都应进行多次反复的方案比较。考虑的范围和解决的问题可以由大到小、由粗到细、分系统、分步骤地逐个解决问题。抓住村镇发展和建设的主要矛盾,提出不同的解决办法和措施。防止解决问题的片面性和简单化,才能得出符合客观实际,用以指导城市建设的方案。

(一)从不同角度多做不同方案

根据原始资料的调查,确定村镇性质,计算人口规模、拟定布局、功能分区和总体艺术构图的基本原则,提出不同的总体布局方案。对每个布局方案的各个系统分别进行分析、研究和比较。首先要抓住问题的主要矛盾,善于分析不同方案的特点,一般是对影响规划布局起关键作用的问题,提出多种可行的规划方案;其次是必须从实际出发,设想的方案应该是多种多样的,但真正实施的方案必须是符合实际的。此外,编制规划方案时,考虑问题的面要广,解决问题要足够深入,做到粗中有细,粗细结合。

一般来讲,新村镇的规划布局由于受现状条件的限制较少,通过各种不同的规划构思,分别采取不同的立足点和解决问题的条件与措施,可以作出不同的规划方案。

对于原有的村镇,需要充分考虑现状条件的影响,从实际出发,针对主要问题提出多种规划方案。

(二)综合评定方案

方案比较是一项复杂的工作,每个方案都有各自的特点。通常评定方案时需要考虑和比较的内容有下列几项:村镇形态和发展方向;道路系统,工业用地、居住用地的选择;商业、行政、体育中心的选择;公园绿化系统;农业、生产用地的布局等。

在进行方案比较时,应从各种各样的条件中,抓住能起主要作用的因素。一般而言,把占地多少、特别是占用耕地的情况作为评定方案的重要条件之一。由于各村镇的具体条件不同,应根据具体情况区别对待。此外,近期建设投资是否经济,收效是否显著也具有同样重要的意义。

进行方案比较时必须从整体利益出发,全面考虑问题,对规划方案既要看到它有利的一面,也要看到它不利的一面,以免在规划布局上造成无法弥补的损失。随着规划工作的深入,还要进一步从生态、经济、空间结构、功能运转、应变能力等方面进行比较。

第四节　镇区近期建设规划[❶]

一、镇区近期建设规划的意义和内容要求

近期建设规划是镇区总体规划的重要组成部分,是镇区近期建设项目安排的依据,是落实镇区总体规划的重要步骤。

(一)镇区近期建设规划的基本任务

明确近期内实施镇区总体规划的发展重点和建设时序;确定镇区近期发展方向、规模和空间布局,安排镇区重要基础设施和公共设施、生态环境建设,提出自然遗产与历史文化遗产保护的措施。

(二)镇区近期建设规划的编制原则

(1)处理好近期建设与长远发展、经济发展与资源环境条件的关系,注重生态环境与历史文化遗产的保护,实施可持续发展战略。

(2)与镇区国民经济和社会发展计划相协调,符合资源、环境、财力的实际条件,并适应市场经济的发展要求。

(3)坚持为最广大人民群众服务,维护公共利益,完善镇区综合服务功能,改善人居环境。

(4)严格依据镇区总体规划,不得违背镇区总体规划的强制性内容。

(三)镇区近期建设规划的期限

近期建设规划的期限为 3～5 年。

镇区人民政府可依据近期建设规划,制定年度的规划实施方案,并组织实施。

---

❶　中华人民共和国建设部. 村镇规划编制办法(试行). 2000.2.14。

(四)镇区近期建设规划的主要内容

(1)编制近期建设规划之前,应当对镇区总体规划和上一轮近期建设规划的实施情况进行总结,论证近期内镇区国民经济和社会发展条件,确定镇区近期发展目标。

(2)确定重点发展的项目,确定近期资源开发和生态环境、历史文化遗产保护的对策和措施,确定近期内重大基础设施的布局和建设时序。

(3)提出近期内镇区人口及建设用地的发展规模,调整和优化用地结构,确定镇区建设用地的发展方向、空间布局和功能分区:

1)提出近期镇区重点发展区域及开发时序,确定市(城)区的发展规模;

2)确定近期新增建设用地和存量土地的数量、新建项目占用土地情况、相应的用地空间分布的范围和面积,列出用地平衡表;

3)提出近期内各功能分区用地调整的重点,将镇区用地结构调整与经济结构调整、产业层次升级结合起来,合理安排各类镇区建设用地;

4)综合部署近期建设规划确定的各类项目用地,重点安排镇区基础设施、公共服务设施等。

(4)提出重要基础设施和公共服务设施的建设安排:

1)确定近期内将形成的对外交通系统布局以及将开工建设的主要交通设施的规模、位置;

2)确定近期内将形成的镇区道路交通综合网络以及将开工建设的主、次干道的走向、断面,主要交叉口形式,主要广场的位置、容量;

3)综合协调并确定近期镇区供水、排水、防洪、供电、通讯、燃气、供热、消防等设施的发展目标和总体布局,确定将开工建设的基础设施的位置和用地范围;

4)确定近期将建设的公益性文化、教育、体育等公共服务设施的位置和用地范围。

(5)提出近期镇区河流水系的治理目标、园林绿地系统的发展目标和总体布局。

(6)提出近期历史文化遗产保护、自然遗产保护、生态环境保护、防灾减灾等方面的规划目标以及相应的实施措施。

(7)结合本地区的资源、环境和财力的实际状况,进行综合技术经济论证,提出规划实施的步骤、措施、方法与建议。

二、近期建设规划的时序安排

目前村镇建设时序混乱,基础设施严重不足,道路、供水、排水、供热等基础设施严重短缺。先盖房后修路、再修下水道的错误建设时序,造成污水横流,建筑垃圾遍地,农田大量被占用,村镇的生活环境质量持续下降。

近期建设规划的时序安排应根据村镇的具体情况进行合理安排,具体可从下列几个方面考虑:

(1)对村镇空间布局有重要影响的基础设施或建设项目;

(2)关系到村民切身利益或能立竿见影的改善村民生活质量的基础设施或建设项目;

(3)有利于村镇经济结构调整、产业层次升级,形成村镇建设与村镇经济互动发展的建设项目或基础设施投入;

(4)历史文化遗产、自然遗产等不可再生资源面临较严重破坏或地质、自然灾害已威胁到村民生命或财产安全的情况,也可优先考虑。

第五章　村庄建设规划

第一节　村庄建设规划的依据、内容和规划期限

根据 1993 年 6 月 29 日国务院颁布的《村庄和集镇规划建设管理条例》以及当地的经济发展水平、现有建设基础、自然地理环境、人文习俗等多种因素,村庄建设规划应当在村庄总体规划指导下,具体安排村庄的各项建设。

2003 年 10 月,党的十六届三中全会明确提出完善社会主义市场经济体制所要坚持的"五个统筹",即统筹城乡发展、统筹区域发展、统筹经济社会发展、统筹人与自然和谐发展、统筹国内发展和对外开放。这是从一个更为突出的高度为解决我国经济发展面临的诸多现实问题提供战略构想,可以看出解决区域发展问题、构建和谐的区域经济关系仍然是当前经济发展战略安排的重点。在统筹城乡发展方面,要认识到我国的现代化与西方的不同。我们是要实现社会主义现代化,要考虑人民的共同富裕,考虑缩小收入分配的差距。我国的经济结构是二元经济结构,城市和农村在经济发展水平、经济活动模式、经济运行方式等方面都有明显的差别。这种二元经济结构是历史遗留下来的。据统计,2005 年城市人均收入大约是农村人均收入的三倍,城市人口的购买力大约是农村人口的四倍,城市人口享有的社会保障、文化教育等社会服务都比农村要好得多。这种二元经济结构若得不到妥善解决,就难以缩小贫富差距,难以实现共同富裕和社会的公平公正,工业和城市的发展也将难以持续,最终会影响整个国家的发展。为此一定要坚定不移地采取有效措施,逐步解决好"三农"(农业、农村和农民)问题,使二元经济结构归一化。实现"五个统筹"必须从我国的实际出发,加强制度建设,制度包括体制和机制两个方面❶。体制是指系统在某一时间点所处的状态和结构,机制则是指系统演化的过程和动因。体制和机制二者是相互依存的,体制是演化的出发点和结果,机制则是演化的路径。应当认识到,社会、历史、政治、心理、文化等因素在社会经济生活中起着巨大的作用,经济体系的组织与控制问题,要比资源配置、收入分配以及收入产量和物价等水平更为重要。例如在制定和执行有关"三农"的政策时,应当考虑到以农户为基本单位、以个体所有制为基础、生产规模很小、生产条件简单、自给自足与商品交换并存、依恋土地并重视亲友关系的小农经济还在我国农村中占主要地位,要从体制和机制两方面采取有效的措施,促进农业发展、农民增收和农村稳定。

党的十六届五中全会提出了建设社会主义新农村的重大战略任务,并将其作为我国"十一五"规划的重要内容之一。要求全面落实科学发展观,统筹城乡经济社会发展,按照"生产发展、生活宽裕、乡风文明、村容整洁、管理民主"的要求,协调推进社会主义新农村建设。在此背景和形式下,对社会主义新农村建设相关问题进行分析研究,探索推进我国社会主义新农村建设健康发展之路,加快新农村的建设也是我国各级政府近年来的重要政策和工作之一。

---

❶　陈锡文．建设社会主义新农村关键是要建五大机制。

170

科学的规划是农村协调、可持续发展的重要手段。协调、可持续发展是新农村建设的重要内容,以科学的发展观为指导,促进经济、社会、环境、人口、资源相互协调和共同发展,既满足当代人的需求,又不影响后代人发展的可持续发展战略,其核心就是人与环境、人与资源的和谐平衡问题,把规划作为一种重要的手段来协调这几种关系,对保证新农村建设健康发展十分重要❶。

村庄建设规划的主要内容,可以根据本地区经济发展水平,参照集镇建设规划的编制内容,主要对住宅、供水、供电、道路、绿化、环境卫生以及生产配套设施作出具体安排。

具体规划期限由省、自治区、直辖市人民政府根据本地区实际情况规定,近期建设规划一般为 3~5 年。

第二节　农宅院落的布置形式

一、农宅的组成

村民住宅一般包括三大部分:居住部分、辅助设施、院落。

(一)居住部分

包括堂屋、卧室、厨房。

(1)堂屋。堂屋是整个家庭起居的中心,它肩负着迎来送往、接待亲友、家庭团聚、从事必要的农副业加工等多种功能。因此,堂屋的面积不宜太小,以 $18m^2$ 左右为宜。要求光线明亮,通风良好。

(2)卧室。卧室是供睡眠和休息的场所。农村住宅卧室一般围绕堂屋布置,卧室大小搭配,以利合理分居。平面布置要紧凑合理。尽量避免互相穿套。面积以每室 $7~14m^2$ 为宜。

(3)厨房。厨房主要是满足烧饭做菜、家畜饲料蒸煮加工以及贮藏杂物和柴草之用,一般面积约 $6~12m^2$。

(二)辅助设施

包括厕所、禽畜舍、围墙门楼、沼气池、杂屋等。这些设施都是居民生活和家庭副业生产所必需的,应当合理地布置,进一步改善居住环境。辅助设施的布局要和各地的生活习惯、气候地理条件、节约用地原则相适应,综合考虑。

(1)厕所。我国农村各地生活习惯不同,住宅厕所布置与设备也不相同。如南方习惯用马桶,北方多设茅坑。但总的布置原则,应有利卫生、积肥,便于使用。根据目前条件,农村一般多为茅坑,但要加强卫生管理,并防止污染水源。设有自来水用户要考虑洗、便、浴的设备,并可放置洗衣机。

(2)禽畜圈舍。养猪、羊、鸡、鸭,是农民主要的家庭副业,禽畜圈要求一年四季都要照到阳光,并且要与居室有适当隔离,一般应设在后院或靠近院墙和大门的一侧。

(3)沼气池。推广使用沼气池为解决我国广大农村的燃料问题开辟了一条新途径。同时还扩大了肥源,改善了农村住宅与环境卫生。院落设沼气池时,尽量和厕所、猪圈结合在一起

---

❶ 乔海龙. 城郊新农村规划应统筹好四个关系。

布置修建,要靠近厨房,选土质好、地下水位低的位置。

(三)院落

村庄住宅中一般多设院落,在院落中饲养畜禽、堆放柴草,存放农具和设置村民住宅辅助设施,是进行家庭副业的场所,也是种树、种花、种菜的地方。

二、院落的基本形式

我国农村住宅的院落布置形式较多,由于各地自然地理条件、气候条件、生活习惯相差较大,因此,合理选择院落形式,主要应从当地生活特点和习惯去考虑。一般分为四种形式(图5-1):

(1)前院式(南院式)。院落一般布置在南向,优点是避风向阳,适宜家禽、家禽饲养。缺点是生活院与杂物院混在一起,环境卫生条件较差。一般北方地区采用较多,如图5-1(a)所示。

(2)后院式。院落布置在住房的北向,优点是住房朝向好,院落隐蔽、荫凉,适宜炎热地区进行家庭副业生产,前后交通方便。缺点是住房易受室外干扰。一般南方地区采用较多,如图5-1(b)所示。

(3)前后院式。院落被住房分割为前后两部分,形成生活和杂物活动的场所。南向院子多为生活院子,北向院子为杂物和饲养场所。优点是功能分区明确,使用方便,清洁、卫生、安静。一般在宅基宽度较窄、进深较长的住宅平面布置中使用,如图5-1(c)所示。

(4)侧院式。院落被分割成两部分,即生活和杂物院,一般分别设在住房前面和一侧,构成分割又连通的空间。优点是功能分区明确,如图5-1(d)所示。

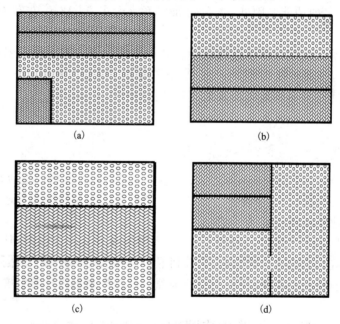

图 5-1 院落布置形式
(a)前院式;(b)后院式;(c)前后院式;(d)侧院式

三、农宅的拼接

一个宅院为一户,每户宅院,在其平面上有四个面(一般为正方形或矩形)与外界相联系。

院落的拼接与组合灵活多样,归纳起来有以下几种基本情况:

(1)独立式(图5-2)。独立式院落是指独门、独户、独院,不与其他建筑相连。这种形式的特点是:居住环境安静、户外干扰小;建筑四周临空、平面组合灵活,朝向、通风采光好;房屋前后及两侧均朝向院落,可根据生活和家庭副业的不同要求进行布置。独院式住宅的缺点是:占地面积大,建筑墙体多,公用设施投资高。

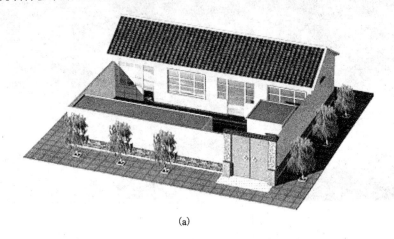

(a)

(b)

图5-2 独立式院落❶

(2)两院落并联式(图5-3)。并联式是指两栋建筑并连在一起,两户共用一面山墙。并联式建筑物三面临空,平面组合比较灵活,朝向、通风、采光也比较好,用地和造价较独院式经济一些。

(3)多宅院联排式(图5-4)。联排式是指将三户以上的住宅建筑进行拼联。拼联不宜过多,否则建筑物过长,前后交通迂回,干扰较大,通风也受影响,且不利于防火。一般来说,建筑物的长度以不超过50m为宜。

---

❶ 资料来源:河北建筑工程学院建筑设计研究院。

图 5-3　两院落并联式❶

图 5-4　多宅院联排式❷

四、住宅设计

(一)住宅规划设计原则

住宅应以双拼式、联排式为主,积极引导公寓式住宅建设。住宅组团应避免单一、呆板的布局方式。应结合地形,灵活布局,空间围合丰富,户型设计多样。住宅设计应遵循适用、经济、安全、美观、节能的原则,积极推广节能、绿色环保建筑材料,并符合工程质量要求。住宅建筑风格应适合农村特点,体现地方特色。对具有传统建筑风貌和历史文化价值的住宅或祠堂等应进行重点保护和修缮。

(二)住宅建设标准

宅基地标准应符合国家和地方的有关规定。日照间距标准可参照市(县、区)城市规划行政主管部门的有关标准。住宅层高一般不宜超过3m,其中底层层高可酌情增加。住宅建筑密度与容积率应根据具体情况作适当限定。

(三)住宅平面设计

平面功能应方便农民生活,布局合理。各功能空间应减少干扰,分区明确,实现"三分离":寝居分离、食寝分离、净污分离。为住户提供适宜的室外生活空间。

(四)住宅立面设计

立面应统一协调,突出地方特色。外墙材料立足于就地取材,因材设计。色彩应与地方环境协调,体现乡土气息。

(五)住宅规划布局要求

住宅规划布局要求如表5-1所示。

表5-1　不同地形住宅的规划布局要求

山地丘陵地形	滨水地形	平原地形
①应选择向阳的南、东南、西南向坡面; ②必须避开滑坡、冲沟地带; ③地形坡度宜在25%以内; ④宜选择通风好的坡面; ⑤建筑群体的组合应适应地形的变化,布置形式灵活多样,宜形成随地形陡缓曲直而变化的自由式和行列式布局; ⑥住宅建筑结合地形,形式多样。平面布置上,建筑布置可采用垂直或平行等高线等方法。竖向处理上可采用如筑台、错层、叠落、分层入口等手法	①需要恰当处理河网与道路的关系。道路宜平行或垂直于河流走向,使住区用地比较完整; ②在住宅建筑群体的组合及其环境布置应该结合水体环境进行规划和建设; ③保障住宅区的防洪安全; ④注意解决通航河道的噪声对住宅区的干扰	受限制和影响的条件较少,住宅设计及其群体的布局可结合当地的实际情况,灵活多样

第三节　村庄道路规划设计

村庄道路是联系村庄各组成部分的网络,是整个村庄的骨架,形成村庄的用地结构及空间格局。它不仅担负着解决交通运输的任务,还对于村庄通风、采光、日照、排水、建筑布置、水电系统的布局、防灾、风貌特征等方面,都有重要作用。因此,在村庄道路规划中应根据交通流量及交通流向的分布特征,结合村庄的自然条件和用地划分,考虑经济发展水平,组成经济合理的道路系统❶。

一、村庄交通的特点

村庄道路交通是村庄道路规划、设计的重要依据。在规划设计道路时,需要研究其交通特点,认识掌握其规律,为村庄道路设计提供可靠的科学依据。村庄道路交通的主要特点有:

(1)交通工具类型多,步行交通量大。村庄道路上的交通工具主要有各种类型的客、货运车辆、农用车(如拖拉机、农用三轮车等)、摩托车、自行车、三轮车、板车、畜力车等,这些车辆的车型、车速差别大,在道路上混合行驶,相互干扰大,对行车和安全均不利。村庄居民外出除使用自行车和摩托车外,大部分为步行,这更加造成了交通的混乱。

(2)道路建设相对滞后,质量差。由于历史原因,村庄道路大部分是自然形成的,或虽有规划指导,但规划本身缺乏科学性,导致道路建设缺乏系统性;道路性质、等级不明确;道路断面不合理;技术标准低;路面等级较低。

(3)交通流量、流向不稳定。随着农村经济社会的发展,产业结构的优化、人口职业的转变,使村庄中的交通流量和流向随时间变化很大。

(4)交通管理和交通设施不健全。村庄中交通管理人员缺乏,管理设施不健全,交通标志、交通指挥信号等设施缺乏,造成道路交通混乱。

(5)车辆增长快、交通发展迅速。随着社会主义新农村建设步伐的加快,村庄经济繁荣,车流、人流发展迅速,对现有村庄道路系统及其发展提出了更高的要求。

二、村庄道路规划设计

(一)村庄道路系统规划的基本要求

(1)满足各类车辆及行人交通的要求。
(2)满足村庄用地布局的要求。
(3)满足村庄环境与景观的要求。
(4)满足各种工程管线布置的要求。
(5)考虑防灾的要求。

(二)道路系统的形式

1. 方格式(棋盘式)

这种形式的特点是:道路基本呈直线,道路交叉点多为直角,划分用地整齐,有利于建筑物的布置和识别方向;交通组织也比较机动灵活,道路定线较方便。在我国平原地区的集镇多采用这种道路方式。缺点是对角线方向的交通不便,布局也较呆板,如图5-5所示。

2. 放射式

由放射道路和环形道路组成,如图5-6所示。放射道路主要承担对外交通联系任务,环形

---

❶ 徐循初．城市道路与交通规划。

道路主要联系村庄各分区。这种道路系统多由村庄的公共中心作为放射道路的中心。优点是能充分利用原有道路,有利于旧镇与新镇区的连接,交通直捷、通畅;缺点是如果规划不妥,在中心地区易引起机动车交通集中,交通的灵活性不如方格网好。另外,道路的交叉形成很多钝角与锐角,出现街坊用地不规整,不利于建筑物的布置。

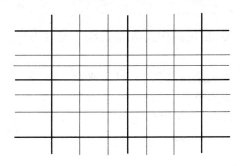

图 5-5　方格网式路网示意

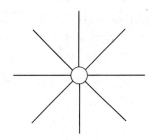

图 5-6　放射式路网示意

由于村庄规模不大,从中心到各地段的距离较小。因此,一般说来,没有必要采取纯放射式道路系统。

3. 自由式

这种形式多用于山区、丘陵地带和地形多变的地区,或迁就地形而形成。如图 5-7 所示,其形式多变,无一定的几何图形。由于它能较好地结合自然地形,可减少土方工程量和修建道路的投资,并能增加自然景观效果,组成生活活泼的街景。但道路曲度系数大,不规则的居住街坊多,用地较分散,对组织以居住街坊为基本构成的生活居住区极为不利。

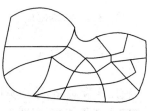

图 5-7　自由式路网示意

4. 混合式

混合式道路系统是结合用地条件,采用两种或两种以上道路形式组合而成。因此,它具有前述几种形式的优点,在村庄规划中,因受各种条件的限制(如地形变化),不能单纯采用某一种形式,而是因地制宜地采用混合式道路系统。故它比较灵活,对地形也有较大的适应性,如图 5-8 所示。

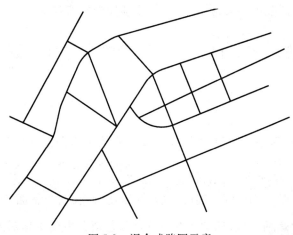

图 5-8　混合式路网示意

（三）道路技术设计

（1）远期交通量预测。

（2）道路横断面设计。

（3）道路线形设计及纵断面设计。

道路线形设计应平滑、柔顺,线形实用、优美,尽量减少土方量工程并避开不良地质地段。纵断面综合设计应考虑以下因素:

1）线形平顺,保证行车安全、迅速。一般要求路线转折少,纵坡平缓,在转折处尽可能以较大半径的竖曲线衔接,以满足行车视距与舒适的要求;

2）与相交的道路、街坊、广场以及沿街建筑物的出入口等处有平顺的衔接;

3）在保证路基稳定、工程经济的条件下,力求设计线与地面线相接近,以减少路基土石方工程量,并最少地破坏自然地理因素的平衡;

4）应保证路面及道路两侧街坊雨水的排除,道路应有适当纵坡,道路侧石顶面一般宜低于沿街建筑物的地坪高,多雨区更应如此;

5）道路设计线要为城市各种地下管线的埋设提供有利条件;

6）综合平面设计线形,妥善分析、确定各竖向控制点的设计标高。

（四）村庄道路设施

1. 道路等级与宽度

村庄主要道路:路面宽度 10～14m;建筑控制线 14～20m。

村庄次要道路:路面宽度 6～8m;建筑控制线 10～12m。

宅间道路:路面宽度 3～5m。

村庄主、次道路的间距宜在 120～300m。

根据村庄的规模,选择相应的道路等级系统。充分考虑机动车停车方式和今后发展的需要。

2. 停车场

住宅建筑停车按每户一个停车位的标准适当配置。多层公寓住宅停车场地宜集中布置,低层住宅停车可结合宅、院设置。公共建筑停车场地应选择车流集中的场所统一安排。

第四节　村庄的公用设施和工程规划

一、公共设施

（一）公共设施分类

公益型公共设施:行政管理、文化、教育、科技、医疗卫生、体育等公共设施。

商业服务型公共设施:日用百货、集市贸易、娱乐场所、农副产品加工点等公共设施。

（二）公共设施布置原则

公共设施的配套水平按国家标准和地方有关规定执行,应与村庄人口规模相适应,并与村庄住宅同步规划、建设和使用。

公益型公共设施宜集中布置,形成村庄公共活动中心。在方便使用、综合经营、互不干扰的前提下,可采用综合楼或组合体。应在村庄公共设施中心或村口布置公共活动场地,满足村民活动的需求。中、小学应结合县、区教育部门有关规划进行合理布局。

二、基础设施

(一)道路交通规划

农村道路交通规划应本着道路等级清晰、功能明确,路网成系统;交通组织安全有序的原则进行。

(二)给水工程规划

给水工程规划包括用水量预测、水质标准、供水水源、供水方式、水压要求、输配水管网布置等。用水量包括生活、消防、浇洒道路和绿化、管网漏水量和未预见水量。综合用水指标选取近期为 $100 \sim 200 L/$(人·d);远期为 $150 \sim 250 L/$(人·d)。水质符合现行饮用水卫生标准。供水水源与区域供水、农村改水相衔接。鼓励城镇供水设施向村庄延伸。输配水管网的布置应与道路规划相结合。给水干管不利点的最小服务水头,单层建筑物可按 $5 \sim 10m$ 计算,建筑物每加一层应增压 3m。在水量保证的情况下,可充分利用自然水体作为村庄消防用水。也可结合村庄配水管网安排消防用水或设置消防水池。

(三)排水工程规划

排水工程规划包括确定排水体制、排水量预测、排放标准、排水系统布置、污水处理方式等。排水量应包括污水量、雨水量。污水量主要指生活污水量。

污水量按生活用水量的 75% ~ 90% 计算。雨水量参考所在城市的暴雨强度公式计算。村庄排水体制一般采用合流制,有条件地区可采用分流制。污水排放前,应采用化粪池、生活污水净化沼气池等方法进行处理。有条件地区可设置一体化污水处理设施、污水资源化处理设施、高效生态绿地污水处理设施进行污水处理。布置排水管渠时,雨水应充分利用地面径流和沟渠排放;污水应通过管道或暗渠排放,雨水管、污水管、渠应按重力流设计。

(四)供电工程规划

供电工程规划包括确定用电指标,预测用电负荷水平,确定供电电源点的位置、主变容量、电压等级及供电范围;确定村庄的配电电压等级、层次及配网等接线方式,预留 10kV 变配电站的位置,确定规模容量。供电电源的确定和变电站站址的选择应以乡镇供电规划为依据,并符合建站条件,要求线路进出方便和接近负荷中心。确定中低压主干电力线路敷设方式、线路走向及位置。配电设施应保障村庄道路照明、公共设施照明和夜间应急照明的需求。

(五)电信工程规划

电信工程规划包括:确定固定电话主线需求量及移动电话用户数量;结合周边电信交换中

心的位置及主干光缆的走向,确定村庄光缆接入模块点的位置及交换设备容量;预留邮政服务网点的位置;依据移动通信基站服务半径的要求预留建设移动基站的位置;电信设施的布点结合公共服务设施统一规划预留,相对集中建设;确定镇—村主干通信线路的敷设方式、具体走向、位置;确定村庄内通信管道的走向、管位、管孔数、管材等。

(六)广电工程规划

有线电视、广播网络根据村庄建设的要求应尽量全面覆盖,其管线应逐步采用地下管道敷设方式。有线广播电视管线原则上与村庄通信管道统一规划、联合建设。村庄道路规划建设时应安排广电通道位置。

(七)能源利用规划

保护农村生态环境、大力推广节能新技术,积极推广沼气使用、太阳能利用、秸秆制气等再生型、清洁型能源。

(八)环境卫生设施规划

确定生活垃圾处理方式和中转站位置、容量。鼓励农户利用产生的有机垃圾作为有机肥料,实行有机垃圾资源化。村庄应指定专人定期清扫、收集垃圾,运送至垃圾处理设施集中处置。村庄不专门设置垃圾无害化处理设施。推广水冲式卫生公厕。村庄公共厕所的服务半径一般为300m,垃圾收集点的服务半径一般不超过70m。

三、竖向规划

村庄的竖向规划包括地形、地貌的利用,确定道路控制高程、建筑室外地坪规划标高等内容。竖向规划应符合下列要求:
(1)合理利用地形地貌,减少土方工作量;
(2)满足排水管沟的设置要求;
(3)有利于建筑布置与空间环境的设计;
(4)当自然地形坡度大于8%,村庄地面连接形式宜选用台地式,台地之间应用挡土墙或护坡连接;
(5)建筑场地标高应与道路标高相协调,高于或等于邻近道路的中心标高。

四、防灾规划

(1)消防规划。村庄按规范设置消防通道,主要建筑物、公共场所应设置消防设施。
(2)防洪规划。按照20年一遇以上标准,安排各类防洪工程设施。
(3)地质灾害防治规划。提出地质灾害预防和治理措施。
(4)地震灾害防治规划。根据地震设防标准与防御目标,提出相应的规划措施和工程抗震措施。

第五节　村庄总体布局[●]

一、村庄基本结构模式

(一)集中式布局

(1)布局特点。组织结构简单,内部用地和设施联系使用方便,节约土地,便于基础设施建设,节省投资。

(2)适用范围。平原地区特别是人均耕地面积较少的村庄;现状建设比较集中的村庄。

集中式布局常用形式如图5-9所示。

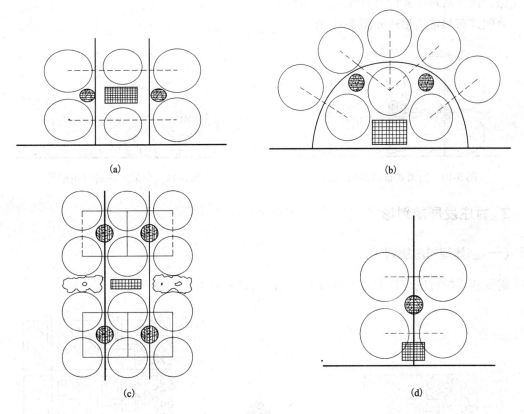

图5-9　集中式村庄布局模式

(a)成带形布局形式;(b)成半放射形布局形式;(c)成多中心布局形式;(d)成组团布局形式

(二)组团式布局

由两片或两片以上相对独立建设用地组成的村庄,多采用自由式布局形式。

(1)布局特点。因地制宜,与现状地形或村庄形态结合,较好地保持原有社会组织结构,

减少拆迁和搬迁村民数量,减少对自然环境的破坏;土地利用率较低,公共设施、基础设施配套费较高,使用不方便。

（2）适用范围。地形相对复杂的山地丘陵、滨水地区;现状建设比较分散或由多个自然村组成的村庄;规模村庄较大或多个行政村联成一体的区域。

组团式布局常用形式如图5-10所示。

（三）分散式布局

由若干规模较小的居住组群组成的村庄。

（1）布局特点。结构松散,无明显中心区,易于和现状地形结合,有利于环境景观保护;土地利用率低,基础设施配套难度大。

（2）适用范围。土地面积大、地形复杂,适宜建设用地规模较小的山区;风景名胜区、历史文化保护区等对村庄建设有特殊要求的区域。

分散式布局常用形式如图5-11所示。

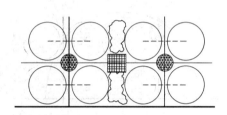

图5-10　组团式布局常用形式

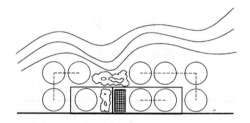

图5-11　分散式布局常用形式

二、村庄发展规划形式

（一）新建型村庄规划

需要新建的村庄应首先考虑向城镇、集镇、行政村迁并。如图5-12所示。

图5-12　新建型村庄规划模式(一)

需要选择新址的村庄,在区域统一规划的基础上,宜选择用地条件较好、交通便捷、基础设施较完善的地方集中建设,应避开易受自然灾害影响的地段及自然保护区、有开采价值的地下资源和地下采空区,如图5-13所示。

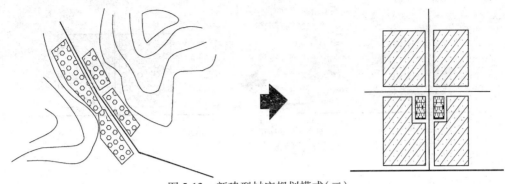

图 5-13 新建型村庄规划模式(二)

(二)改建、扩建型村庄规划

改建和扩建村庄的选择原则:①现有一定的建设规模(不低于 70 户);②便于组织现代农业生产;③具有较好的或便于形成的对外交通条件;④拥有值得保护、利用的自然资源或文化资源;⑤具有一定的基础配套设施,并可以实施更新改造;⑥村庄周边用地能够满足改建、扩建需求。

1. 四周扩展模式

通过总体规划控制,进行有序的建设,如图 5-14 所示。

2. 临高等级公路扩展模式

村庄建设用地应避免铁路、重要公路和高压输电线路穿越,避免沿路展开布局;汽车专用公路,一般公路中的二、三级公路,不应从村内部穿过;对于已在公路两侧形成的村,应进行调整,如图 5-15 所示。

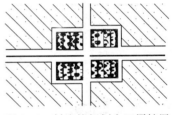

图 5-14 村庄按规划向四周扩展

3. 滨河扩展模式

滨河两侧的村庄可考虑先重点建设条件好的一侧,如图 5-16 所示。

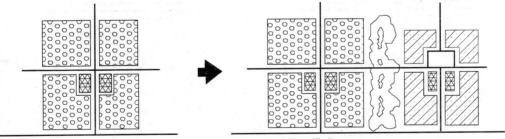

图 5-15 临高等级公路扩展模式

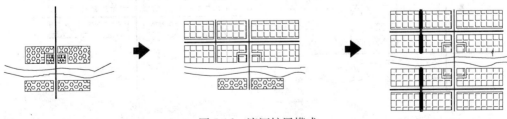

图 5-16 滨河扩展模式

4. 临旧村建新村的模式

临旧村建新村模式如图 5-17 所示。

图 5-17 临旧村建新村模式

（1）公共设施布局

公共设施布局模式如图 5-18 所示。

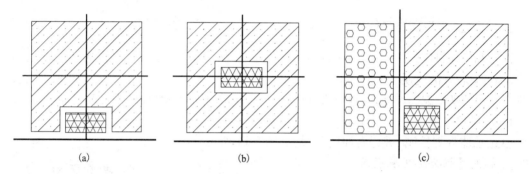

图 5-18 公共设施布局模式
（a）公共设施布置于村庄主要出入口处；（b）公共设施布置于村庄中心位置；
（c）公共设施布置于新旧村结合处

（2）公建布局

公共建筑的布局模式如图 5-19 所示。

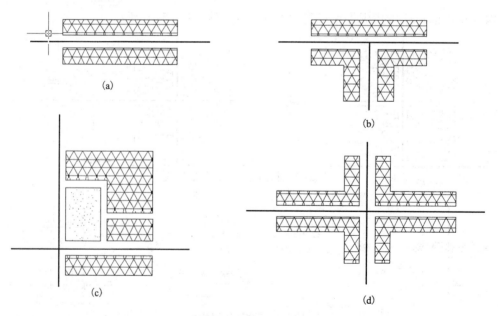

图 5-19 公建的布局模式
（a）公建沿街一字形布置；（b）公建沿街 T 字形布置；（c）公建环广场、绿地周边布置；
（d）公建沿村庄主要道路布置

第六节 村庄建设规划的成果及编制程序

一、村庄建设规划的成果要求

村庄建设规划的成果主要包括规划说明书和图纸两部分。

(一)规划说明书

根据村庄建设类型划分为改造扩建型、保护型、新建型三类,不同类型村庄可按下列规划成果要求对规划内容进行适当的增减。

(1)前言。规划工作背景与过程简述,委托单位,规划范围与目标,规划组织,需要解决的主要问题。

(2)概述:

1)现状自然与经济社会条件。包括:地理位置,人口与面积,与周围村镇、城市的关系,地形地貌,工程地质与水文地质,风景旅游资源,历史文化遗产与民俗风情,村庄发展过程,现状经济结构与发展水平,村庄组织情况,村庄住宅建设情况等。

2)主要问题。包括:用地布局与功能分区、规划设计与建设管理、建筑形式与村民住宅、基础设施、公共设施、环境卫生与村容村貌、对外交通联系等方面的主要问题。

(3)规划总则:

1)规划依据、规划指导思想和原则、规划目标及规划范围。

2)人口与用地发展指标选择和规模预测。

(4)村庄建设条件评价:

1)村庄建设环境与场地分析。分析村庄自然环境条件、建设条件,确定编制规划的主要制约因素,对可能产生的影响进行评估。

2)村庄建设用地的评定。建设用地选择。

3)村庄建筑质量评价。确定保护、保留、整治、改造的建筑。

(5)总体构想与用地布局。对居住建筑用地、公共建筑用地、道路广场用地、绿化用地、公用工程设施用地等进行合理布局。

(6)公共服务设施规划。按照《村镇规划标准》(GB 50188—93)和各省、市有关规定,乡镇总体规划等要求,确定公共服务设施项目、规模及用地安排。

(7)基础设施规划。包括以下内容:

1)道路交通。确定道路交通系统,道路走向、红线宽度、断面形式、控制点坐标及标高;交叉口形式和用地范围;广场、停车场位置和用地范围。

2)给水排水。确定用水指标,预测生产、生活用水量,确定水源、水质要求,配水设施位置、规模等,确定供水管线走向、管径;预测污水量,确定污水排放体制,污水处理设施工艺等,确定排水管渠走向、管径等。

3)供电电信。确定用电指标,预测用电负荷水平,确定供电电源点的位置、主变容量、电压等级及供电范围;确定固定电话主线需求量及移动电话用户数量;结合周边电信交换中心的位置及交换设备容量等。

4)广电。有线电视、广播网络根据村庄建设的要求应尽量全面覆盖,有线广播电视管线与村庄通信管道应统一规划、联合建设。结合村庄道路规划考虑广电通道位置。

5）环境保护与环卫设施。确定村庄生活垃圾处理方式和去向，中转站位置、容量；按照标准设置废物筒、公共厕所、垃圾收集点。

6）防灾减灾。村庄和主要建筑物、公共场所按规范设置消防通道、消防设施；防洪设施达到20年一遇以上标准，安排各类防洪工程设施措施；提出地质灾害预防和治理措施；提出地震灾害防治的规划与建设措施。

7）竖向规划。根据地形、地貌，结合道路规划、排水规划，确定建设用地竖向设计标高；标明道路交叉点、变坡点坐标与控制标高，室外地坪规划标高。

（8）景观环境规划。

（9）对规划保留村庄的整治方案。

（10）住宅、主要公共建筑的标准。

（11）工程量及投资估算。对规划所需的工程规模、投资额进行估算，对资金来源作出分析。主要公共建筑和绿化、广场工程等所需投资应单独列出。

（二）规划图纸

（1）村庄现状及位置图。村庄现状图比例为1/500～1/1000，标明地形地貌、道路、工程管线及各类现状建筑；确定各类用地性质及范围。另在村庄现状图的空白处或单独另图标明村庄在乡镇域的位置、所在行政村的范围以及和周围地区的关系，比例尺根据乡镇域范围大小而定。

（2）村庄规划总平面图。比例尺同上，标明规划建筑、绿地、道路广场、停车场、河湖水面等的位置和范围，确定各类用地性质、范围。

（3）村庄基础设施规划图。比例尺同上，标明道路的走向，红线位置，横断面，道路交叉点、变坡点的坐标、标高，室外地坪规划标高，停车场等交通设施用地界限；标明各类市政公用设施、环境卫生设施及管线的走向、管径、主要控制点标高以及有关设施和构筑物位置、规模。

（4）村庄整治规划图。对规划保留村庄要增加编制村庄整治规划图，比例尺同上。标明保留、整治改造、拆除、新建的建筑物和改造、新建道路、绿化、给水、排水、环境卫生等设施的位置、规模及管线的走向，并提出整治方案；明确沟、塘、渠等环境整治内容。对保护型村庄要明确保护范围和内容。

（5）其他。如主要建筑单体设计方案选型，有条件的还可增加村庄景观环境规划设计图、鸟瞰图。

二、村庄建设规划的编制程序

（1）确定规划区范围。应以村镇总体规划为依据，其规划范围应与在村镇总体规划中确定的范围一致。

（2）基础资料收集。编制村庄建设规划应对村庄的发展现状进行深入细致的调查研究，做好基础资料的收集、整理和分析工作。规划需收集以下基础资料：

1）乡（镇）总体规划、经济社会发展规划、土地利用总体规划和农田保护区规划图文资料；

2）用地现状情况（用地分类至小类）及分析；

3）现状人口和规划人口规模；

4）建筑物现状，包括房屋用途、产权、建筑面积、层数、建筑质量；

5）各类公共设施规模和分布；

6）基础设施及管网现状；

7）历史文化、文物古迹、建筑特色、风景名胜等资料；

8）工程地质、水文地质等资料；

9）村庄地形图,比例尺为 1/500～1/1000。

（3）分析研究以上基础资料。

（4）找出重点为题,研究解决办法,构思规划方案。

（5）进行多方案比较,选择最佳方案。

（6）汇报方案,广泛征集各方面意见。

（7）确定方案。

（8）绘制图纸。

（9）编写规划说明书。

第六章 旧村镇改造更新及古镇、古村落保护与开发[1]

我国目前的广大村镇大多数是在过去的小农经济条件下产生的,大部分村镇建设缺乏规划指导。这些村镇布点零乱、内部结构不合理,缺少公共服务设施与公用设施,严重地阻碍了农业机械化、现代化生产的发展,这些也同时成为改善农村面貌,提高农民生活条件的直接障碍,影响了社会主义新农村的建设和发展。因此,在广大农村面临大建设、大发展的新的历史时期,用村镇规划规范和引导旧村镇的建设,迅速地改善旧村镇的生产、生活条件是当前新农村建设的重要任务。

村镇建设分选址新建和原址改、扩建两种。在我国目前经济条件下,改建和扩建是适合我国国情的农村现代化建设战略。从近几年村镇建设的实际情况看,几乎90%以上都是改建和扩建。村镇的改建和扩建规划都是在原有旧村镇的基础上进行的,因此,必须合理利用旧村镇合理的、有用的部分,逐步改造、调整那些不合理的,影响居民生产和生活的部分,使之布局合理,协调和谐,各得其所。

此外,在中国广大农村,现在还有不少极具保护价值的古镇、古村落(以下统称为"古(镇)村落"),虽然它们大多并未列入文化遗产的保护名录,但依旧是民族文化的瑰宝,是中国传统文化发展的根基。加快社会主义新农村建设步伐,改善农民的生活条件,实现村容整洁,营造文明村风,必然要进行村容更新改造建设,这一步骤一般都会涉及对老旧建筑的更新、对古(镇)村落的改造。如何在建设改造的同时,保护村落的历史文脉,承接住对历史的记忆,是村镇规划工作者、村镇建设者和管理者应该思考的问题。

古(镇)村落不仅是宝贵的文化遗产,同时也是农村重要的发展资源,发挥其特有的资源优势,大力发展旅游业,是此类村镇经济发展和农民脱贫致富的重要途径。所以,在对古(镇)村落规划时,在考虑对古文化保护的同时,也应进行旅游资源开发利用规划。在古文化保护和资源开发中必然存在一定的矛盾,如何处理好两者的矛盾,是此类村镇规划成败的关键。

第一节 旧村镇建设存在的普遍性问题

历史上的村镇用地绝大多数选在交通方便、地势较高、地质良好、水源充足的地段上,依山傍水,环境优美,是比较理想的村镇用地。但是原有村镇受经济条件的影响和技术条件的限制,未进行过规划,它们是在小农经济基础上自发形成的,存在不少问题,不能满足农业现代化和生活水平提高的需要,迫切需要改造。旧村镇中普遍性的问题有如下几个方面:

---

[1] 本章主要参考文献:贾有源. 村镇规划. 第195-201页。

一、村镇规模小，分布分散、零乱

从我国广大农业区来看，村镇的分布往往相当分散和零乱，特别是在山区、丘陵地区尤为突出，三户一村、五户一屯，到处可见。导致这种情况的原因有两种：一是由于长期以来小农经济在农村中一直占主导地位，这种传统的小农经济是分散的经营方式，要求较小的耕作半径，所以形成了村镇分布广而规模小的特点。现在，虽然农村经济已有了较大的发展，生产方法也有了很大进步，但中国农民的保守性致使村镇的集中建设发展存在很强的滞后性，农村居民传统的分散建设思想很难转弯，从而使村镇难以建设发展；二是长期以来，村镇的建设发展都是自发的，缺乏合理、适用的村镇布点与发展建设规划，又缺少必要的建设管理，村镇建设有很大的盲目性，加之小农经济思想的严重影响，使这种盲目的村镇建设具有规模小而分散、零乱的特点。

二、村镇建筑布局混乱，密度不合理，用地浪费严重

长期以来，村镇建设缺乏必要的规划和管理。虽然近几年来有很大改善，但未能根本改变村镇建设布局混乱的状况，一方面是改造旧村镇存在很大困难，另一方面是由于近几年的村镇规划的管理存在着很大的欠缺。村镇布局混乱在集镇的建设上表现得比较明显，集镇各项建设用地未能统筹安排、合理地组织，功能布局极不合理，存在严重的相互干扰问题，生产与居住、工业与学校、过境交通与集镇内部交通混乱交织在一起，环境状况很糟糕，严重影响了集镇正常的生产和生活。此外，村庄也存在这些问题，但由于建设内容比较简单而反映得不十分明显。

村镇的建设也普遍存在着建筑密度不合理的问题。有的村镇住宅和其他一些建设项目的庭院面积过大，有的村镇用地分散零乱、毫无章法，造成建筑密度过低，严重地浪费了村镇用地，也加大了市政基础设施和公用服务设施的总投入；也有的村镇建筑密度过大，整个村镇除了密密麻麻的建筑物外，就只有很狭窄的通道，建筑物首尾相接，互为毗邻，既不符合防火要求，又给居民的户外活动带来很大困难。之所以出现这种状况，是由于长期以来村镇建设缺乏科学的规划和必要的管理。

另外，值得注意的是，村镇人口的变迁使得很多村庄内存在大量长期无人居住的闲置房屋和院落，而需要新建民宅时则由于宅基地地权的限制以及拆旧建新费用上的差异，或出于对交通便利程度的考虑，大多数村民选择申请新宅基地，新址建宅的方式。另一方面，宅基地的审批环节缺乏强有力的控制依据和控制办法，长期如此，不仅造成村镇建设占用大量耕地的问题，而且在全国范围内出现了大量的所谓"空心村"现象，造成了土地资源的极大浪费。

三、过境交通与村镇内部活动相互干扰

现有的旧村镇多数位于公路沿线。这些村镇最初是借公路发展，跨公路建设，把公路作为村镇内部的主要交通干道。在一些不太发达的村镇，所通过的公路等级较低，交通量又不大，村镇内部活动和过境交通的矛盾便不突出。但随着交通事业和村镇建设的发展，这个矛盾会越来越大，造成过境交通堵塞和对村镇安全的严重威胁。过境道路繁忙的交通在一定程度上割裂了村镇的整体功能，此外，过境交通道路的路面高度往往高于两侧村镇建设用地的标高，这就给整个村镇的排水系统的建设改造造成了很大的困难。这些问题目前在一些相对发达的村镇比较严重。一般说来，较发达的村镇，交通地位也相对比较重要，因而矛盾也比较突出。

四、基础设施简陋不全

旧村镇的建设水平普遍很低,很多村镇的建设实际上只是房屋建设,道路是自然形成的土路,路网的系统性相当差。给水多为井式,一些较差的村镇仍然取用地表水,如河流、池塘、湖泊;一些较好的村镇建设有标准较低的自来水、排水明渠。电讯设备落后,几乎没有道路照明系统和园林绿地设施。

基础设施简陋不全有两方面的原因:一方面各级行政部门特别是乡(镇)政府对村镇建设重视不够,对村镇建设与发展生产的关系认识不足,片面追求农业的产量和产值,严重影响了村镇建设;另一方面农业经济还比较落后,经济力量薄弱,除了用于扩大再生产和维持很低生活水平,很难有财力用于村镇建设,加之目前我国的建设投资基本上用于城市建设,使得村镇建设资金来源渠道窄而少。

五、村镇环境"脏"、"乱"、"差"

旧村镇大多缺乏统一规划、统一管理,村镇环境更是无人过问,缺乏综合治理。牲畜粪便、生活垃圾无人及时清理,厕所建设位置不当,农作物和柴草的随意堆积到处可见,不仅影响村容村貌的整洁,而且对公共卫生和村民的身体健康构成一定的威胁,也给居民的生产、生活带来很大的不良影响。

六、公共安全与防灾能力差

旧村镇建设水平低,房屋质量差,建设密度大,空地少,村内道路曲折而窄小,一旦发生震灾、火灾,给人员疏散和救灾造成困难。此外,还有部分村镇建设在洪水淹没区或地质灾害多发地带,防洪设施差,甚至没有,给人民群众的生命和财产安全留下隐患。

第二节 旧村镇改造的内容和原则

一、旧村镇改造的内容

旧村镇改造的内容应根据村镇的现状情况,包括该村镇及周围的经济水平、发展速度,现有建筑物的数量、质量、位置,街道网的质量等因素而定。由于各村镇的实际情况不同,故改建的内容、侧重点也就不同。一般来说,改建规划的任务包括以下几个方面:

(1)确定村镇的用地标准。包括人均建设用地标准、建设用地构成比例、人均各项建设用地标准,是否需要调整、如何调整;

(2)确定各项建筑物的数量和等级标准。如考虑长远利益和远景规划,哪些建筑因质量不好或位置不当而需拆除,哪些建筑物需要补充新建等;

(3)提出调整村镇布局的任务。如确定生产建筑用地、住宅建筑用地和公共建筑用地的范围界限,改变原来相互干扰的混杂现象,修改道路骨架,调整村镇功能布局,将村镇公共设施适当集中布置,形成村镇中心,方便村民的集中使用,也便于他们相互之间的交流;

(4)根据需要与可能,适当调整村镇用地,根据功能布局和村镇的发展方向,把村镇不规则的用地变为整齐、规则的用地,把破碎、零乱的村镇用地变为完整、紧凑的用地;

(5)根据改建规划的总体要求,改变某些建筑物的用途,调整某些建筑物的具体位置;

（6）分清轻重缓急，做出近期改建地段的规划方案，安排近期建设项目；

（7）根据现状条件，改善村镇环境，并逐步完善绿化系统，给水、排水和供电等公用设施。

二、旧村镇改造的原则

旧村镇改造是一项十分复杂的工作，既要照顾村镇现状条件，又要考虑远景发展；既要合理利用现有基础，又要改变村镇不合理的现象。因此，旧村镇改造的指导思想是很重要的，指导思想正确，改造就能顺利完成，指导思想"左"倾或"右"倾，都会适得其反，功亏一篑。

（一）规划要远近结合，建设要分期分批

旧村镇改造一方面要立足现状，从目前现实的可能性出发，拟定出近期改造的内容和具体项目；另一方面又要符合村镇建设的长远利益，体现出规划的意图，旧村镇改造要有详细的计划、周密的安排，并分期分批，逐步实现，保证整个改造过程的连续性和一贯性。

（二）改建规划要因地制宜，量力而行

旧村镇改造应本着因地制宜、量力而行的方针。在决定改建规划的方式、规模、速度时，应充分了解当地的实际情况，如村民的经济实力、经济来源、有无拆旧房盖新楼的愿望和能力。条件好的尽量盖楼房，条件差一些也可以先盖一层，待条件改善以后再盖楼房。在改建过程中应避免几种错误做法，一是大拆大建，不顾村民实际情况如何，强人所难，这样对村民的生活非常不利，也是难以实现的；二是不管实际情况如何、地形地貌如何、家庭构成如何、生产方式如何，强调千篇一律、千村一面，没有地方特色；三是过分迁就现状，只是简单地修修补补，规划缺乏远见，对村镇的长远建设和发展不具有指导意义。

（三）贯彻合理利用，逐步改善的原则

旧村镇改造应合理利用原有村镇的基础。凡属既不妨碍生产发展用地，又不妨碍交通、水利、居民生活的建设用地，且建筑质量比较好的，应给予保留，或按规划要求改建、改用；对近几年新建的住宅、公共建筑以及一些公用设施等尽量利用，并注意与整体布局相谐调。但是对那些破烂不堪，有碍村镇发展，有碍交通，且位置不当，影响整体布局和村容镇貌的建筑，应当拆的就拆，必须迁的就迁，先迁条件差的、远的、小的，后迁条件较好的。

（四）保护历史遗存，突出村镇特色原则

旧村镇是民族传统历史文化的重要载体，更是民俗民风传承的重要保障。我国是一个具有五千年人类文明史的农业大国，农耕文明是中华民族文明的发展基石，在村镇建设中保护好历史遗存，是民族历史和文化发展的必需。

在我国广大的村镇建设发展过程中，由于自然条件的差异、形成历史年代的不同、所在地域文化的影响等，形成了村镇目前千姿百态的风格与特色。在迅速"全球化"的今天，随着新一轮村镇建设高潮的到来，如果我们不注意保护村镇各自不同的风貌特色，在不远的将来就可能出现"千村一面"的可怕一幕。

此外，如有果园、池塘等有保留和发展价值的应结合自然条件，给予保留，这样既有利生产，又丰富了村镇景观。

第三节 旧村镇现状调查分析

旧村镇的改造规划是在原有村镇基础上进行的,所以,在进行村镇改建规划前必须作好现状调查及资料汇集工作,全面掌握村镇的各种现状因素并绘制现状图。从这些资料的分析研究中,找出村镇的现状特点及存在的主要矛盾。根据居民需要,提出改、扩建措施。旧村镇调查研究内容如下:

一、土地使用现状调查分析

分析各类土地的使用状况和平衡情况,绘出土地使用现状图。在此基础上对各类用地的相互联系进行分析,决定改建方法,趋利避害,使建设经济合理。

二、建筑物现状调查分析

(一)建筑物质量调查分析

通常可按建筑物结构、使用年限、破旧程度等来划分建筑等级。一般可分为:

Ⅰ级建筑——永久性建筑,内外结构完好无损,质量较高,多半为近几年的建筑。

Ⅱ级建筑——稍经修整,使用年限在 10 年以上者。一般内部结构完好,外部稍有损坏。

Ⅲ级建筑——修理后尚可维持使用 5～10 年者。一般结构与外部均受损。

Ⅳ级建设——危房。是旧村镇改造的重点对象。

根据上述建筑物质量等级的分析和统计绘制出建筑物质量分布图。并依据村镇建设与发展的需要,确定改建的原则与拆建次序。

另外,建筑物质量也可按上述四个等级按表 6-1 进行统计,以此作为统筹安排、分期分批逐步改造的依据之一。

表 6-1　建筑物现状调查表

建筑物等级	建筑面积(m²)	百分比(%)	其　中			备注
			生产建筑	村民住宅	公共建筑	
Ⅰ　级						
Ⅱ　级						
Ⅲ　级						
Ⅳ　级						
合　计						

(二)建筑物功能调查分析

公共建筑分布合理性,包括配套、数量、服务范围、经济效益、建筑面积、房屋设备状况等,确定需要改建、添建的内容与建设顺序;住宅建筑面积、户型、建筑密度、卫生条件、居民使用的反映,研究改造与利用的方法和步骤;生产建筑的分布情况,生产条件如何,经济上有无发展前途,对周围居民生活环境影响如何等。

(三)调查建筑密度及人口密度

可把村镇分为几个地段,分别调查每一地段建筑密度和人口密度,密度大者,应通过分期拆迁建筑物来降低;反之,密度小者,增添建筑物(人口),以提高其密度。

$$调查地段建筑密度 = \frac{调查地段内建筑基底总面积}{调查地段内用地总面积}(\%)$$

$$调查地段人口密度 = \frac{调查地段内总人口数}{调查地段内居住用地总面积}(人/公顷)$$

三、人口现状调查分析

调查总人口数、年龄构成、职业构成、总户数。

四、交通运输与公用设施调查分析

交通运输调查分析包括内部与外部两方面。主要调查对外交通运输设施的布置和运输能力能否满足村镇发展的要求,现有村镇内部道路交通系统状况能否适应生产与生活需要,并找出其主要问题寻求解决办法。

公用设施调查包括供水、排水、供电等状况,指出其改造及发展途径。

五、历史文化遗存调查分析

针对各个村镇的具体情况,深入调查影响村镇建设发展历史的自然和人文方面的物质与非物质遗存,根据对村镇发展历史和特色的分析以及遗存的具体情况,确定村镇历史文化保护的重点以及开发利用的原则等。

六、村镇发展可能性分析

村镇发展是指在人口和用地两方面的增长与扩大。村镇发展要建立在对各个具体因素分析研究的基础上,如总体规划、地理位置、建设条件等。村镇发展必须首先充分挖掘旧村镇的各项潜力,发展村镇经济。

第四节　旧村镇改造的方法

旧村镇改造规划是在已经绘制好的现状图和对其他资料分析的基础上进行的,由于改造对象的要求与内容不同,改建规划的深度也有差别,村镇改造牵涉内容多,影响因素复杂,进行改造规划时多按一定的顺序,逐个内容予以解决。

一、调整用地布局,使其尽量合理、紧凑

旧村镇改造,有的可能不存在重新进行功能分区的问题,而有的则可能因为原来生产建筑(及其地段)分布很乱,不利生产和卫生,且考虑到今后生产发展,需要新增较多的生产建筑项目,则根据用地布局的原则及当地具体条件进行用地调整,此时,通常采用以下方法:

(1)以现有的某一位于适宜地段的生产建筑为基础,集中其他零散的生产建筑于此处,形成生产区;

（2）新选一生产区，同时将原来混杂、分散于住宅建筑群中的生产建筑迁至此地，并合理安排新增生产项目。这样，使整个村镇的功能结构有了较合理的范围和界限；

（3）适当地集中旧有公共建筑项目，形成村镇中心。

二、调整道路，完善交通网

对村镇现有道路加以分析研究，使每条道路功能明确、宽度和坡度适宜。注意拓宽窄路、收缩宽路，延伸原路，开拓新路，封闭无用之路，正确处理过境道路等。

道路改造应在总体规划指导下进行，从全局通盘考虑。对于道路改造引起的拆迁建筑问题，要慎重对待。街道的拓宽、取直或延伸应根据道路的性质、作用和被拆建筑物的质量、数量等来考虑，分清轻重缓急。应避免过早拆迁尚可利用的建筑物，同时，要使道路改造与各建筑用地组织、设计要求等密切配合。

三、改造旧的建筑群，满足新的功能要求

建筑群改建的任务是对旧村镇的有些建筑物决定取舍，调整旧建筑，安排布置新建筑，创造功能合理、面貌良好的建筑群。对建筑群改建时，首先要分析村镇现状图和建筑物等级分布图，务必对村镇内原有的各种建筑物的分布位置和建筑密度是否合适、建筑物质量的好坏做到心中有数。其次是根据当地经济情况和发展需要，初步确定各种建筑地段的用地面积。

旧建筑群的改建通常采用调、改、建三者兼施的办法。

（1）调。就是调整建筑物的密度，使之满足改建规划的要求。其办法是"填空补实，酌情拆迁"。"填空补实"是在原有建筑密度较小的地段上，适当配置新的建筑物，以充分、有效地利用土地。反之，对原来密度大的建筑地段或有碍交通的建筑物，则应考虑适当拆除，这就叫"酌情拆迁"。

（2）改。就是改变建筑物的功能性质。对现状中有些建筑物在功能上的位置不合理，但建筑质量尚好的，可以用改变建筑物的用途来处理。如为了充分利用原有建筑，按改建要求，可以把原来的公共建筑改为住宅建筑，把原有的生产建筑改为仓库，以调整各种建筑物在功能上的布局。

（3）建。按照发展的需要，对将来新建的建筑物，或改建拆去的部分民宅和外地迁来的村民住宅等，进行合理的布置（或留出地方），以便按计划建设。

四、村镇用地形状的改造

村镇用地的形状应根据当地的地形、地貌、对外交通网分布情况等因素而定。不能追求形式主义，强调用地形状的规整。但是，在有条件的地方，尽可能地使用地形状规整一些。这有利于村镇的各项建设。

用地形状改造的方法有：

（1）外形规整。即将原来不规整的零碎用地外形加以整理，使之规整，便于道路和管线的布置。

（2）向外扩展。根据原村镇的形状、当地的地形条件以及旧村镇改造总平面布局的要求，决定用地扩展的方向和方式。

1）一侧扩展。如图6-1（a）所示；

2）两侧扩展。如图6-1（b）所示；

3）多侧扩展。扩展的方向可能是三侧或三侧以上，如图6-1（c）所示。

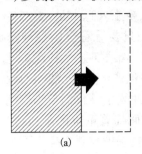 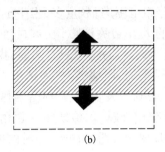 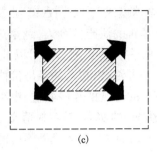

图6-1　村庄空间扩展方式示意图

（a）向一侧发展；（b）向两侧发展；（c）向四周发展

五、完善绿化系统，改善环境，美化村镇面貌

利用村镇内坡地、零星边角地等栽花、育苗，把一切可利用的地方都绿化起来，建设"园林"村镇。

第五节　旧村镇改造更新中古镇、古村落的保护与开发

一、古镇、古村落保护的重大意义

村落是聚落的一种基本类型，自古有之。一般我们将那些村落地域基本未变，村落环境、建筑、历史文脉、传统氛围等均保存较好的古代村落称为古村落。古村落是历史最悠久、数量最大、分布面最广、文化内涵最丰富的一种聚落类型，是珍贵的历史文化遗产，它在许多方面具有不可替代的价值、意义。

古镇、古村落是在漫长的历史时期，在寻找与追求天人之间、人与人之间、人与自然之间以及人与社会之间和谐的过程中，慢慢形成的一种恬淡、隐退的理想聚落空间，一种特殊的自然空间与文化空间水乳交融的有机体系。清华大学建筑学院陈志华教授总结古村落的六个特点为：①年代久远；②科学成就很高；③与自然融为一体；④村落规划出色；⑤有书院和村塾；⑥有公共园林。

大多数古镇、古村落由于历史年代久远，经济又相对落后，在各种自然和人为因素的被动影响下，而处于渐渐毁灭的状态。研究古镇、古村落的环境构成、价值体系构成、保护体系与保护方法，对古镇、古村落进行针对性地、及时地、积极有效地保护，是当前一项十分紧迫的任务。

中国有着源远流长的历史和古老的文明；中国幅员辽阔，南北横跨几个气候带，地形地貌丰富多彩；中国是世界农业大国，旧中国以农立国，创造了绵延几千年灿烂的农耕文明；中国人口众多，其中九亿人口在农村。几千年来，传统乡村聚落代表着中国大多数人的生活方式，沿袭与创造了深厚而丰富的乡土文明，在历史、艺术、科学、技术、建筑、美学、景观、生态、哲学等许多科研领域都具有极其重要的普遍的价值意义。在中国，它应该是代表着最大众化的文化，更应该是中国博大精深的传统文明的重要组成部分。

然而，事实上，我们对村落文明的关注太少了，对它研究的力度和深度也远远不够，它所承载的文化也远远没有被挖掘出来。在中国传统文化体系里，它还没有博得自己应有的一席之地。研究古镇、古村落，可以完善中国本土文化体系。随着人类文明进入到信息时代，文化多

元化在"全球化"的冲击下,正在向单一化滑进,民族特色、地方特色、传统特色正在逐渐消失成"全球模式"。中国古镇、古村落分布范围广,数量多,土生土长、乡土气息十足,是产生中国乡土建筑的沃土。今天,越来越多的人开始关注古镇、古村落了,只要看看全国各地迭起的"古镇、古村落热潮",足可以证明这一点。但是,冷眼看热潮,我们不难发现,大多数人"重视"的只是古镇、古村落的经济价值而已,平遥、西递、宏村入选世界文化遗产,轰轰烈烈的旅游开发带来的可观的经济效益,更给各地盲目开发古镇、古村落的热潮注入了催化剂与兴奋剂。这种"热潮"的实质,是对村落文明的掠夺与破坏。传统乡村聚落正面临着重重困难:自然力的破坏;发展的要求与经济落后的限制;现代文明的冲击;旅游的冲击;保护与开发措施不当造成的毁坏等。研究古镇、古村落,是为了使这些传统聚落既得到保护与发展,又不会在保护与发展中失去传统特色与文化价值,既要保存世界文化的多样性,又要为古镇、古村落的发展寻找出路,改善和提高村落居民的生活质量。

值得欣慰的是,我国政府目前对古镇、古村落的保护问题越来越重视了。近年来共分三次评选出来157个全国历史文化名村、名镇。此外,各地方政府也纷纷开展此类工作,这在对我国古镇、古村落的保护上迈出了重要的一步,也将对其他古镇、古村落的保护产生重要的示范和推动作用。

二、目前古镇、古村落保护中存在的主要问题

旧中国以农立国,加之地广人多,数量众多的古镇、古村落遍布全国各地,众多古镇、古村落相对封闭,经济比较落后。随着古镇、古村落的价值渐渐被社会认可,古镇、古村落与外界的接触骤然增多,作为文化遗产,古镇、古村落需要保护,作为生存空间,古镇、古村落要求向现代化发展,几百年甚至更漫长的生活环境骤然的改变,将带给古镇、古村落一系列严重的问题。

(1)自然与人为的损害,使古镇、古村落破坏加剧,甚至灭失。古镇、古村落历经成百甚至上千年的发展,许多古建在自然与人为的损害下老化、坍塌,甚至被拆除。乡村城市化进程的加快,使许多村落在"求大、求全、求洋"的建设目标下,古风荡然无存:典雅的民居被洋楼替代,幽幽的小路换之以柏油马路,萋萋农田里矗起一片片冒着各色烟尘的加工厂。古镇、古村落正在以飞快的速度消失。仅杭嘉湖地区,在20世纪80年代初还星罗棋布的"小桥流水人家",如今已屈指可数。

(2)缺乏专业保护与发展规划,古镇、古村落掠夺性开发、建设性破坏的趋势蔓延。旅游可以给古镇、古村落带来可观的经济效益,在此利益的驱动下,古镇、古村落领导对开发利用都较重视,而对保护与管理则较轻视。急于追求"政绩",但又缺乏专业的保护与发展规划,"急功近利"、"短期行为"的开发,造成对古镇、古村落资源的不可逆转的破坏。如对地质景观格局的改变,挖山修路,大面积建设旅游项目及设施,侵占水体,采伐林木,污染大气与水,以及大量修复的"假古董"、"复古一条街"等,使不少古镇、古村落遭受严重的建设性破坏。

(3)对古镇、古村落保护的思想意识不够,缺乏保护教育。从领导官员方面说,有人单纯地把古镇、古村落的保护理解为发展旅游的需要,因此在行动中出现一些短视行为,结果适得其反,破坏了村落特有的氛围,自然难以吸引游客。对于一般村民,则对保护老房子可能会不理解,一方面意识不到老房子存在的价值;另一方面他们有过舒适生活的需求,有权利按照自己的意愿改造、拆建老房子。还有人则认为保护是国家、专家的事。面对如此众多的需要保护的古镇、古村落,国家有限的财力和人力只是杯水车薪。要想真正有效地做好保护工作,必须普及保护意识,调动公众自觉保护的积极性。

（4）传统地方文化在村落发展中逐渐丧失。随着全球社会、经济、文化交流的日益便捷，全球化模式也波及村落。村落的城市化进展加速，使丰富多彩的地方建筑形式、生活方式、服饰、风俗习惯等地方文化逐渐被大众文化所代替。传统的地方文化也随之慢慢消失了。

（5）贫困与保护、发展的矛盾。保留越完整、价值越高的古镇、古村落，表明其受外界的干扰越小，其经济越相对落后。财政困难、资金短缺成为古镇、古村落的保护与发展的制约条件。

（6）古镇、古村落保护的法规不完善，法制不健全。古镇、古村落保护缺乏法律依据，保护工作没有统一的衡量标准，执法缺少力度，造成保护随意性较大。应建立健全古镇、古村落保护的法律体系，以法的形式阐明古镇、古村落的价值和地位，明确规定保护的方针、政策、基本原则，监督管理机构的设置、职责，从法律的角度向全体人民提出要求，人人提高保护意识，增强法制观念，自觉遵守，并制定严谨、科学的价值评价标准，确立古镇、古村落的保护级别、内容、编制、审批，严格限制开发建设规模，规范利用行为；制定监测、研究制度，严格保护管理责任和处罚办法等，使古镇、古村落保护工作做到"有法可依，有法必依"。

（7）学术界对古镇、古村落的保护缺乏深入、系统的研究。对古镇、古村落的重视只是近年来的事，对古镇、古村落的保护、发展还缺乏系统理论的研究，由于缺乏专业技术的指导，缺乏严格的保护规划与发展规划编制，导致古镇、古村落走入盲目开发、保护性破坏的误区。政府高度重视，学术界加大研究力度，加快研究进度，增加研究深度是对古镇、古村落实行有效保护的关键。

（8）缺少专门管理机构。古镇、古村落的保护缺少专门的管理机构，缺乏国家层面的综合统一管理。分散的管理模式，势必造成管理目标、绩效考核标准的诸多不一致。

三、古镇、古村落保护体系与保护方法

（一）古镇、古村落保护体系

宏观来讲，古镇、古村落要求整体性保护，可概括为两大方面：物质形态方面和非物质形态方面。物质形态方面包括：古镇、古村落的自然环境，古镇、古村落的空间格局和独特的形态，以及古村落的物质组成因素，如居民、院落、广场、街道等。非物质形态方面包括生活方式、文化观念、语言、文字以及村落的文化意象——氛围。

保护体系的内容包括：

1. 村落环境保护

（1）自然环境。山、水、农田、林地、大气、动植物等。

（2）人工环境。建筑、街巷、村落格局、风貌、空间形态等。

（3）人文环境。风俗习惯、艺术、经济、文化等。

2. 村落生态保护

（1）自然生态。水、土、动植物、气候等。

（2）人居生态。社会—经济—自然复合生态系统的和谐、适用、安全、文化、人性化、经济性等。

（3）文化生态。传统地方文化特色环境。

3. 村落景观保护

（1）自然景观。由山水林田等构成的景观格局，视觉意向。

（2）历史景观。在历史上有意义的建筑物、遗迹或标志性景观。

（3）人的活动。劳作、交往、休憩、礼仪、宗教、祭祀、节庆等。

4. 村落特色保护

（1）地方特征。地域特色。

（2）村落风貌。建筑特色，村落格局。

（3）场所精神。文化特色，生活特色。

5. 村落历史保护

（1）文物古迹、历史建筑。

（2）古典园林、历史节点。

（3）文字。

（4）传说。

6. 村落情趣要素保护

（1）民俗。节日、集市、传统文艺、风俗、习惯、节庆活动。

（2）生产。

（3）气候。春夏秋冬、日、月、星、风、云、雨、余晖等。

（4）人物活动。

（二）古镇、古村落保护的方法

由于古镇、古村落本身是一个复合系统，古镇、古村落的价值不仅仅体现在物质层面上，更包括无形的、精神的、文化的、氛围的等非物质层面。所以目前国内外主要针对民居、文物古迹、历史遗迹的实物保护方法是片面的、非整体的，长此以往，古镇、古村落即使有幸保存下来了，也只是一个无生气、无魂魄的躯壳。1997年，建设部在《转发黄山市屯溪老街历史文化保护区保护管理暂行办法的通知》中，就历史文化保护区中的历史街区的保护提出如下的保护原则："首先它和文物保护单位不同，这里的人们要继续居住和生活，要维持并发扬它的使用功能，保持活力，促进繁荣；第二要积极改善生活设施，提高居民生活质量；第三要保护真实历史遗存，不要将仿古造假当成保护的手段。"古镇、古村落的保护，应针对不同的保护对象采取相应的保护措施。

1. 对于物质形态的保护

借鉴日本和西方国家在古镇、古村落民居保护方面的经验，结合我国的实际，一般采取以下几种保护方法：

（1）就地保护

指在"原生"环境内的保护，为最常见的保护方式。就地保护可使民居建筑与特定历史氛围环境紧密结合，从而保持真实的环境感受。一般适用于保存较完整的、整体性的建（构）筑物，在条件允许的情况下有必要重新修建，但要尊重其历史原貌。对于一般民居建筑，考虑到居民对舒适生活的追求，可以采用立面保存与结构保存两种方式。立面保存指保存建筑物的外观形式，而建筑内部可重新改造、装修，这样既保持了村落的整体风貌，又可满足现代生活方式的需求。结构保存指保存传统的构造形式，江南水乡的厅堂式民居，北京四合院的保存，即属此类型。

（2）异地搬迁保护

又称拼贴式保护。主要是针对分布零散、不集中或被新建筑包围的、保存较完好的、价值较高的古民居建筑，可将其按原样搬迁到一地加以集中保护，便于管理与学习、参观、研究。缺点是使其离开了原生环境,失去了原汁原味感。日本从 1966 年起不断将"明治维新"时期兴建的洋式建筑由各地迁建到名古屋大山附近,统称"明治村"。瑞士将其国内各处有代表性的古代民居集中迁到巴林拜尔,成为一个大型实物博览区。20 世纪七八十年代,江西景德镇将一些分散在山村中不易保护的明代祠堂、住宅、瓷业作坊和瓷窑集中迁往一处新址,规划成古代瓷窑作坊区,既便于集中保护,又便于集中观赏。"潜口明代民居"将十余幢散落的明代民居建筑按原样集中搬迁到徽州区潜口乡,集中保护,成为"徽派民居博物馆",并被列入全国重点文物保护单位,成为旅游观光的主要景点。

（3）集锦仿制式保护

是指在原生环境之外的地方,因博览、观光等的需要而将有代表性的传统民居、建筑集中仿制建造在一起,只是一种形式的继承与延续,无法获得真实的村落意境感受。但从社会效益来看,可起到展示和弘扬传统文化的作用,也是一种保护和展示的方法,如深圳的"中国民俗文化村",展示了我国 21 个民族的 24 座民居村寨的风采。

2. 对于非物质形态的保护

古镇、古村落的保护绝对不能等同于文物保护,构成古镇、古村落这种特殊的景观意象的元素,视觉景观固然重要,但更吸引人的、使人回味无穷的还在于其情趣要素——文化和人,包括民俗、生产、感觉、节庆、气候等。而这些,往往是被保护工作所忽略的部分。保护文化的方法,一方面要请专业人士协助地方挖掘、整理地方历史文化,并以文字加以记载;另一方面还要弘扬地方文化,通过普及教育、展览等多种形式,让更多的人了解这种文化,让当地的人热爱自己的文化,保持自己的文化得以正确延续和健康的发展,而不是为了迎合旅游的需要,搞一些形式上的花样,甚至庸俗化的商业表演。保护人的正常生产、生活,主要是合理地进行旅游开发,严格控制旅游容量,充分考虑当地居民的意见与旅游者的感受,加以正确的引导、教育,以保持浓郁的地方生活气息。对于自然环境和小气候的保护,主要是控制乱砍乱伐、破坏农田水源、兴修土木等;减少各类污染,禁止污染严重的项目建设;控制旅游容量,以确保生态安全;为减缓人口压力,保持古镇、古村落安谧、宁静、和谐的整体环境,还可采取建设新村的办法。

四、古镇、古村落保护规划的编制原则

（1）编制保护规划应分析古镇、古村落演变历史、现状、特色,并展望未来,确定保护目标、原则、内容等。

（2）体现对"人"的尊重,满足村落经济、社会的发展以及村落居民舒适生活和发展的要求。

（3）注意对村落传统文化内涵的发掘与继承,满足历史文化延续要求。

（4）注意整体保护的同时突出保护重点。

（5）保护规划应是积极、动态的规划,满足村落作为生命有机体的正常运转,要综合自然的、文化的和视觉因素,协调生态、环境、文化、景观多重要素的有机融合。

（6）公众参与原则。

五、古镇、古村落保护规划的编制内容

1. 文本部分

（1）村落概况。区位环境、历史沿革、土地、人口、文物古迹等;

（2）现状分析。特色分析、存在问题;

（3）历史文化价值概述。资源普查、分析、评价、价值体系；

（4）保护目标和原则；

（5）保护性质与保护范围的层次划定，确定保护内容与保护工作的重点；

（6）保护措施；

（7）对重要历史文化遗存修整、利用和展示的规划意见；

（8）重点保护、整治地区的详细规划意向方案；

（9）保护规划实施的保障措施；

（10）相关法规、政策、条例制定的参考意见；

2. 图纸部分

（1）文物古迹、传统街区、风景名胜分布图。

（2）古镇、古村落保护规划总图，表现各类保护控制区域范围、各级重点保护单位、风景名胜和历史文化保护区的位置、范围和保护措施示意；

（3）保护区域界线图，划出重点文物、历史文化保护区、风景名胜保护区的保护范围和控制地带的具体界线；

（4）重点保护整治地区的详细规划意向方案图。

3. 附件部分

包括规划说明书（分析现状、论证规划意图、解释规划文本等）和基础资料汇编。

六、古镇、古村落的旅游开发

从世界旅游业发展的趋势看，民间文化、民俗风情旅游已越来越受到旅游者的青睐。从"求新、求异、求乐、求知"等旅游心理角度看，游客多向往古朴自然、色彩斑斓、极富地域特色的民俗风情、各种民俗事象。古镇、古村落则是适应这一发展需求的一种新型旅游资源。

由于较长时间的封闭发展，古镇、古村落的经济一般比较滞后。旅游业投资少、见效快的特点，无疑是带领古镇、古村落脱贫致富的有效捷径。旅游业的经济功能与经济效应使旅游业的发展对旅游地的经济影响较大。乡村旅游为乡村经济的发展带来益处：增加乡村的经济收入，提高当地生活水平，创造新的工作机会，扩大乡村就业率，稳定乡村经济，并促进乡村经济向多元化方向发展，为当地企业和服务业的发展提供机会和支持，促进当地基础设施建设，增加税收，一定程度上改善投资环境，吸引投资，有助于当地手工艺和贸易的发展等。

旅游业强大的产业关联性，又可带动村落其他产业的发展，获取直接经济效益和市场效益、社会效益。

旅游业的社会性和文化特性，可为弘扬地方文化提供契机和条件，使得民俗文化借助旅游而得以发掘、交流、传播，发扬光大。

旅游还可促进自然及文化环境的生态保护。当旅游地居民认识到良好的自然和文化环境可以通过旅游实现经济价值的时候，便会自觉提高其对环境的保护意识。

旅游还可以促进乡村基础设施建设，改善交通状况，改善居民的生活条件，加强古镇、古村落的居民与外界的交流，丰富与活跃村民的文化生活，促进古镇、古村落的发展。

同时，旅游业是一把双刃剑，它所带来的负面影响也绝不可低估。目前，古镇、古村落的旅游开发存在着"重开发，轻保护；重拥有，轻利用；重权属，轻管理；重有形，轻无形；重建设，轻规划"等倾向，一定要警惕。

(一)开发与保护的关系

开发既是一种保护,又是一种破坏。旅游资源开发是遗产传承延续的有效途径,是对遗产积极、主动、有效保护的最好手段,将改善、美化资源环境;旅游收益也为资源保护创造了经济条件。但另一方面,伴随旅游开发而带来的环境污染、游人的不文明活动及行为、外来文化的冲击等都会对旅游资源造成破坏。旅游资源开发和保护既相互联系又相互矛盾,两者是辩证的矛盾统一体,两者关系处理得当,可在辩证联系中共同改善旅游资源与环境的关系,推动旅游业的可持续发展;反之,古镇、古村落最终将在开发中遭到不可逆转的毁灭性的破坏。

1. 开发与保护的相互联系

(1)保护是开发和发展的前提,保护是为了更好地进行开发。旅游资源是旅游者进行旅游活动的基础和前提条件,一旦破坏殆尽,旅游业将失去依存的条件,也就无开发可言了。

(2)科学开发是保护的基础,也是旅游业发展的基础。从可持续发展的角度看,资源保护归根结底是为了更好的发展。因此,旅游资源必须经过开发利用,才能招徕游客,发挥其功能和效益,也才具有现实的经济意义和社会价值;资源保护的必要性只有通过开发才得以体现。开发是旅游业发展的先导,是旅游资源价值的充分体现。

(3)合理的开发本身就是对旅游资源的保护。合理、科学的旅游资源开发,或对资源加以整修而非令其"自生自灭",以延长其生命周期,对旅游环境进行改善、美化,增加其可进入性;或对历史遗迹进行发掘修复、保护;或对人文旅游资源如民俗进行资源搜集和整理。同时,资源开发促进旅游发展带来的旅游收益的一部分返回资源地,用于资源环境的改造、基础设施和环境建设。在这个意义上,开发意味着保护。

2. 开发与保护的矛盾性

(1)旅游资源的开发或多或少地会造成某种破坏。旅游资源开发对资源地进行的适度建设是以局部环境的破坏为前提的。破坏和开发在一定程度上是共生的。目前普遍存在粗放型的开发模式,使得积极的开发也会带来破坏。而盲目的、掠夺性的开发造成的资源浪费、环境污染、生态失衡更是对资源的严重破坏。

(2)从另一角度看,旅游资源的开发也在一定程度上造成人为的破坏。因管理不善,资源地游客涌入量往往超过其承载力,从而给资源本身造成致命的破坏。

(二)古镇、古村落旅游开发的原则

古镇、古村落的旅游资源所具有的文化遗产性、地域性、地方性、集体性、封闭性、生活性等特征,决定其与单纯的自然景观和其他人文景观资源都有较大差异。因此,在开发村落旅游资源时,不能一味遵循一般旅游资源的开发原则。

1. "保护第一,合理利用"原则

目前,大多数进行旅游开发的古镇、古村落存在着"重开发,轻保护"的现象,只看到资源的经济价值,一味追求经济效益,追求政府业绩,而出现短期开发行为,使自然资源和文化资源遭到严重损毁。殊不知,古镇、古村落的景观、生态、文化环境正是产生旅游吸引力,产生经济效益的"源",源头被扼杀了,还谈何经济之"流"呢? 作为一种历史文化遗产,保护的意义重大,而开发则应是有利于更好地进行保护。合理的旅游开发,是遗产传承与发扬的有效途径与最佳途径,是对遗产积极、主动、有效保护的最好手段。但一定要坚持"保护优先"、"合理开发"的原则,在保护的基础上合理利用,在利用的过程中强化保护。

2. 可持续发展原则

可持续发展的核心思想是:既符合当代人的发展需要,又不损害后代的利益,是旅游规划代际公平价值取向的一种体现。可持续发展要求旅游与自然、文化和人类生存环境成为一个整体,以不破坏其赖以生存的自然资源、文化资源及其他资源为前提。并能对自然、人文生态环境保护给予资金、政策等全方位支持,从而促进旅游资源的持续利用。

3. "以人为本"原则

现在,人本主义价值观在旅游规划中得到越来越强的反映。以人为本的思想在旅游规划与开发中逐渐占据了主导地位。

这里的"人",不仅包括旅游地的居民,还包括游客和旅游区的开发管理人员。随着市场导向阶段的到来,旅游地越来越重视调查游客的需求与喜好,把客源市场需求放在了第一位,以游客为本的价值观得到了体现,但大多都忽视了当地居民的人本价值需求,具体表现在:当地居民的利益得不到充分考虑和保障,社区居民的文化习俗得不到保护而逐渐丧失,宁静的生活环境被旅游破坏,依靠旅游业的发展来解决就业的问题得不到认真考虑,其生存环境遭受污染、破坏,影响到身心健康等,最终导致当地居民与游客和旅游开发管理人员之间关系的紧张,导致当地居民对旅游业的发展采取抵制、不配合的态度,影响了旅游业的正常开展。

所以,在开发古镇、古村落旅游的过程中,一定要考虑游客与当地居民的需要与感受。

4. 经济、社会、生态环境效益并重原则

经济效益是发展旅游业的直接目的和强大动力,社会效益是发展旅游业的根本宗旨和最终目的,生态环境和自然资源是旅游业生存和发展的首要前提和先决条件。因此,在编制旅游业发展规划时,一定要注意经济、社会、生态环境效益的统一,保证旅游业的可持续发展。

5. 生态旅游原则

坚持生态旅游,一方面要求保护自然环境,另一方面要控制旅游开发规模,实现有限发展。主要体现在合理控制生态容量。表现在旅游供给方,则要根据旅游地生态环境的承受能力合理开发旅游景点、景区与旅游服务设施的规模,精心测算游客容量,严格将旅游活动的强度和游客进入数控制在资源及环境的承载力范围内;同时开展游客生态知识教育,提高游人的环境保护意识。表现在旅游需求方,则要主动接受生态旅游教育,实行文明旅游,自觉保护生态环境,将旅游过程中对环境的负影响减少到最低程度。

6. 原真性原则

古镇、古村落的旅游以充分展现地方景观特色、民俗风情、历史文化为内容。旅游开发一定要充分体现地方特色,保持浓郁的原汁原味,不能为了迎合某些游客的口味而歪曲民俗文化,或制造一些不存在的"地方文化",上演一些庸俗节目等。同时还应保持村落的动态发展,不能让村落永远定格在历史年代里。

7. 当地居民参与原则

开发生态旅游,环境效益是根本前提,社会效益是最终目的,而经济效益是直接动力。只有地方经济发展了,地方居民才会自觉地注重生态和旅游环境的保护。因此,在村落旅游的开发过程中,要让当地居民参与到旅游服务中去。这样,既可增强地方特有的文化气氛,提高旅游产品的吸引力,又可让当地居民真正从旅游发展中受益,改善当地居民的生活,提高居民自觉保护资源的积极性和对旅游开发的支持态度。

8. 政府主导、专家规划原则

由政府主导,可获得政策、资金、人才等方面的倾斜,并可有效地协调各部门的利益关系,

更利于旅游的开发与保护。

科学的规划是旅游发展的依据,可防止盲目的开发与破坏性的建设,有利于旅游的持续发展。

(三)古镇、古村落旅游开发规划的编制

旅游开发的动态发展性,一些制约因素的不可确定性、不可预见性,决定着旅游开发存在着一定的风险。国内外旅游开发经营的重大破产案例屡见不鲜。从安全隐患、交通瓶颈、景观俗劣、高峰供水不足等微观问题,到水源枯竭、病虫害肆虐、服务质量低劣等中观问题,直至环境衰退、财政危机、世风日下、吸引力缺乏、竞争危机等宏观问题,旅游目的地可谓风险四起。

旅游规划的任务,就是确保旅游系统在不断的生存和进化过程中得到进化,确保旅游开发的方向与人类社会的价值指向趋向一致,引导和控制旅游系统有目的、合规律地发展,以规避风险,保障旅游业的可持续发展。

旅游规划是为实现既定的旅游发展目标而预先谋划的行动部署,也是一个不断地将人类价值付诸行动的实践过程。

旅游规划编制的内容主要包括以下几个方面:

(1)旅游开发的可行性分析。包括村落旅游资源的调查与评价,乡村基础设施调查与评价,乡村社会经济发展的调查与评价,客源市场预测分析,等等。

(2)确定旅游业在本地区的产业地位。

(3)确定旅游发展目标。

(4)旅游定位、定性,包括旅游地形象定位,旅游地产品特色定位,旅游地市场定位。

(5)确定旅游开发原则。

(6)确定旅游开发规模、旅游容量。

(7)环境影响的评价分析。

(8)旅游产品规划及其分期计划。

(9)旅游开发前景预测。

(10)成本效益估算。

(11)旅游开发规划实施的保障体系与措施。

第七章 村镇规划中的节能省地与环境保护

第一节 村镇规划中节能省地与环境保护的意义

十六届五中全会通过的《中共中央关于制定国民经济和社会发展第十一个五年规划的建议》中提出了建设社会主义新农村的重大历史任务,并明确要求按照"生产发展、生活宽裕、乡风文明、村容整洁、管理民主"的总体要求推进社会主义新农村的建设,争取"十一五"期间能够明显改善广大农民的生产生活条件和农村的整体面貌。其中,"村容整洁"是建设社会主义新农村的五大基本要求之一。

我国是一个发展中国家,人均能源和资源相对贫乏。但在城乡建设中,建设规模的增长方式比较粗放,城乡建设的发展质量不高;建筑的建造和使用过程中,能源和资源的消耗高、利用效率低的问题比较突出;一些地方盲目扩大建设规模,规划布局不合理,乱占耕地的现象时有发生;重地上建设,轻地下建设的问题还不同程度地存在。资源、能源和环境问题已成为村镇发展的重要制约因素。

我国的土地资源十分稀缺,与世界上一些经济发达国家相比,人均用地,特别是农业用地资源存在很大差距:一是人均耕地少;二是耕地质量较差;三是耕地退化严重;四是耕地后备资源不充裕。另一方面,我国正处于工业化的中期,经济建设和城镇化发展不可避免地还要占用部分耕地,土地资源的稀缺性和不可输送性决定了必须在保证现有耕地数量不再减少的前提下,在村镇发展和建设中坚持合理开发、有效利用土地,走集约利用土地的道路。

一、村镇规划中节能省地的意义[1]

1. 村镇规划中节能省地是落实我国基本国策的客观要求

节约资源和保护环境是我国的基本国策,"十一五"规划则提出要建设资源节约型和环境友好型社会,这就要求我们在社会生产、建设的各个方面都要做到节能省地。2002 年,全国城乡用地总量为 20.34 万 km^2,其中,城市建设用地 3.63 万 km^2,村镇建设用地 16.71 万 km^2,村镇建设用地总量是城市建设用地总量的 4.6 倍。因此在村镇规划中做到节能省地尤为重要。

2. 村镇规划中节能省地是保证国家能源和粮食安全的重要途径

全国耕地只占国土面积的 13%,为保证国家粮食安全,到 2010 年耕地保有量必须达到 17.28 亿亩,但目前仅有 18.51 亿亩。

到 2010 年,城乡新增建设用地占用耕地的增长幅度要在现有基础上力争减少 20%;基本控制由于新建建筑和大量使用黏土所导致的耕地下降趋势,到 2020 年或更长一段时间,城乡新增建设用地占用耕地的增长幅度要在 2010 年目标基础上再大幅度减少,努力实现新增城乡

---

[1] 引自 http://www.hebjs.gov.cn/jszx/yigd. 建设部政策研究中心课题组. 城镇化进程中推进土地集约利用的若干建议。

居民点占地与城乡居民点整体节约用地的动态平衡。

3. 村镇规划中节能省地是落实科学发展观的重要内容

科学发展观的第一要义是发展,基本要求是全面协调、可持续发展。可持续发展是既满足当代人的要求,又不对后代人满足其自身需求的能力构成危害的发展。能源,尤其是不可再生能源具有有限性的特点,土地在我国这样一个地少人多的国家也是一种稀缺资源,因此在村镇规划中节能省地体现了可持续发展的要求。

二、村镇规划中环境保护的意义

村镇环境作为城市生态系统的支持者一直是城市污染的消纳方。近年来,我国在城市环境日益改善的同时,农村污染问题却越来越严重,在工业化、城镇化程度较高的东部发达地区的农村尤为突出。各种污染不仅威胁到了数亿农村人口的健康,甚至通过水、大气污染和食品污染等渠道最终影响到城市人口。

1. 村镇规划中的环境保护规划是解决"三农"问题的重要内容

有利于促进农民财富积累。据测算,近年来,仅拆旧房和因灾造成的农房损毁,农民每年损失资产约 350 亿元。加强对农民建房规划设计的引导和服务,延长农房使用寿命,提高抗灾能力,既是改善农民住房条件的需要,又能大大增加农民的财富积累。有利于为进城务工农民返乡创业创造条件。专家估计,目前每 100 个外出农民工就有 4 人回乡创业。良好的人居环境能够吸引更多的人回乡创业,有利于增强农村发展活力。改善农村人居环境,发展公共服务,将有效促进农村精神文明建设,促进农民总体素质的提高,为农村经济的协调发展打下基础。

2. 村镇规划中的环境保护规划是城镇化健康发展的应有内涵

当前我国城镇化率已达 42%,正处在加速发展阶段。不论是当前还是将来,全面建设小康社会,都需要重视农村发展,努力改善农民的生产和生活条件。同时,城市发展过程中,"城中村"农民赖以生存的耕地基本被征用,虽然"城中村"已经成为城市的一部分,但城乡分治的格局尚未根本改变,"城中村"杂乱无章、环境恶化。因此,政府必须将"城中村"纳入城市发展中通盘考虑,全面履行公共服务职能,解决协调发展问题。

3. 村镇规划中的环境保护规划是促进城乡经济结构调整的有效措施

(1)有利于扩大有效需求。2004 年,全国农村每百户洗衣机、电冰箱的拥有量仅 37.3 台、17.8 台,有较大发展潜力。加大对农村水、电、路等基础设施的投入,将为农业机械、交通工具、家用电器进入农村市场创造良好的条件。

(2)有利于调整城乡投资结构。政府增加对农村人居环境建设投入,能够鼓励和引导社会各类资金投向农村,引导农民投工投劳。

(3)有利于经济结构调整。推进村庄整治,加强农村基础设施建设,既可以改善农民的生产、生活条件,又能扩大水泥、钢材等市场需求,为产业和产品结构调整提供条件,更好地支撑国民经济平稳、较快的发展。

第二节　村镇规划中节能省地的主要方法和途径

关于发展节能省地型建筑,建设部副部长刘志峰曾提出:"从提高住宅使用寿命中求节省,从提高住宅空间的使用功能中求节省,从资源的循环使用中求节省。"随着农业经济的发展和农民生活水平的提高,村镇住宅大量兴建,应在保证住宅功能和舒适度的前提下,坚持开发与节约并重,把节约放到首位,提高土地资源利用率。

一、村镇规划中节约能源的途径

1. 设计节能型住宅

住宅是发展循环经济、建设资源节约型社会最为重要的载体之一。城乡建设与能源短缺的矛盾日益突出,将面临严峻的资源和能源压力。

建筑要充分利用当地的材料,住宅采用框架结构,楼板及坡屋顶采用钢筋混凝土现浇屋面,这样室内空间显得宽敞。为加强保温性能,可在门内侧增设可拆卸玻璃门,冬天安装防风,夏日拆除通风。室外挡土墙均就地取材,经济实用。

2. 选择合适的户型结构,提高居住质量

在规划中强调生态可持续发展。在居住单元组合和住宅单体的设计中,力求能够应用一些经济可行的节能措施,达到能源利用和人居环境的可持续发展。住宅设计时,设计师应当对住宅的基本户型、平面结构、空间分割、结构选型等进行精心研究,克服设计中缺乏弹性和选择性的弱点。中国农村传统的室内房间是按功能分隔的,一般分为卧室、储藏间、厨房、客厅等,新型的住宅结构中又增加了餐室、浴室、壁橱等。所有房间均应以起居、活动方便,兼顾节能为原则。一般应将人们活动的主要房间和卧室安排在南侧,而将储藏室、过道等安排在北侧。这样,客厅、卧室兼顾了采光、采暖,而储藏室、壁橱等既发挥了储藏功能,又起到了空气间层的作用,以减少住宅能量损失。

3. 选择经济合理高效的采暖方式和有效改善室内热环境的方法

北方村镇的冬季取暖是一个普遍的问题。由于缺少持续有效的供暖,加上房屋的密闭性很差,冬季的室内温度只有几度。在村镇规划中,只有解决冬季取暖问题,才能提高居住的舒适度。可采取建筑结合沼气池的方法来解决采暖问题,这样达到能源的循环使用,既充分利用能源,防止能源浪费,又基本解决农民采暖的问题。

一方面可采用外墙外保温、加强屋顶保温、采用塑钢门窗中空玻璃、冷桥处理等几项技术,并对户型优化,降低外表面积,减少体型系数;另一方面,采暖方式的选择必须考虑建设费用、能源的价格和稳定性、运行维护简单方便、运行费用低和环保等几项条件。任何单一的取暖方式都难以满足农村的采暖要求。

二、村镇规划中省地的途径

1. 合理规划布局

从理论上讲,随着农村人口的城镇化,布局零散、占地较大的农村居民点必然成为土地整理的对象,这部分土地经过整理既可转化为农地,也可以作为农村城镇化建设折抵指标,这样就大大减少了建设占用耕地数量,并在一定程度上补充了耕地总量,从而有利于实现土地集约利用。

2. 逐步调整村庄集镇用地,引导其向集约化方向发展

一方面,通过迁村并点,使农村住宅逐步向中心村和小城镇集中。根据当地经济发展水平,可在规划区内建造多层农民公寓,建立新型农民社区,在改善农民居住环境的同时,既节约土地,又减少基础设施的投入,实现农民住宅用地集约化;另一方面,通过搬迁改造,使乡镇企业逐步向工业园区集中,实现农村非农建设用地的集约利用。目前农村乡镇企业用地比较分

散,存在大量"宽打宽用"现象,因此,农村非农建设用地集约利用还大有潜力可挖。

3. 规划设计上求精,提高土地的使用效率

(1)在规划设计中合理控制住宅用地面积和容积率

我国目前的村镇居住点布局绝大多数是一户一个独立的院落,且基本上为平房。住宅的居住水准直接关系住宅用地,要提倡"面积不大,功能全"这一观念。积极引导居民合理住宅消费,改变那种房子越大越好,一味求大的消费观念,控制住宅建设规模,节约土地。一般来说,住宅的节地和通风采光等卫生要求总是矛盾的,如住宅进深小,有利于直接通风采光;进深长,有利于节地。发展节地型住宅,是要立足于宜居环境,在符合健康卫生,如日照、通风等要求的前提下,合理地提高住宅建筑的密度和容积率。

(2)统一规划,提高土地集约利用

村镇住宅区与城市住宅区的主要区别在于它应该尽可能地强调土地的归属感,重视农民的土地情结。在设计中强调紧凑型社区概念,营造具有城镇生活氛围的"紧凑社区",建立公共中心,形成以步行距离为尺度的居住社区。村镇居住问题的根本在于土地问题,探索合理的划分方式,让每家每户拥有院落,是设计重点。同时注重农民的特定居住观念,充分考虑农民在风水上对"上首"和"下首"间关系的忌讳,避免住宅的错落排列;力求最好的房屋朝向;充分考虑满足农民较强的防卫心理。在庭院规划中应充分考虑当地的环境条件,如气温、风向采光等。在寒冷地区,应尽量避免冬季寒风的侵袭。为此,应根据当地冬季的主导风向,在上风向布置草垛、库房,或种植常青树等。

4. 建设上求稳,提高土地利用水平

(1)加强建设引导,强化管理,节约用地

随着村镇经济快速增长,物质生活水平不断提高,原有在自然经济基础上形成和发展起来的宅基越来越不能适应广大农民追求现代生活方式的需要。因此,他们重新申请划批新宅基地,导致住宅用地面积迅速增加。建议配置村一级的乡村规划建设管理员,以解决乡村规划建设管理中工作量大、管理跟不上的问题,使村镇建设工作按法制化、规范化的方向发展。

(2)提倡推广新型墙体材料

多年来,普通黏土砖一直是住宅围护结构的首选材料。目前国家制定了相关措施限制其使用,但效果不甚理想。虽然一些地区采用黏土空心砖来取代普通黏土砖的节地措施,但因黏土空心砖的孔洞率约30%左右,充其量也只能省30%左右的黏土,这不是一种从根本上节约用地的措施,因此,积极采用新型墙体材料是建筑节地的重要途径。据测算,每立方墙体材料要耗用578块标准黏土砖,如果使用新型墙体材料代替黏土砖,同样建造10万 m^2 的住宅,可节省烧砖用地19.08亩。

(3)使用上求久,提高土地利用价值

住宅是有生命周期的,一般住宅的结构寿命可以达到70年。目前,研究人员正在进行超耐久性混凝土的研究,这种混凝土的耐久性可达到几百年甚至上千年。当采用框架结构的住宅使用超耐久性混凝土,就能大大延长住宅的使用寿命,其显著的经济效益和社会效益是不言而喻的。另一方面,随着建筑监测、加固技术的发展,我们可以通过各种措施,来延长住宅的结构寿命,改善住宅的居住功能,延续住宅的生命周期。对老化但未达到生命周期的住宅进行鉴定,实施加固,一般只需投入占新建资金20%~30%的资金,就能使这些住宅建筑增加50%的寿命,即延长30~40年使用寿命,这显然是对土地资源的巨大节约。

第三节　村镇规划中的环境保护规划

我国在城市环境日益改善的同时,农村环境污染问题却越来越突出。尤其是在工业化、城镇化程度较高的东部发达地区的农村,农村环境污染已经严重阻碍农村的社会发展和农民的福利改善。在本届政府已经提出"社会主义新农村建设"目标的今天,解决农村环境污染问题应该成为各级政府的当务之急。编制村镇环境保护规划也势在必行。

一、当前村镇生态环境面临的主要问题及原因❶

(一)当前村镇生态环境面临的主要问题

1. 现代化农业生产造成的各类污染

我国人多地少,土地资源的开发已接近极限,化肥、农药的施用成为提高土地产出水平的重要途径,加之化肥、农药使用量大的蔬菜生产发展迅猛,使得我国已成为世界上使用化肥、农药数量最多的国家。

据统计,我国化肥年使用量约为 4637 万 t,按播种面积计算,化肥使用量达 $40t/km^2$,远远超过发达国家为防止化肥对土壤和水体造成危害而设置的 $22.5t/km^2$ 的安全上限。而且,在化肥施用中还存在着各种肥料之间结构不合理等现象。化肥利用率低、流失率高,不仅导致农田土壤污染,还通过农田径流造成了对水体的有机污染、富营养化污染甚至地下水污染和空气污染。目前,东部已有许多地区面源污染占污染负荷比例超过工业污染。

农药年使用量约 130 万 t,只有约 1/3 能被作物吸收利用,大部分进入了水体、土壤及农产品中,使全国 $9300km^2$ 耕地遭受了不同程度的污染,并直接威胁到人群健康。2002 年对 16 个省会城市蔬菜批发市场的监测表明,农药总检出率为 20%～60%,总超标率为 20%～45%,远远超出发达国家的相应检出率。这两类污染在很多地区还直接破坏农业伴随型生态系统,对鱼类、两栖类、水禽、兽类的生存造成巨大的威胁。化肥和农药已经使我国东部地区的水环境污染从常规的点源污染物转向面源与点源结合的复合污染。

由于大棚农业的普及,地膜污染也在加剧。近 20 年来,我国的地膜用量和覆盖面积已居世界首位。2003 年地膜用量超过 60 万 t,在发达地区尤甚。据浙江省环保局的调查,被调查区地膜平均残留量为 $3.78t/km^2$,造成减产损失达到产值的 1/5 左右。

2. 由于小城镇和农村聚居点的基础设施建设和环境管理滞后产生的生活污染

小城镇和农村聚居点的生活污染物因为基础设施和管制的缺失一般直接排入周边环境中,造成严重的"脏乱差"现象:每年产生的约为 1.2 亿 t 的农村生活垃圾几乎全部露天堆放;每年产生的超过 2500 万 t 的农村生活污水几乎全部直排,使农村聚居点周围的环境质量严重恶化。

尤其值得注意的是,在我国农村现代化进程较快的地区,这种基础设施建设和环境管理落后于经济和城镇化发展水平的现象并没有随着经济水平的提高而改善,其对人群健康的威胁在与日俱增。

3. 乡镇企业布局不当、治理不够产生的工业污染

受乡村自然经济的深刻影响,农村工业化实际上是一种以低技术含量的粗放经营为特征、以牺

---

❶ 引自 http://www.gs.xinhuanet.com/jdwt/baodaonr.htm,苏扬. 中国农村环境污染调查。

牲环境为代价的反积聚效应的工业化,村村点火、户户冒烟,不仅造成污染治理困难,还导致污染危害直接。目前,我国乡镇企业废水 COD 和固体废物等主要污染物排放量已占工业污染物排放总量的 50% 以上,而且乡镇企业布局不合理,污染物处理率也显著低于工业污染物平均处理率。

近些年来,在人口密集地区尤其发达地区,集约化畜禽养殖蓬勃发展。这些地区可资利用的环境容量小(没有足够的耕地消纳畜禽粪便,生产地点离人的聚居点近或者处于同一个水资源循环体系中),加之其规模和布局没有得到有效控制,没有注意避开人口聚居区和生态功能区,造成畜禽粪便还田的比例低、危害直接。同时,在污染排放强度上并不低于工业企业的集约化养殖场,其污染危害更加严重:不仅会带来地表水的有机污染和富营养化污染以及大气的恶臭污染甚至地下水污染,畜禽粪便中所含病原体也对人群健康造成了极大威胁。

此外,由于污水灌溉、堆置固体废弃物、承受了大量工业污染的转移,农村土壤的重金属污染已经延伸到了食品污染。我国污灌面积由 1978 年的约 4000km² 增加到 2003 年的 30000km²,约占全国总灌溉面积的 10%。全国因固体废弃物堆存被占用或毁损的农田有 1300km²。

由于我国农村污染治理体系尚未建立,环境污染不仅将迅速"小污"变"大污",而且已经"小污"成"大害",给作为弱势产业的农业和弱势群体的农民带来了显著的负面影响:中国农村有 3 亿多人喝不上干净的水,其中超过 60% 是由于非自然因素导致的饮用水源水质不达标;中国农村人口中与环境污染密切相关的恶性肿瘤死亡率逐步上升,从 1988 年的 0.0952‰上升到 2000 年的 0.1126‰。对于基本排除在医疗保障制度之外的农民,这是极大的威胁。

(二)村镇环境污染问题的主要原因

我国农村人居环境落后是多种因素长期积累的结果。一是随着人口的增加和生产强度的加剧,生产生活污水和废弃物大量增加,超出农村生态环境自我平衡能力。二是村庄基础设施和公共设施投入不足。中国农村的传统是农民自建房屋,村庄公共设施因陋就简,村路等设施建设一般来源于募集捐助。由于缺少公共积累,村集体没有能力投入;因村庄公共设施服务面小,难以获得较好的经济效益,社会资金不愿投入;与农村发展的需要相比,政府的公共财政投入也显不足。这就使得村庄道路、供水、垃圾、污水处理等设施欠账严重。三是村庄规划和管理缺位。长期以来,我国对村庄人居环境建设缺乏规划引导和政策支持,加上管理缺位,使新老问题不断叠加。

为解决这些问题,扎实推进农村社会经济的协调发展,党中央、国务院将改善农村人居环境作为社会主义新农村建设的一项重要内容与检验标准提了出来,这对于促进城乡统筹发展、全面建设小康社会具有重要的现实意义。"十一五"期间,我国将全面进入"以工促农、以城带乡"发展阶段,在环境保护上消除城乡差距、保障基本的环境公平成为建设和谐社会的重要内容。为此,中央正在大力调整国民收入分配格局,切实转变财政分配、资源配置向城市倾斜的政策,在发达地区这种转变将更快。这个新形势为统筹解决村镇环境问题提供了难得的机遇。

二、村镇环境保护规划[1]

(一)水体环境保护规划

1. 水源地保护规划

(1)从保护水资源的角度安排村镇用地布局,特别是污染工业的布局。

---

❶ 主要参考文献:金兆森,张晖.村镇规划.第 1 版.第 194-199 页.

（2）在确定村镇产业结构时应充分考虑水资源条件。

2. 水体污染的防治

（1）全面规划、合理布局是防止水污染的前提和基础。对河流、湖泊、地下水等水源，加强保护，建立水源卫生保护带。对江河流域需统一管理，妥善布置和控制排污，保持河流的自净能力，不能使上游污染危及下游村镇。

（2）从污染源出发，改革工艺、进行技术改造、减少排污是防治的根本措施。事实证明，通过加强管理、改进工艺、实行废水的重复使用和一水多用、回收废水中的有用成分，既有效地减少工业废水的排出量、节约用水，又减少处理设施的负荷。

（3）加强工业废水的处理和排放管理，执行国家关于废水的排放标准，促进工厂进行工艺改革和废水处理技术的发展。

（4）完善村镇排水系统，根据条件对污水进行适当的处理。常见的处理方法如沉淀法、中和法、吸附法等。

（二）大气环境保护规划

1. 防治大气污染的技术措施

消除和减轻大气污染的根本方法是控制污染源；同时，规划好自然环境，提高自净能力。

（1）改进工艺设备、工艺流程，减少废气、粉尘排放。

（2）改革燃料构成。选用燃烧充分、污染小的燃料，如城市煤气化。有条件的地方尽量使用太阳能、地热等洁净能源，汽车燃料采用无铅汽油等。

（3）采用除尘设备，减少烟灰排放量。

（4）发展区域供热，减少居民炉灶产生的污染。

（5）依法管理。按环境标准和排放标准进行监督管理，管理和治理相结合，对严重污染者依法制裁。

2. 防治大气污染的规划措施

（1）村镇布局规划合理。工业企业是造成大气污染的主要污染源，所以合理规划工业用地是防止大气污染的重要措施。工业用地应安排在盛行风向的下侧。主要考虑盛行风向、风向旋转、最小风频等气象因素。

（2）考虑地形、地势的影响。村镇规划时，除了要收集本市、县的气象资料外，还要收集当地的资料。局部地区的地形、地貌、村镇分布、人工障碍物等对小范围气流的运动——空气温度、风向、风速、湍流产生影响。因而在山区及沿海地区的工厂选址时，更要注意地形、地貌对气流产生的影响，尽量避开空气不流通、易受污染的地区。

（3）设卫生防护带。设立卫生防护带，种植防护林带，可以维持大气中氧气和二氧化碳的平衡，吸滞大气中的尘埃，吸收有毒有害气体，减少空气中的细菌。同时，可以根据某些敏感植物受污染的症状，对大气污染进行报警。

（4）抢护污染源治理、降低污染物排放

在我国目前的能源结构（以煤为主）、燃烧技术等条件下，很多燃烧装置不可能完全消除污染物排放，加上一些较落后的工艺技术，不进行污染源治理，就不可能彻底控制污染，因此，在注意集中控制的同时，还应强化废气污染源治理。废气治理从技术原理方面而言主要有以下几种：①溶剂吸收法；②固体吸收法；③催化还原法。

(三)噪声污染及防治规划

有的声音是人们日常生活中所需要的或者是喜欢听的,但有的声音却是不需要的,听起来使人厌烦,甚至发生耳聋或其他疾病,这就是不受欢迎的噪声,它对人的环境影响较大。噪声有大有小,强度不同,噪声的强度用声波来表示,其单位为分贝(dB)。

治理噪声的根本措施是减少或消除噪声源。可通过改进工艺设备、生产流程,也可通过吸声、隔声、消声、隔振、阻尼、耳塞、耳罩等来减少噪声。

常用的规划措施有:

(1)远离噪声源。村镇规划时合理布局,尽可能将噪声大的企业或车间相对集中,和其他区域之间保持一定的距离。

(2)采取隔声措施。合理布置绿化。绿化能降低噪声,尤其是乔、灌、草结合的植物群落,绿化好的街道比没绿化的街道可降低噪声8~10dB。利用隔声要求不高的建筑物形成隔声障壁,遮挡噪声。

(3)合理布置村镇交通系统,减小交通噪声污染。

第八章　村镇规划中的技术经济工作

一、技术经济工作的意义和内容[1]

为村镇经济发展创造良好的环境条件、切实改善村镇人居环境、有利于节约利用土地资源、有利于配套基础设施建设是村镇规划的重要意义所在。因此，在村镇规划中应贯彻经济、社会、环境三大效益统一的原则，注意村镇规划与建设的现实性和可行性，把技术经济工作贯彻于村镇规划与建设的全过程。

在市场经济的大环境下，村镇规划建设必须和市场接轨，按经济规律办事。村镇规划的标准越高，实施的费用、困难就越大，在村镇规划和建设中必须避免忽视经济效益、讲气派、搞形式主义、搞政绩工程、脱离村镇实际情况的规划。因此，只有将技术经济分析工作贯穿于村镇规划建设的全过程，才能确定出科学合理的规划目标，编制出最佳的规划方案。技术经济分析工作在村镇规划的编制过程中具有特别重要的意义，尤其是在一些关键环节和重大项目中，更要认真进行技术经济分析。

村镇规划是一个系统工程，由多项规划组成，每项规划都有各自的技术经济指标，所以村镇规划的评价由多项指标组成。在村镇规划的不同部分，技术经济工作的内容应有所侧重。在村镇总体规划中，技术经济工作的重点是从区域的角度分析规划，科学地确定村镇的布局、性质、规模和发展方向。而在村镇建设规划中，技术经济工作的重点则在于如何结合当地的实际情况，因地制宜地处理好客观需要和实际可能的统一问题，从而使村镇的各项建设建立在可靠的现实基础上。规划的内容要符合要求，设施标准、建设规模和速度，都要与经济发展水平相适应，这是衡量一个规划方案质量高低的重要标准之一。

在实际工作中，必须根据各个村镇的实际情况，建立合理的评价指标体系，进行综合的技术经济分析，通过多方案、多轮次的比较分析，最终确定经济上合理、技术上可行的最佳规划方案。

村镇规划方案的比较内容如下：

(1)村镇的性质、规模、发展方向和总体布局是否合理；

(2)规划对产业发展、商业开发、环境保护的引导作用大小；

(3)各产业的生产条件及其协作关系；

(4)建设用地的位置、规模、工程地质、水文地质条件；

(5)交通运输情况。包括对外联系的公路、水运及其联运和对内交通，主要分析评价交通的便捷性和工程投资是否节省；

(6)环境、卫生情况。各类用地内部以及各分区之间所形成的生产、生活环境情况；

(7)公用工程设施。包括供电、供热、电力、电信、给排水及其他工程的可利用程度和建筑的工程量及其经济性；

(8)防灾工程及其措施的安全性；

---

❶　主要参考文献:金兆森、张晖等. 村镇规划. 第2版. 第288-289页。

（9）占地、搬迁情况。包括所占耕地的质量、数量,需要动迁的人口、拆迁量和拆迁难度,征地补偿措施等;

（10）村镇经济、社会、环境等方面的和谐程度和可持续发展程度;

（11）对旧村镇的利用程度;

（12）村镇建设造价比较。综合比较不同规划方案的建设投资和总投资情况;

（13）规划的可操作性和可实施性;

（14）综合分析意见。按以上方面进行综合分析比较,然后确定方案。或者综合采用不同方案的某些优点,形成新的方案。

二、规划中的主要技术经济指标

村镇规划中的技术经济指标,是显示村镇各项建设在技术上是否可行、经济上是否合理的数据。在村镇规划设计中起着依据和控制的作用,应认真分析和拟定。

在村镇规划中,相关的经济技术指标有多项。但从规划设计管理工作的角度看,应重点抓好村镇用地和建设造价等指标。

（一）村镇建设用地标准和用地统计

村镇建设用地标准反映一般用地水平,也反映土地利用的经济合理性。用地指标应形成自己的系列。总用地指标由各类用地指标所组成。各类用地指标又由不同层次的分项用地指标组成。各分类、分项用地指标之间的比例关系构成各种相对指标。

村镇用地统计要求对村镇各项建设用地的含义有透彻的理解。统计工作要准确无误,否则,既不能真实地反映村镇各项建设用地的实际情况,也不能与国家、省、市、县各级政府所规定的指标系列相比较,造成用地失控和不合理。

村镇用地指标一般通过编制村镇建设用地计算表来检验各项用地的分配比例及其是否符合规定的定额,或与一些同类村镇用地进行类比,用数据来说明规划方案中用地的相互关系,为合理分配村镇用地提供依据。为了便于统计计算,使各村镇编制的用地计算表具有可比性,村镇用地计算表可选用如下基本格式（表8-1、表8-2）。

表8-1 村庄用地计算表

分类代码	用地名称	现状（ 年 人）			规划（ 年 人）		
		面积（hm²）	比例（%）	人均（m²/人）	面积（hm²）	比例（%）	人均（m²/人）
R							
C							
M							
W							
T							
S							
U							
G							
村庄建设用地		100			100		
E							
村庄规划用地范围							

表 8-2　集镇用地计算表

分类代码	用地名称	现状（　　年　　人）			规划（　　年　　人）		
		面积（hm²）	比例（%）	人均（m²/人）	面积（hm²）	比例（%）	人均（m²/人）
R							
R1							
R2							
R3							
C							
C1							
C2							
C3							
C4							
C5							
C6							
M							
M1							
M2							
M3							
M4							
W							
W1							
W2							
T							
T1							
T2							
S							
S1							
S2							
U							
U1							
U2							
G							
G1							
G2							
集镇建设用地			100			100	
E							
E1							
E2							
E3							
E4							
E5							
集镇规划用地范围							

通过村镇建设用地平衡表能够反映村镇土地使用的水平和比例,为调整用地和制定规划提供依据;可用来类比村镇之间的建设用地情况;它是规划管理单位审定村镇建设用地的必要依据之一。

在进行村镇用地计算时,计算范围为规划用地范围。村镇现状用地和规划用地应统一按规划用地范围进行统计,以便于分析比较该村镇规划期内土地利用的变化情况,既增强了用地统计工作的科学性,也便于规划方案的比较和选定。分片布局的村镇应分别计算各片用地,再进行汇总。

编制村镇建设用地平衡表时,村镇用地的统计,应遵守以下规定:

(1)集镇、村庄的现状用地和规划用地,应统一按规划用地范围进行统计;

(2)分片布局的集镇,应分片计算各片用地,再进行汇总;

(3)乡(镇)域总体规划中的村镇用地是指乡(镇)辖区范围内的所有集镇、村庄、以及独立布置的生产企业、公共设施和散居住户用地的总和;

(4)村镇用地面积要按平面图进行量算,山丘、斜坡均按平面投影面积计算,单位为公顷;

(5)村镇过境公路面积不应计入村镇建设用地内。如兼作内部道路时,可将其一半计入;

(6)对于散居的、零乱的住宅用地可按实际使用面积计算,也可按宅基地面积再加上宅前宅后必要的空地面积计算;

(7)村镇用地的计算单位为 ha(公顷)。

(二)建设造价

建设造价是反映村镇建设项目的数量、质量和设施标准的综合指标。村镇的建设造价主要包括住宅建筑、公共建筑和室外公用工程设施的造价。此外,还包括土地使用准备和其他费用。村镇中每项建筑项目都有数量标准、质量标准以及设施标准,而每项标准都由其定额指标表示出来。

比如,住宅建筑的数量标准是通过建筑面积定额来表示的,即"m^2/户"。根据一些实例分析,南方村民住宅建筑面积一般为 $85 \sim 110 m^2$/户;北方一般为 $80 \sim 90 m^2$/户;严寒地区为 $75 m^2$/户左右。

住宅的质量标准反映建筑物使用什么材料、采用什么结构形式和耗用多少材料,以及使用什么构造方法,可用主要材料消耗定额和人工消耗定额来表示。如钢材:kg/m^2;木材:m^3/m^2;水泥:kg/m^2;砖:块/m^2;用工:人工/m^2 等。

住宅的设备标准则包括室内给水、排水、照明等各项设备水平。当前,大部分村镇因设备标准较低,大都未计入造价。今后随着农宅设备标准的提高,应计入建设造价中。

(三)其他技术经济指标

(1)建筑密度。是指村镇各类建筑物基底面积之和除以建筑物总占地(包括道路、绿化、空地等)面积的百分数。建筑密度是检验建筑物布置是否合理紧凑,用地是否节省的规划设计的技术经济指标之一。

(2)居住建筑密度。是指居住建筑基底总面积与居住用地面积之比。

居住建筑密度主要取决于房屋布置对气候、防火、防震、地形条件和院落使用等的要求,直接与房屋间距、建筑层数、房屋排列等有关。在同样条件下,住宅层数愈多,建筑密度愈低。

(3)人口净密度。是村镇居住人口与居住用地面积之比。

三、规划技术经济指标评价体系

村镇规划评价指标体系主要由村镇建设用地评价、环境质量影响评价、投资效益评价等组成。其他相关指标,如文化、科技、政治、社会等指标也日益重要。

(一)村镇用地经济效益评价

(1)村镇用地面积指标,主要包括总用地面积、居住用地面积、居民点用地面积比例、居民点用地紧凑系数。

(2)村镇居住建筑用地面积指标,主要包括宅基地用地指标、居住水平、居住建筑密度、居住面积密度、平面系数。

(3)村镇各项用地比例指标,主要包括居住用地面积比例、生产区用地面积比例、公共建筑用地面积比例、街道系数、绿化系数。

(二)环境质量评价指标

(1)单项污染要素的环境质量指数。
(2)污染程度分级。
(3)编制单要素环境质量评价图。
(4)环境质量综合评价。

(三)投资效益评价

(1)单位产品投资额。
(2)投资回收期。
(3)投资效果系数。
(4)追加投资回收期。
(5)比较效果系数。

四、村镇建设投资估算与资金筹集

村镇建设投资是指村镇建设规划期限内各项建设费用的总和,它是村镇建设规划经济性的衡量标准之一,特别是村镇的近期建设投资是衡量规划方案现实性的重要方面,也是村镇基本建设计划中确定投资的主要依据。因此,在规划中,必须认真做好村镇建设投资的估算,协调村镇建设中各项投资比例,使村镇建设能有计划、按比例协调发展,以避免村镇建设过程的盲目性。

(一)投资估算的方法

进行村镇建设投资估算,必须从各个村镇的实际情况出发,综合考虑规划建设内容、实施措施、当地各类工程的造价标准等因素。具体方法是:在一般情况下,根据规划项目、内容,按近、远期分别列出各建设项目的工程量,然后确定各项建设工程的单位造价标准。在确定单位造价标准时,应近、远期有别,远期的单价可适当提高一点。因为,远期工程是在村镇经济已经过一个发展阶段的情况下进行的,建设的质量标准会有所提高。一般村镇建设投资估算可参考表8-3进行。其中,未可预见项目的投资估算可按建设投资总和的10%左右计算。

表 8-3　村镇建设投资估算表

序　号	建设项目名称	近　期		远　期		合　计
		工程量	投资(万元)	工程量	投资(万元)	
1	住宅建筑					
2	工业厂房					
3	仓　库					
4	公共建筑					
5	道路、广场、桥梁					
6	绿　化					
7	给　水					
8	排　水					
9	防　洪					
10	电　力					
11	电　讯					
12	未可预见项目					
	合　计					

在估算出村镇建设总投资后,可将建设的近远期投资、总投资与调查基础资料中的规划建设资金来源估算金额相比较,以检验两者是否吻合。若相差甚远就说明规划的可实施性差,应对相关规划内容和实施步骤等进行必要的调整,并提出资金来源渠道和节省资金的措施等。切实增强规划的可实施性,特别是近期规划建设实施的项目,除注意投资落实的可靠性外,在规划中还应提出主要材料的需要数量,如水泥、钢材和木材等。

(二)村镇建设资金的筹集

村镇建设资金的来源是实施规划的关键。因此,需要通过各种不同的渠道来筹集资金。根据各地的经验,村镇建设资金大致可以从下列几种渠道筹集:

(1)通过村民缴费和村集体经济解决资金来源问题。

(2)积极争取税收、补助、贴息等政策,鼓励和引导社会资本特别是工商资本参与村镇规划建设。比如可从村镇企业上缴利润、税收中提取一定的比例;可选建集市贸易场所,活跃集市经济,增加税收,积累资金。

(3)迅速发展工业、商业及公用事业,适当增收村镇工商、公用事业附加税及房地产税,本着"哪里收,哪里用"的精神,留作村镇建设资金。

(4)利用当地廉价的地方材料,加快镇区的水、电、路的建设,从而提高地价,为村镇增加建设投资。

(5)对设在村镇的县以上的企事业单位,应征收一定比例的地方税,或按比例分摊一部分村镇公用设施的建设资金。例如可以向在规划区范围内进行各类建设的单位或个人,征收一定数额的基础设施配套费。

(6)地方财政中可规定适当的投资数额。

(7)发展副业生产,增加经济收益,抽出一定比例,作为村镇建设资金。

(8)对一些古建筑、纪念碑、革命遗址等的修复,可以向民间单位和个人募捐和集资。

(9)凡能市场化运作的公共设施,积极利用市场机制解决其建设资金问题。例如可以尝试采用 BOT❶ 方式。

总之,村镇建设资金来源应根据各地、各村镇自身的具体条件,在村镇规划设计中提出因地制宜、切实可行的资金来源和措施。

---

❶ BOT 是英文 Build-Operate-Transfer 的缩写,是基础设施投资、建设和经营的一种方式,以政府和私人机构之间达成协议为前提,由政府向私人机构颁布特许,允许其在一定时期内筹集资金建设某一基础设施并管理和经营该设施及其相应的产品与服务。当特许期限结束时,私人机构按约定将该设施移交给政府部门,转由政府指定部门经营和管理。

第九章 村镇规划的实施与管理

一、规划的管理部门

国务院建设行政主管部门主管全国的村庄、集镇规划建设管理工作;县级以上地方人民政府建设行政主管部门主管本行政区域的村庄、集镇规划建设管理工作;乡级人民政府负责本行政区域的村庄、集镇规划建设管理工作。

各级人民政府及村镇建设行政管理部门应该对村镇规划的编制工作加强检查和指导,对发现的问题要及时处理。要把村镇规划建设管理工作列为本级政府的一项重要工作,并纳入县(市)、乡(镇)人民政府目标责任制。

乡(镇)人民政府负责管理本行政区域内的村镇规划建设,具体工作由乡(镇)的村镇建设办公室或村镇建设专职管理人员负责。村镇建设办公室或村镇建设专职管理人员业务上受县级村镇建设行政管理部门的指导。

县级以上人民政府计划、土地、农业、工商、交通、水利、乡镇企业、卫生、文化、教育、环保、民政、公安等有关行政部门,应当各司其职,积极配合村镇建设行政管理部门做好村镇规划建设管理工作。

村镇规划的编制应当以县域规划、农业区划、土地利用总体规划为依据,并同有关部门的专业规划相协调。要符合国家村镇规划标准和地方有关技术规定,并征求县级以上人民政府有关部门的意见,进行科学论证。

二、规划的审批

建制镇的总体规划报县级人民政府审批,详细规划报建制镇人民政府审批。建制镇人民政府在向县级人民政府报请审批建制镇总体规划前,须经建制镇人民代表大会审查同意。

任何组织和个人不得擅自改变已经批准的建制镇规划。确需修改时,由建制镇人民政府根据当地经济和社会发展需要进行调整,并报原审批机关审批。

村庄、集镇总体规划和集镇建设规划,须经乡级人民代表大会审查同意,由乡级人民政府报县级人民政府批准。

村庄建设规划,须经村民会议讨论同意,由乡级人民政府报县级人民政府批准。

根据社会经济发展需要,经乡级人民代表大会或村民会议同意,乡级人民政府可以对村庄、集镇规划进行局部调整,并报县级人民政府备案。涉及村庄、集镇的性质、规模、发展方向和总体布局的重大变更的,经乡级人民代表大会或村民会议同意,由乡级人民政府报县级人民政府批准。

三、规划的实施

村镇规划经批准后,由乡(镇)人民政府公布并组织实施。村镇规划区内的土地利用和各项建设必须符合村镇规划,服从规划管理,确保依据法定的村镇规划,遵照法定的程序进行各项建设。

1. 明确规划的法定地位

在村镇范围内的土地利用和各项建设必须符合经法定程序编制和批准的村镇规划,服从规划管理,任何单位和个人不得擅自改变和妨碍规划的实施。

2. 严格规划许可制度,完善建设项目的"一书两证"

"一书"指建设用地选址意见书,"两证"指建设用地规划许可证和建设工程规划许可证。

建制镇规划区内的建设工程项目在报请计划部门批准时,必须附有县级以上建设行政主管部门的选址意见书。在建制镇规划区内进行建设需要申请用地的,必须持建设项目的批准文件,向建制镇行政主管部门申请定点,由建制镇建设行政主管部门根据规划核定其用地位置和界限,并提出规划设计条件的意见,报县级人民政府建设行政主管部门审批。县级人民政府建设行政主管部门审核批准的,发给建设用地规划许可证。建设单位和个人在取得建设用地规划许可证后,方可依法申请办理用地批准手续。建设规划用地批准后,任何单位和个人不得随意改变土地使用性质和范围。如需改变土地使用性质和范围,必须重新履行规划审批手续。在建制镇规划区内新建、扩建和改建建筑物、构筑物、道路、管线和其他工程设施,必须持有关批准文件向建制镇建设行政主管部门提出建设工程规划许可证的申请,由建制镇建设行政主管部门对工程项目施工图进行审查,并提出是否发给建设工程规划许可证的意见,报县级人民政府建设行政主管部门审批。县级人民政府建设行政主管部门审核批准的,发给建设工程规划许可证。建设单位和个人在取得建设工程规划许可证和其他有关批准文件后,方可申请办理开工手续。在建制镇规划区内建临时建筑,必须经建制镇建设行政主管部门批准。临时建筑必须在批准的使用期限内拆除。禁止在批准临时使用的土地上建设永久性建筑物、构筑物和其他设施。

农村村民在村庄、集镇规划区内建住宅的,应当先向村集体经济组织或者村民委员会提出建房申请,经村民会议讨论通过后,按规定审批程序办理。需要使用耕地的,经乡级人民政府审核、县级人民政府建设行政主管部门审查同意并出具选址意见书后,方可向县级人民政府土地管理部门申请用地,经县级人民政府批准后,由县级人民政府土地管理部门划拨土地。使用原有宅基地、村内空闲地和其他用地的,由乡级人民政府根据村庄、集镇规划和土地利用规划批准。兴建乡(镇)村企业,必须持县级以上地方人民政府批准的设计任务书或其他批准文件,向县级人民政府建设行政主管部门申请选址定点,县级人民政府建设行政主管部门审查同意并出具选址意见书后,建设单位方可依法向县级人民政府土地管理部门申请用地,经县级人民政府批准后,由县级人民政府土地管理部门划拨土地。乡(镇)村公共设施、公益事业建设,须经乡级人民政府审核、县级人民政府建设行政主管部门审查同意并出具选址意见书后,建设单位方可依法向县级人民政府土地管理部门申请用地,经县级人民政府批准后,由县级人民政府土地管理部门划拨土地。

3. 加强项目实施期间的管理

在项目建设过程中的规划管理,是当前各地规划工作的一个薄弱环节。规划行政主管部门要加强对规划实施的经常性管理,对建设工程性质变更和新建、改建、扩建中违反规划要求的,应及时查处、限期纠正。工程竣工后,对未出具认可文件的,房产管理部门不得发给房屋产权等证明文件。

4. 加强规划的监督、检查

要特别加强管理力量的充实和管理制度的建设,从体制、机制等重大问题上寻求突破。加大村镇规划实施的巡视力度,掌握建设动态,及时发现并查处村镇中的违法违规建设,充分发挥县、乡两级规划管理人员、村镇建设助理员队伍的管理力量,进一步明确其管理范围和职责。

在建制镇规划区内,未取得建设用地规划许可证而取得建设用地批准文件,占用土地的,批准文件无效,占用的土地由县级以上人民政府责令退回。在建制镇规划区内,未取得建设工程规划许可证件或违反建设工程规划许可证的规定进行建设,严重影响建制镇规划的,由县级人民政府建设行政主管部门责令停止建设,限期拆除或者没收违法建筑物、构筑物及其他设施;虽影响建制镇规划,但尚可采取改正措施的,由县级人民政府建设行政主管部门责令限期改正,可并处罚款。擅自在建制镇规划区内修建临时建筑物、构筑物和其他设施的,或者在批准临时使用的土地上建设永久性建筑物、构筑物和其他设施的,由建制镇人民政府建设行政主管部门责令限期拆除,可并处罚款。建制镇人民政府建设行政主管部门应当执行有关城建监察的规定,确定执法人员,对建制镇规划、市政公用设施、园林绿化和环境卫生、风景名胜的实施情况进行执法检查。

在村庄、集镇规划区内,未按规划审批程序批准而取得建设用地批准文件,占用土地的,批准文件无效,占用的土地由乡级人民政府责令退回。在村庄、集镇规划区内,未按规划审批程序批准或违反规划的规定进行建设,严重影响村庄、集镇规划的,由县级人民政府建设行政主管部门责令停止建设,限期拆除或者没收违法建筑物、构筑物及其他设施;影响村庄、集镇规划,但尚可采取改正措施的,由县级人民政府建设行政主管部门责令限期改正,处以罚款。农村居民未经批准或者违反规划的规定建设住宅的,乡级人民政府可以依照上述规定处罚。

5. 多种渠道筹集资金

村镇建设资金是实施规划的关键,需要通过多种渠道来筹集资金(具体内容参见第八章)。

四、规划建设档案的管理工作

村镇建设,关系到广大农民的切身利益,是改变广大农村落后面貌的大事。为了把乡村的这一历史性重大变化记载下来,村镇也应同城市一样要有自己的建设档案。村镇建设档案不仅是对村镇建设与管理活动的记载,更是村镇将来的规划、设计、施工、维护和管理的条件和依据。加强村镇建设档案管理是村镇建设管理中的一项重要的基础性工作。

(1)建立健全建设档案管理制度,由乡镇人民政府村镇建设办公室负责收集,并严格按管理制度执行。村镇建设档案的管理工作与城建档案相比还处于初步阶段,各级建设主管部门都要按照国家档案部门的规定和要求建立村镇建设档案。

(2)健全归档制度。村镇建设中形成的规划、文件资料,设计施工图纸,图表和其他基础材料(如水文地质勘探、气象记录、地形测量资料等),审批表及其他资源均属村镇建设档案管理的范畴,必须进行整理归档,妥善保管,不得损坏、散失,不得据为己有。现阶段还须积极促进电子资料库的建立和发展。

(3)建立查阅建设专案制度。制定相应的资料查阅制度,严格查阅程序,做到查阅档案必须有批准手续。既要满足日常建设、管理的需要,也要保障档案材料的安全和完整。

村镇建设档案的管理工作是一项经常性的工作,关键要建立和健全管理制度。不仅要有人管,还要按照制度,明确收集方法,规定保管、借阅等方法,保证档案的完整和安全。各级档案事业管理部门应积极配合村镇建设部门进行监督和业务指导工作,共同把建设档案的工作做好,逐步使村镇规划和建设管理走上科学化、正规化的工作轨道,为村镇建设做出贡献。

附录一　村镇规划实例

随着我国社会经济的全面发展,中小城镇进入快速发展时期,社会主义新农村建设不断推进,全国各地积极组织编制了小城镇规划和新农村规划,涌现出大量高质量、高水平的规划设计方案,对我国村镇建设的协调、可持续发展起到了重要指导作用。本章分别列举一镇、村规划案例,以兹说明。

实例 A　江苏省兴化市戴南镇镇总体规划(2000～2020 年)[1]

设计说明

一、戴南镇镇域现状概况

(一)地理位置

戴南镇位于江苏省兴化市的市域东南部,地处里下河水网地区,兴化、东台和姜堰三市(县)的交界地带,东北与张郭镇毗邻,西北与沈镇接壤,西与茅山镇相连,南与姜堰市溱潼镇、东台市溱东镇相接,东与东台市的时堰镇隔河相望。镇域面积 107.7km²,总人口 9.55 万人,其中在册人口 9.25 万人。戴南镇地处苏中腹地,属于江苏沿江经济带的有机组成部分,镇区距兴化市区 55km,为市域东南部的经济重镇,素有兴化第一镇之称,是苏南、苏北联系轴上的重要节点,经济上与上海、南京、苏南联系非常密切。

(二)交通条件

戴南镇水陆交通堪称发达,宁盐公路纵贯镇域南北,建设中的宁靖盐高速公路留有戴南互通立交口,北可达盐城、连云港及山东,往南可至南京、上海和苏南,对外联系十分便利。同时,镇域、镇区河流纵横,南有戴溱河,中有盐靖河、茅山河,北有唐戴河、幸福河,东有戴时河,与对外交通干线紧密相连,构成了全镇四通八达的水路交通网,成为市域东南、南部和东台市西部部分乡镇对外交通的出入口。

(三)资源条件

1. 自然资源优越

戴南镇水资源丰富,水域面积占总面积的 1/4,境内河网密布,水乡特色鲜明。水资源确保了人民生产、生活用水供给,并成为镇域发展、建设初期重要的导向因子,在今后全镇不断发

---

[1] 本规划方案由江苏省城乡规划设计研究院编制完成,为 2001 年度建设部部级优秀小城镇规划设计二等奖获奖项目。本实例引自《全国小城镇规划设计优秀方案精选》,中国建筑工业出版社,2003 年 6 月第 1 版。

展和完善中也将起到很重要的作用。

戴南镇地处长江北岸中纬度地带,属亚热带湿润气候区,气候温和,四季分明,光照充足,雨水充沛,良好的气候条件加上土壤地质优良,地势平坦,十分有利于多种农作物的生长和农业的多种经营生产。

2. 劳动力资源充裕

戴南镇地广人多,2000 年 3 月乡镇合并后全镇总人口达到 9.25 万人(在册常住人口),其中乡村劳动力 4.6 万人。随着农业现代化、产业化的不断推进,大批农村剩余劳动力将向非农产业转移,为本镇的工业、建筑业和第三产业的发展提供丰富的后备劳动力资源,促进经济的发展和城镇的繁荣。

3. 区域技术条件优良

戴南镇十分重视科技教育工作,明确经济发展必须依靠科技。1992 年以来,开发了 100 多个新产品,其中 70% 属于高科技产品,全钢帘线等 5 个产品填补国内空白,3 个替代进口产品,子午轮胎钢帘线和低磁耐蚀高强特种合金被列为国家火炬计划和国家重点科技成果推广项目,微型钢丝绳被列入国家星火计划,2 个产品获得省科技进步奖和省名牌产品称号。

戴南镇十分重视对教育的投入,加强全民素质教育,同时提供十分优越的条件,积极吸引人才。但目前人才结构失衡现象还较突出,特别是金融、贸易、管理外向型人才缺乏,人才教育和吸收应向这方面倾斜。

(四)历史沿革

据史书记载,戴南最早由"七垛十庙"组成,名为"七星庄"。公元 254 年,吴孙亮复制海陵县,动员百姓回归,首居此者姓戴,且临近满目湖荡沼泽而得名"戴家泽"。戴南是个具有悠久历史的鱼米之乡,现存敕封护国禅寺,梵宇宏敞,相传庙里有大刹建于大唐,已毁于解放前夕。说明唐代戴家泽已初具规模。宋代戴家泽为郡(泰州)十一都九图,下辖丁家泊、南朱庄、赵家庄、陈家庄。元明两代及清初戴家泽均属泰州。乾隆三十三年(1768 年)划属东台县。1926年,在戴家泽建镇,因戴家泽与南朱庄相连,各取首字,定名为戴南镇。

解放前戴南为兴(化)东(台)泰(州)三角区中心地带,行政建制几经调整,1949 年 5 月划归兴化县。建国后,戴南镇一直作为区、乡镇及公社领导机关驻地,是兴化南部地区政治、经济、文化中心。

(五)社会经济发展现状

改革开放 20 年来,戴南镇充分发挥自身优势,经济持续健康发展,特别是 1992 年年底邓小平南巡讲话以来的 7 年更是突飞猛进,到 1999 年年底国内生产总值比 1992 年增长了近 4 倍,达到 4.48 亿元,成为兴化第一镇,泰州市十强小康镇,并被列为全国 500 家现代化小城镇建设试点镇,为苏北里下河地区的一颗新星。

戴南镇经济在总量增长的同时,产业结构不断优化,三次产业结构比重由 1978 年的 45.8∶52.6∶1.6 调整为 1999 年的 14∶62∶24,形成"二、三、一"的结构。依据产业结构的演进理论,将经济发展划分为五个阶段:①"传统结构"阶段——以农业为主体;②"二元结构"阶段——手工操作的农业技术和比较先进的半机械化、机械化、自动化的工业技术并存;③"复合结构"阶段——工业技术装备扩散到多产业;④"先进技术主导结构"阶段——以当代高技术崛起为特征;⑤"高度化结构"阶段——以完善的高技术体系为标志。根据戴南的经济发展水平,它处于工农二元推进的工业化初期。

1999 年工业总产值 12.7 亿元,占工农业总产值的 91%,形成了以不锈钢制品为龙头,汽车配件、自行车配件、热电、劳保用品等行业为重点的工业生产格局。全镇不仅镇办、村办工业企业发展迅速,实力雄厚,形成了兴达、兴龙、兴海等企业集团,而且个体私营工业也呈现出燎原之势,1999 年实现产值 7.6 亿元,占了工业总产值的 60%,全镇个体私营企业已达 712 家,年产值 500 万元以上工业大户达到 28 家,个体私营工业经济已成为全镇工业经济的半壁江山,并保持了蓬勃发展的良好态势。

工业保持稳定增长的同时,戴南镇的农业基础也在不断加强,在耕地逐年减少的情况下,仍取得了主要农作物特别是粮、棉、油产量稳定增长的骄人成绩,农业产业内部也围绕着发展"三高一创"农业积极调整结构,由单一的种植业向农林牧副渔多业并举发展,形成了一批高标准丰产示范型副食品基地,大力推广新品种、新技术,保证农业向产业化的方向发展,并逐步实现由传统农业向现代农业的转变。

随着经济的发展和小城镇建设步伐的加快,戴南镇作为中心集镇的地位已经形成,带动了第三产业的发展。1999 年戴南镇第三产业占 GDP 的比重比上一年增加了 10%,达到了22.4%,全镇从事商业、运输、饮食等第三产业人员已达 4182 户、6000 多人,镇区商业网点密布,镇内已形成服装、建材、不锈钢制品、不锈钢材料、小商品、农贸等专业市场。

2000 年 3 月区划调整,顾庄乡并入戴南,为戴南的发展提供更为广阔的空间,同时也为工业基础十分薄弱的顾庄发展带来了难得的机遇,新戴南可以充分发挥两镇聚合优势,实现优势互补,优化资源组合,扩大中心镇辐射范围,促进经济高效持续发展。

(六)镇区现状

戴南镇区位于戴南镇域的东南部,是兴化市域东南部的经济重镇,镇区有宁盐公路和兴姜河、茅山河、唐戴河、戴时河通过,水路交通方便,向来商贸发达。原顾庄乡于 2000 年 3 月合并至戴南,原镇区距离戴南镇区约 3km,通过宁盐公路和顾茅公路相联系。

戴南的经济发展和城镇建设成绩显著,镇区作为全镇的发展龙头,工业经济的优势已经确立,镇区的发展结构趋于合理。顾庄经济实力相对较弱,城镇发展还处于较低层。

二、规划的基本内容

(一)城镇发展战略

1. 社会经济发展战略

(1)以党的十五大精神为指导,坚定不移地贯彻执行江苏省"大力推进特大和大城市建设,积极合理发展中小城市,择优培育重点中心镇,全面提高城镇发展质量"的城市化方针,发挥优势,选准产业发展方向,优化城镇人居环境和空间景观,增强重点中心镇对人流、物流、信息流的集聚和牵引功能。

(2)坚持以提高经济素质和经济效益为中心,遵循"两个根本转变"的战略思想,进一步发挥市场的导向和调节作用,以构造现代化的产业为目标,高起点地调整产业结构,积极优化产品结构,确保实现结构、速度和效益的相互协调。

(3)加大科技投入、积极培育高、新、尖产品,向科技要效益、要质量、要市场;大力发展教育事业,在造就素质较高的生产、经营、管理队伍上求突破;积极推行现代企业制度改革,提高现代化管理水平;切实创造良好的环境,吸引人才流入。

(4)扩大内引外联,发展规模经济,创建、提升地方特色经济,提高经济的规模水平、规模效益,增强市场的竞争力。

(5)按照"城镇现代化,乡村城市化,城乡一体化"的目标,高起点地加速基础设施的建设,进一步改善交通条件,增强镇区的服务功能和承载能力。

(6)积极探索多元化的社会投资模式,建立稳定的社会发展投入和运行机制,保证社会经济健康发展。

(7)全面推行建设用地的有偿使用,节约土地资源,优化产业布局,调整用地结构,确保各项建设用地与基本保护农田的相互协调。

(8)重视生态环境保护,切实保证经济高速发展不以牺牲环境为代价,注重不断提高环境质量,以保证戴南经济的可持续发展。

(9)探索各项社会事业发展的新机制、新方式,保证社会稳定发展和人民生活健康、富裕。

2. 战略布局

采取"集中发展镇区,以镇区带动镇域普遍振兴"的空间战略布局。

3. 发展战略阶段

近期:将镇区作为全镇的发展极,实行倾斜投资政策,加强镇区辐射和集聚功能,进一步提高其中心度。

远期:镇区的辐射带动力明显增强,镇区带动镇域共同发展,镇区、中心村承担不同层次的职能,乡村的基础设施条件有显著的改观。

(二)城镇性质

兴化市南部经济中心,具有水乡特色的现代化工商城镇。

(三)人口与用地规模

1. 人口规模
现状:2.8万人;近期:3.5万人;远期:5.0万人。

2. 建设用地规模
现状:257.12ha;近期:365.98ha;远期:573.55ha。

3. 人均建设用地
现状:91.83m^2;近期:104.57m^2;远期:114.91m^2。

(四)镇域体系规划

1. 镇村体系规模等级结构
至规划期末最终过渡成为1个镇区,10个中心村,16个基层村的三级镇域镇村体系结构。
一级:镇区,人口50000人,占镇域总人口的50%,用地537.55ha。
二级:中心村10个,包括:顾庄、董北、北朱、东陈、张万、史堡、孙庄、管家、花杨、冯田。
总人口规模30000人,占镇域总人口的30%。
三级:基层村16个,总人口规模20000人,占镇域总人口的20%。

2. 镇村体系空间布局
以镇区为中心,茅张公路为纽带,形成镇区位于镇域中部,中心村,基层村均匀布局的空间结构形态。

3. 镇域镇村体系职能结构

（1）镇域中心：镇区是全镇政治、经济、文化的综合中心，布置全镇最高等级的公共建筑和基础设施。

（2）中心村：农村居民集中居住区，拥有小型商业、邮政代办所、中心卫生室等一些稍低层次的公共设施，为周围的基层村服务，同时可保留少量的工业。

（3）基层村：农村居民集中居住区，以发展第一产业为主。

（五）城镇总体布局

1. 规划用地结构

规划的用地结构为团块状结构。以环镇西路为界，用地布局西工东宿，镇区中心为双核，镇政府附近为行政和商业金融中心，护国街一带为商业中心。

镇区行政办公单位集中于人民北路镇政府两侧，主要商业金融设施集中于护国街一带，居住用地位于环镇西路以东，工业用地集中在环镇西路以西，两者以环镇西路为界，相互对应，有方便的道路联系又互不干扰，同时镇区结合河流组织绿地系统。

2. 各类用地规划

（1）居住建筑用地

保留原有居住用地，重点向北、向西拓展，老区改造和新区建设相结合。

①改造原有居住区，完善老区的道路系统及基础设施，增加绿化面积，改善居住环境。

②新区建设应统一规划，集中成片发展，镇区应严格控制低层、低密度独立式住宅的建设比例。

③镇区内现有农居应服从总体规划，逐步向镇区居住建筑用地集中。

④住宅形式应突出戴南地方特色，重视居住区水环境和绿化环境的营造。

（2）公共建筑用地

①行政管理用地：保留现状主要的行政管理用地，规划镇政府以北至环镇北路为行政办公新区，要求行政办公区统一规划、布置。用地应在规划行政办公区内集中建设。

②教育机构用地：戴南中学搬迁至人民路以北、环镇西路以东，原用地调整为中心小学用地。戴泽中学向南扩大。新建 2 所小学。

规划 5 所幼儿园，结合居住区布置。

③文化科技用地：规划在镇区中部中心公园以南布置文化中心，安排影剧院、图书馆、展览馆等文化活动设施，在护国寺西部布置一处文化设施，集影视、歌舞厅、活动中心等为一体，小型的文化设施用地（如录像厅、书报亭、图书室等）可随居住和商业用地灵活安排。

规划在戴南人民西路与环镇西路交叉口东北布置一处体育中心用地，配置标准运动场、室内球场、游泳池等设施。

④医疗保健用地：规划设置医院两所，在镇北新区环镇北路以北新建医院 1 所，150 床规模，作为镇中心医院；原中心卫生院保留，完善设施，以门诊为主。

居住片区建设时应按标准配套医疗保健设施。

⑤商业金融用地：商业金融用地沿护国街和人民南路十字形轴线布置，结合老镇区改造、道路拓宽及棉花加工厂搬迁，加大沿街进深，提高土地使用强度，形成戴南镇的商业中心。

居住片区建设按标准配套一定的商业服务设施。

⑥集贸设施用地:各类市场应统一均衡布置,结合居住去布置小商品市场、农副产品市场、果品市场等与居民生活结合紧密的集贸设施,专业市场规划两处,一处设在人民西路以北工业区内,为废旧钢材及不锈钢制品市场,一处设在团结路,环镇东路西南侧,为建材市场。整个市场区应统一规划统一设计。

(3)生产建筑(工业)用地

规划生产建筑用地128ha,占规划建设用地的22.32%,人均25.60m²。

镇区工业采取新建和改建并重,相对集中布局于镇区的西部,环镇西路以东的工业全部拆迁,至工业区集中发展。

人民西路两侧是工业集中发展用地,这里处于镇区主导风向的下风,有现有工业的良好基础,同时又有市政设施和仓储、对外道路的配套,从区位条件看发展工业比较理想,这里与镇区的中心和居住用地有环镇西路和赵家路相联系,既方便又相隔。在环镇西路两侧安排生产防护绿地。老镇区现有的一些零星的工业用地远期予以调整,改作其他用地。

(4)仓储用地

规划仓储用地10.70ha,占规划建设的1.87%,人均2.14m²。

仓储用地布局原则上为生活资料供应性仓库,贴近生活网点和居住用地;生产资料供应性仓库宜接近工业区和对外交通干线,主要是增加工业区内的仓储用地。

必要时仓储与生产建筑用地可作兼容置换。

镇区的仓库主要是农副产品收购、生产资料仓库、供销社仓库,位于茅山河、兴姜河等航道之间,以利用水路便捷的运输条件。

(5)对外交通用地

规划对外交通用地25.41ha,占规划建设用地的4.43%,人均5.08m²。

①公路:环镇南路、环镇东路作为镇区对外公路,将南部进入镇区的对外交通从镇区边缘绕行。

②航道:茅山河、盐靖河、兴姜河、戴时河、唐戴河维持现有航道等级。

规划桥梁等跨河构筑物应按航道等级要求控制净空,新建与改造结合,消除航道上瓶颈和卡口。

③汽车站、码头:在宁盐公路西侧、宁盐公路与人民西路交叉口布置长途汽车站。

在镇区戴南片人民东路与人民拿安路交叉口布置公交站场。

(6)道路广场用地

①道路的宽度和线型严格按照规划实施,现状与规划有矛盾的地方应在今后的建设中逐步加以改造和调整。

②镇区道路用地由一级、二级、三级道路组成。

一级道路:三横三纵,"三横"为:环镇北路、人民西路—人民路—人民东路、团结路;"三纵"为:振兴路、人民北路—人民南路、环镇西路。

红线宽24~40m,其中人民西路—人民路—人民东路和人民北路—人民南路的横断面采用三块板形式;其余采用一块板。

二级道路:根据水网地区的地形特点,在由水网分割形成的各地块内,结合一级道路,灵活布置,红线宽16m,横断面采用一块板形式。

三级道路:镇区的支路,为滨河路及一些老镇区街道,红线宽度在12m左右。

③停车场:规划机动车社会停车场11处。

(六)历史文化保护区规划

1. 风貌保护规划

(1)减少老镇区人口,增加绿化面积,积极改善居住环境和基础设施,强化老镇区商业中心职能。

(2)街巷格局与水系形态保护。在保持原有街巷格局基本不变的前提下,对老镇区道路进行完善,维系老镇区的历史文脉。

老镇区内所有河道均列入保护范围,所有岸线均留一定宽度的绿化带,并种植垂柳、香樟、银杏、合欢等观赏树种。

(3)建筑高度、形式及色彩控制。老镇区新建建筑不宜超过三层,体量不宜过大,突出护国寺在老镇区空间构图中的主导地位,建筑形式以一、二层灰瓦坡顶苏式民居为主,色彩以灰、白、黑、褐为主要色调,以取得与保护对象之间的协调。

(4)老镇区范围内危房、简屋及影响保护对象原有风貌、特色的建筑物、构筑物必须坚决拆除。

2. 旧区更新规划

(1)搬迁对城市环境有污染的企业和区位分布不适合在老镇区发展的单位。

(2)改造环境条件恶劣的住宅区和损坏严重的房屋,努力把旧街坊改造成环境优美的居住区,并创造一个丰富多彩、互相关心的邻里环境。

(3)增加绿地和公共活动空间,美化环境,减少污染,提高环境质量。

(4)结合护国街拓宽改造及护国寺整修,沿护国街布置商业建筑,加强老镇区商业中心职能。

(5)完善道路系统,建设各类停车场。

(七)绿地系统和空间景观规划

1. 绿地系统规划

(1)总体布局

镇区绿地系统遵循可持续发展战略,引入生态学的理论,注重对戴南进行"生态城镇"设计,突出戴南镇水乡风貌,沿茅山河、兴姜河、鸭蛋河构筑滨河绿带,串联公园、绿化广场、街头绿地和生态绿地,最终形成以镇北、镇中、镇西公园为主体,道路、滨河绿地为骨架,楔形生态绿地为背景,网络化、多元化的生态绿地系统。

(2)生态绿地

控制镇区西北、西南、东南三片楔形绿地,将绿色生态空间引入镇区,改善镇区生态环境,在镇西工业区和生活区之间控制生态绿地,减少镇西工业区对生活区的干扰和污染。

(3)公共绿地

①滨水空间体系:戴南镇区滨水空间体系有滨水绿化带、滨水广场、滨水公园、滨水小游园、滨水生态绿地组成。滨水绿带宽度不小于8m,桥头有不小于10m×10m的桥头广场。

②公园:规划3处,分别为镇北、镇中、镇南公园。

③广场体系与街头绿地:镇区内安排镇政府的东侧府东广场、镇北新区广场、护国街广场,同时结合水系与道路,因地制宜设置各类街头绿地。

(4)生产防护绿地

环镇路两侧各设 15～20m 防护绿地,宁盐公路、茅山河两侧设 15～50m 宽窄不等的防护绿地,在变电站、水厂、污水处理厂周围、工业用地与居住用地之间、沿高压走廊等地段,根据具体要求设置相应宽度的防护绿地,镇东南楔形绿地内设置面积约 5ha 的花卉、苗圃用地。

(5)专用绿地

将绿地率较高、建筑密度较低的单位,如行政办公单位、学校、医院、体育场、别墅区等专用绿地尽可能串联起来,与城市其他绿地构成有机完整的系统。

2. 空间景观规划

(1)城镇入口景观节点

人民西路与宁盐公路交叉口,环镇西、东路与宁靖盐高速连接线交叉口,在以上节点布置雕塑和绿化等。

(2)城镇建筑景观节点

镇北行政办公新区、护国街(原棉花加工厂地段)商业及文化中心为公共建筑景观区,以现代建筑反映时代特色。

护国寺及其周围地段为传统风貌景观区,反映戴南镇的历史和文化特色。

(3)景观轴

沿茅山河、兴姜河、鸭蛋河形成带状绿色开敞空间景观轴,将镇区内公园、广场、游园等块状绿地联系在一起。

沿人民路、人民北路、人民南路、护国街、团结路形成公共建筑景观轴,反映镇区建筑特色。

(八)综合交通规划

1. 对外公路

宁靖盐高速公路,从镇域西部纵贯南北,沿线两侧用地按各 50m 进行控制,作为防护绿地,并为施工和管理留有余地。有镇域范围内留有互通式立交口 1 处,位于顾庄西侧。

宁盐公路保持现有标准,仍为二级公路。

新建宁靖盐高速公路连接线茅张公路,规划为二级公路,服务张郭、茅山以及东台的部分乡镇,同时作为镇区两个片区的连接线。

2. 镇村公路

镇区至中心村的公路全部达到四级公路以上的等级,实现村村通汽车。

3. 航道

镇域内航道维持现状等级不变。

4. 镇域公共交通

规划六条公交线路,加强镇区与中心村之间的联系。

线路一:镇区环线,受水面分隔,戴南用地呈组团式布局,加强各用地组团的联系,改置公交环线,途经人民北路、环镇北路、振兴路、团结路、人民南路。

线路二:镇区至管家中心村,经顾庄和冯田中心村,沟通镇域东西两大片区。

线路三:由镇区至花杨中心村,经董北中心村和顾庄片,沟通两大片区联系。

线路四:由镇区至北朱总中心村。

线路五:由镇区至东陈中心村。

线路六:由戴南片经张万至孙庄中心村。

(九)专项规划

1. 给水工程

(1)规划用水量:镇区规划用水量近期为 2.52 万m³/d,远期为 3.40 万m³/d。

(2)给水方式:镇区由戴南水厂供水,兼顾镇区,在镇域范围内实施区域供水。

(3)自来水厂规划:戴南水厂在原址扩建,规模近期 3.5 万m³/d,远期 5.0 万m³/d。

(4)给水管网规划:

①充分利用现状给水干管,分期、分批改造部分给水次干管和支管。

②镇区给水管道规划至主、次干道级,主干道为控制管道。结合区域供水,镇区周边村庄规划至给水干管。

③镇区给水管网以环状布置为主,确保供水安全。

④给水管道在道路下位置,结合镇区现状管网,定在道路东侧、南侧。

2. 污水工程

(1)排水体制:实行雨、污分流制。

(2)规划污水量:镇区规划污水量近期为 1.83 万m³/d,远期为 2.48 万m³/d。

(3)镇区污水厂:戴南污水厂位于镇区东部,规模近期 1.0 万m³/d,远期 2.0 万m³/d。污水厂处理深度为二级(生化处理)。

(4)污水提升泵站:镇区布置主要污水提升泵站 5 座。

(5)污水管网规划:

①污水管道规划至主、次干道级,以主干道为主。

②污水管道在道路下位置,定在道路西侧、北侧。

③镇区人民南路、环镇东路下污水干管接入戴南污水处理厂。

3. 雨水工程规划

(1)雨水分散、就近、重力流排入附近水体。

(2)断面为三块板道路两侧布置雨水管道,其他道路下雨水管道布置在路中间偏东、南侧位置。

(3)加强河道整治,提高雨水调蓄能力,满足雨水管道出口排放要求。

4. 供电工程

(1)负荷预测:至规划期末,预测镇区总负荷达 4.2 万 kW。

(2)供电电源:镇区主供电源仍为 110kV 戴南变电所。

(3)配网规划:镇区以 110kV 变电所为电源,以 10kV 线路为配电网络。10kV 主干线路伸入负荷中心。

(4)镇区 10kV 电力线路逐步实现电缆埋地敷设,电力线路以路东、路南为主要通道。

5. 电信工程

(1)电话容量预测:至规划末期,镇区固定电话主线普及率达 55 线/百人,主线电话需求量为 2.75 万门。

(2)局所规划:随着通信用户的快速发展,镇区电信交换中心在现状基础上扩建增容,至规划期末交换机总容量达 3.8 万门以上。

(3)线路规划:镇区电信线路均采用管道沿道路埋地敷设,电信管线以路西、路北为主要通道,与电力线路分设在道路两侧。

6. 有线电视工程

(1)用户预测:至规划期末,预测镇区有线电视用户达 1.8 万户以上,有线电视入户率达 100%。

(2)线路规划:镇区有线电视线路将根据城镇建设的要求逐步采用地下管道敷设方式,原则上与电信管道同侧敷设。

7. 燃气工程

镇区规划使用瓶装液化气,为使用管道天然气积极做好准备。

(十)环境卫生与环境保护规划

1. 环境卫生规划

(1)规划目标

①道路清扫保洁实现全日制保洁,道路清扫机械化程度近期 20%,远期 40%。

②生活垃圾分类袋装化,资源化、无害化处理率近、远期均为 100%。

③粪便无害化处理率近期为 80%,远期为 100%。

④按部颁标准二类以上水冲式厕所比例近期 40%,远期 80%。

⑤清运作业机械化、半机械化率近期 30%,远期 60%。

(2)环卫设施规划

①垃圾系统

实行生活垃圾袋装化,建设垃圾屋,派专人定时、定点收集袋装垃圾。

镇区边缘规划一座垃圾卫生填埋场。分类后的无机垃圾尽量回收利用(资源化),有机垃圾送入填埋场卫生填埋(无害化)。

②粪便系统

厕所:公共厕所均为水冲式,居住区按 3000~4000 人设一座。主要繁华街道公共厕所间距为 300~500m,流动人口高度密集的街道不大于 300m。

无害化处理:各公共厕所粪便在镇区污水处理厂建成前需建三格式化粪池进行处理,污水管网形成后排入污水管网进污水厂集中处理,达标排放。

2. 环境保护对策

(1)切实加强环境保护工作的领导,全面推行落实环境保护治理目标责任制。把环境综合整治规划纳入国民经济和社会发展计划,采用有利于环境保护的政策、投入和技术措施。

(2)完善环境保护法制建设,建立社会主义市场经济条件下的环境保护新秩序。同时深化宣传教育,提高全民环境意识,建立公众参与环境监督管理机制。

(3)开辟多种资金渠道,集中使用环保资金。

(4)优化产业结构,引导产业向轻污染、无污染、低能耗、低物耗方向发展。

(5)坚持实行排污许可证制度,控制污染物排放总量。

(6)加强环境管理,对重点污染源进行限期治理,新建生产项目必须进行环境影响评价,并执行"三同时"制度。

(7)实施雨污分流制,完善排水系统,建设镇区污水厂集中处理镇区综合污水。近期建设戴南污水厂;远期建设顾庄污水厂,扩建戴南污水厂。

(8)开展河道综合整治工作,对镇区河道疏浚、清淤。

(9)加强大气污染防治,转换能源结构,推广使用清洁能源。

（10）加强工业固体废弃物综合利用处理，做好镇区生活垃圾资源化、无害化处理。

（11）加强环境噪声管理。

（12）提高镇区绿地率，调节局部小气候，降低噪声，减少灰尘，美化镇区环境，改善居民生活质量。

（十一）镇区近期建设规划

1. 规划指导思想

（1）顺应两个根本转变的需要，注重镇区的发展质量，用地结构紧凑，逐步扩展。

（2）树立规划的全局观念和长远观念，镇区规划服从市域城镇发展的整体需要，加强对镇区发展至关重要的基础设施的建设，促进镇区在发展空间上的协调。

（3）统盘考虑近期与远期和远景的发展关系，从长远利益出发，合理安排近期建设，杜绝短期行为。对公共设施、基础设施和绿化用地在近期进行全面考虑、控制，做到长远规划、分期实施、有序发展。

（4）以发展新的镇区为主，现有用地更新、调整为辅，加快公共设施和基础设施的建设，生产与生活设施的配套，使各项用地相互协调，在建设空间上相对完整。

（5）提高环境质量，改善投资环境。

2. 规划期限

2000—2005 年。

3. 规划规模

人口规模：3.5 万人。

用地规模：规划建设用地 365.98ha，人均 104.57m²/人。

4. 近期建设发展与控制

（1）居住建筑用地

近期主要发展镇区北部人民路以北地区居住用地，住宅区建设必须坚持高起点、高标准、成规模开发，按居住区建设标准进行建设，控制低层、低密度独立式住宅的发展，使住宅建筑逐步过渡到以建设公寓式多层住宅为主，重视居住区绿化环境建设及完善的公建和市政设施配套，以高品质的居住环境质量吸引人口向镇区转移。

（2）公共建筑用地

在镇政府以北行政办公新区内集中建设行政办公单位，带动镇北新区的发展，形成良好的一体化新区形象。

迁建戴南中学至人民路以北，扩建戴泽中学，改建原戴南中学为中心小学，在戴泽中学西侧新建 1 所小学，新建 2 所幼儿园。

恢复护国寺原貌，做到"修旧如旧"，加强文物古迹保护管理和古树名木保护，改造周围地段房屋，使之与护国寺风貌协调。

在护国寺西侧新建一处文化娱乐设施，集影视、歌舞厅、活动中心等于一体，结合护国街改造和棉花加工厂用地性质调整，沿护国街建设商业设施。

在镇北新区环镇北路以北新建镇中心卫生院。

在人民西路以北工业区内新建废旧钢材及不锈钢制品市场一处。

（3）生产建筑（工业）用地

镇区的工业用地集中在西部发展，现有的工业用地予以调整。要加强技术改造，调整产品结构。镇区中心污染严重的企业实行关、停、并、转。新建工业企业必须到环镇西路以西建设，严禁在环镇西路以东兴建新的工业企业。

工业用地的发展应提倡成片集中式布局，向街坊的纵深发展，以形成合理的用地结构形态。

（4）仓储用地

仓储用地保持现有分布格局，随着镇区内部用地的调制逐步缩小粮管所的面积，在工业区为生产建筑配套兴建生产资料性仓库。

（5）对外交通用地

近期对外交通仍主要由人民西路—人民路—人民东路承担。建设环镇南路、环镇东路，将南北向过境交通从镇区边缘绕行。

茅山河、兴姜河、唐戴河、戴时河保持现有六级航道等级。

现状位于镇区中心的长途汽车站改造为公交场站，长途汽车站搬迁至宁盐公路西侧。

（6）道路广场用地

以逐步理顺镇区的路网为主，重点建设环镇北路，带动新的镇区中心的发展，推动镇区西北扩展。

规划的道路红线应进行有效的控制，建筑红线应后退，丰富街道空间。

（7）公用工程设施用地

扩建戴南水厂。加强污水管网建设，建设戴南污水厂。镇区仍以 110kV 戴南变电所为主供电源。仍以镇区电信局作为全镇电信交换中心。积极筹备消防站建设，消防栓随道路建设同步敷设。在变电所西侧建设环卫所，配备环卫设施。按照国家标准设立镇区垃圾中转站和公共厕所。

三、戴南镇镇北新区详细规划

（一）概况

基地位于戴南镇镇区北部，为由潭叉河、疏通河、三八河及北朱大河所包围的一块长方形地块，总面积 13.9ha，规划中有环镇北路及人民北路从中穿过，地段建筑以行政办公、商业金融及居住建筑为主，是镇区近期重点建设的地区，是整个镇区建设新的生长点，并将成为整个镇区未来的新区中心。

（二）规划指导思想

依据总体规划制定戴南镇镇北新区详细规划，以进一步指导镇北新区内建设项目的建设，同时为镇北新区提供初步形体与空间引导，创造高质量、现代化的戴南镇镇北新区的面貌，改善投资环境。包括：

（1）利用镇区建设的特点，保证街道两侧较低的建筑密度，并在此基础上塑造良好的建筑形体，创造优良的街道景观。

（2）根据戴南水乡的特点，树立本镇富有个性的建筑特色。

（3）考虑机动车的发展趋势，在规划中预留足够停车空间，注意动、静态交通的组织，满足小汽车发展需要。

（4）沿街建筑层数以 5 层为主，局部 3~6 层。

(三)规划设计构思

1. 规划总体构思

规划镇北新区将形成"一轴、二节点、四区"的规划结构。

一轴:即环镇北路,沿环镇北路创造良好的建筑空间景观与绿化休闲空间并行,再辅以大小不等的广场、绿地,让丰富多彩的绿化顺着环镇北路贯穿整个镇北新区,形成戴南镇富有特色的街道空间景观。

两节点:新区广场、人民北路交叉口。

四区:按功能要求将镇北新区分为行政办公区、绿化休闲区、住宅区及功能综合区。

2. 功能分区

(1)行政办公区:位于人民北路以西、环镇北路以南,占地 3.58ha,安排会务中心,行政办公楼、银行、保险公司、社会停车场等项目。行政办公区内布局以会务中心为中心,周围布置各类办公大楼,突出南北向周线,构图严谨,建筑造型简洁、明快,辅以大面积绿化草坪,体现行政办公区庄重、宁静的氛围,力求创造优美的现代化办公环境。

(2)绿化休闲区:位于人民北路以西、环镇北路以北,占地 0.83ha,构图活泼,以东部下沉式滨水圆形广场为重点,连接西侧带状图案式绿化草坪,间以林阴步道、滨河步道、小品、雕塑、喷泉、游船码头等,为镇区居民提供良好的休闲、交流场所,体现戴南镇的城镇品位。

(3)住宅区:位于人民北路以东、环镇北路以南,占地 4.50ha,规划力求改变以前镇区别墅兵营式的呆板布局,以自由式路网为骨架,以大面积绿地为中心,串联围合成别墅组团,间以灵活、自由的步行系统及完善的配套设施(会所、游泳池、商店、公厕的等),体现以人为本和人与自然融合的设计思想。

(4)综合功能区:位于人民北路以东、环镇北路以北,占地 2.18ha。综合功能区由四星级宾馆、镇中心医院及别墅区三块不同的用地组成,各用地以绿带隔离,自成系统,互不干扰,设计上注重对沿街、沿河地段的处理,以寻求整体效果的统一。

3. 空间组合

(1)在满足总体规划及现状的前提下,首先划分所规划单位的用地界线,然后将多个地块综合考虑,形成既统一又富变化的室外空间环境。

(2)沿街两侧规划建筑后退道路红线在总体保持一致的情况下,局部留有开敞空间。建筑方面在保持统一风格及色调的前提下,局部高低错落,形成丰富的建筑景观,建筑层数以5 层为主,局部 3~6 层。

(3)本规划结合河流及道路交叉口,布置一开阔的市民广场,使之成为整个镇区的"休憩"之处。

(4)建设用地尽量成块成街坊布置,在街坊内部组织人流、车流、布置停车场,这样既形成围合空间,又同样形成良好的外部环境。

(5)结合戴南水乡的特点,保留一些通向水面的视线通廊。

4. 交通组织

(1)环镇北路以镇区主干路,沿线建筑的车辆出入口应严格控制,减少对环镇北路正常交通的干扰。

(2)在人流、车流量大的行政办公中心、宾馆、医院、会所等设施用地均设有集中机动车停车位。

（3）自行车停放尽可能结合建筑院落在地块侧面停放,减少对环镇北路的视线干扰。

5. 住宅设计

（1）考虑到镇区居民对居住环境的实际要求,新区内安排住宅均为别墅,别墅设计体现超前性、先导性和合理性。

（2）为满足不同层次的需求,别墅区分为三种档次,环镇北路以北别墅区为低档别墅区,路南别墅区以中心绿地分为两片,西片为中档别墅区,东片为高档别墅区,高、中、低档所占比例分别为26%、51%、23%。

（3）住宅平面应满足以客厅为全家活动中心,动静分区、公私分离,每户均安排车库。

（4）完善厨、卫功能。

（四）地块控制规划

为使规划更具有可操作性、灵活性,以适应规划实施过程中的实际需要,本次规划对道路两侧的建设用地性质、开发容量、绿化指标等均作了规定,为规划管理提供了切实可行的依据。

表 A-1　用地平衡表

项　　目	面积(ha)	所占比例(%)
规划总用地	13.90	100
规划用地	11.40	82.01
建筑用地	2.16	15.54
道路用地	2.09	15.04
绿化用地	6.88	49.50

主要技术经济指标

总建筑面积:5.44 万 m^2;

其中:住宅建筑面积:1.72 万 m^2;

　　　公建建筑面积:3.72 万 m^2;

　　　建筑密度:17.20%;

　　　容积率:0.48;

　　　绿地率:50.9%;

　　　居住户数:86 户;

　　　居住人数:301 人。

（五）给水工程规划

1. 给水条件

戴南镇镇北新区现状为农田。总体规划中规划新区由戴南自来水厂供水,人民北路已敷设 DN300 给水管,环镇北路将敷设 DN300 给水管,新区用水将从上述给水干管接入。

2. 规划给水指标

居住用地给水指标取 50m^3/(ha·d);行政办公用地给水指标取 50m^3/(ha·d);商业金融用地给水指标取 60m^3/(ha·d);医疗卫生用地给水指标取 100m^3/(ha·d);管网漏损及其他用水量,按总用水量 15% 计。

另外,室外消防用水取 15L/s。

3. 规划用水量

根据规划用地性质、用地面积及相应给水指标,计算得镇北新区总用水量为 $750m^3/d$。另外,室外消防用水量每次 $108m^3$。

4. 给水管网规划

(1)充分利用现状人民北路和规划环镇北路 $DN300mm$ 输水管,合理布置配水管,满足新区用水需要。

(2)给水主要管道环状布置,确保供水安全,便于地块用水从多方位开口接入。

(3)给水管道最大管径为 $DN300mm$,最小管径为 $DN80mm$。

(4)给水管道在道路下位置,以道路东侧、南侧为主,一般设在人行道下。

5. 消防给水

室外消防栓应与镇北新区给水管道同步实施。间距不大于 $120m$,为消防用水的主要水源;新区北部潭叉河、东部疏通河、南部三八河可作为消防用水的天然水源。

(六)排水工程规划

1. 规划条件

戴南镇镇北新区现状为农田,雨水经农渠排入附近水体。总体规划中新区污水进入东南侧污水厂集中处理,环镇北路将敷设 $DN500mm \sim DN600mm$ 污水干管,收集两侧综合污水。雨水分散、就近、重力流排入附近水体,新区北部有潭叉河,东部有疏通河,南部有三八河,西部有北朱大河。

2. 规划污水指标

居住用地污水指标取 $40m^3/(ha \cdot d)$;行政办公用地污水指标取 $40m^3/(ha \cdot d)$;商业金融用地污水指标取 $50m^3/(ha \cdot d)$;医疗卫生用地污水指标取 $80m^3/(ha \cdot d)$。

3. 规划污水量

根据规划用地性质、用地面积及相应的污水指标,计算得镇北新区总污水量为 $500m^3/d$。

4. 污水处理

戴南污水厂集中处理戴南片区综合污水,位于新区东南部,规模近期 1.0 万 m^3/d,远期 2.0 万 m^3/d,处理深度为二级(生化处理)。新区综合污水经环镇北路下污水干管收集,送污水厂集中处理,达标排放。

5. 污水管网规划

(1)污水管网布局。环镇北路北部综合污水向南汇集,南部综合污水向北汇集,经环镇北路下污水干管收集,送污水厂集中处理。

(2)污水管道最大管径 $DN600mm$,最小管径 $DN150mm$。

(3)污水管道在道路下的位置以道路西侧、北侧为主。

6. 雨水管道规划

(1)雨水管网布局。环镇北路北部雨水向北汇集,排入潭叉河;南部雨水向南汇集,排入三八河。

(2)雨水管道布置。在人民北路下两侧敷设,其余单侧布置。

(3)雨水管道最大管径 $DN800mm$,最小管径 $DN400mm$。

(4)雨水管道在道路下的位置以道路中间偏东侧、南侧为主。

（七）供电工程规划

1. 负荷预测

戴南镇镇北新区内行政办公、商业金融、医疗卫生等公共建筑平均用电指标取 $50 \sim 60 W/m^2$，幼儿园等小区服务设施平均用电指标取 $30 \sim 40 W/m^2$，小区内别墅按 8kW/户考虑。住宅用电需要系数取 0.7，总用电同时系数按 0.7 ~ 0.8 考虑。根据上述指标，计算镇北新区总用电负荷约 1500kW。

2. 电源

小区电源由环镇北路和人民北路的 10kV 主干电力线路上支接引入区内 10kV 变电所。

3. 变电所设置及配网规划

小区内根据负荷分布情况，规划两座 10kV 变电所分片供电，主变总容量达 1890kVA。人民北路以西的 10kV 配变主供行政办公区，人民北路以东的 10kV 配变主供别墅区及医院。10kV 变电所均采用双电源进线。

4. 线路敷设

小区内电力线路采用电缆埋地敷设，一般采用管道与暗沟相结合的方式，变电所出线集中的路段采用电缆沟敷设。电力线路原则上以路东、路南为主要通道，与电信线路分置道路两侧。

（八）电信工程规划

1. 电话容量预测

行政办公、商业金融等公共建筑为 1 门/100 ~ 150m²，居住为 2 门/户，根据上述指标，预测镇北小区总电话需求量为 500 门，电信线路由戴南电信局引来。

2. 线路分配

电信主干线沿人民北路和环镇北路引入小区，小区内规划采用光纤接入，重要用户实现光纤到大楼，适应综合信息业务和高带宽的需求。

3. 线路敷设

小区内电信线路全部采用电缆管道埋地敷设，电信管网按最终容量一次埋设下地，根据规划路网和用户分布，沿道路西、北侧敷设，与电力线路分置道路两侧。

四、项目的技术特点、创新情况

1. 从区域研究城镇，镇村体系合理发展

镇域规划符合全省加快城市化进程的总体要求，在分析乡镇撤并、大交通环境改善给戴南镇带来机遇的基础上，合理确定中心镇的区域定位、经济发展战略和镇村体系布局。规划十分重视乡镇撤并后镇域资源、空间的整合与优化以及基础设施共建共享。

2. 采用 GIS 辅助决策系统和居民住户调查方法科学决策

首先，在戴南镇建成区用地范围内，通过抽取环境质量、建筑年代、建筑质量、建筑容积率等关键因子，利用 GIS 技术的空间叠加与统计功能，通过属性指标综合计算，对所有用地评价单元的现状可改造性进行综合评价，并根据改造难易程度划分等级，为总体规划方案制定、规划道路网的布置及原有地块用地性质的变更，提供了可行性分析依据。

其次，采用居民住户调查的方法，以居民居住状况为切入点，深入分析现状居住水平、环境

状况及潜在需求,为确定城镇的发展方向、老镇更新对策及规划居住用地水平提供了科学依据。

3. 结合水乡特色的规划模式

规划结合戴南镇区建设用地被水系分割为"岛"状的用地特征,采用以"岛"为单位布置用地组团,形成"众星捧月"的用地规划模式。为解决各"岛"之间交通联系,营造滨水空间环境,采取了干道串联每个"岛","岛"内基本采用环形加方格网的布局形式,每个岛有滨河路环绕,环路外为滨河绿带,构成富有水乡特色的道路系统。

4. 引入城市设计手法营造水乡生态城镇景观特色

规划抓住"繁荣的水乡古镇"特征,充分挖掘城镇特色和文化内涵,努力塑造新的城镇形象。规划以镇区内滨河绿地串联公园、广场、游园、楔形生态绿地,形成风景优美、多元的开敞绿地系统。通过新区的现代建筑、景观街道和老镇区的传统风貌体现戴南镇时代、历史、文化的丰富内涵。重点突出茅山河、兴姜河、鸭蛋河道形成的带状绿色开敞空间景观轴及沿人民北路—人民南路、团结路形成的公共建筑景观轴及护国街传统风貌景观轴。

5. 研究旧区风貌保护与更新的策略

规划合理确定风貌保护范围,区分重点与一般保护地段,既有利于保护重点地段,又减少资金投入及与旧区的矛盾。规划确定的"优先发展新区、积极完善老区"的时序有益于城镇健康发展和旧区风貌的保护。

6. 内容全面、材料完整,重点问题、专题研究

规划成果包括文本、技术规定、说明书、两个专题和二十多份图件。除进行了城镇可持续发展和城市用地可改造性两个专题研究外,还对城镇近期发展重点地段进行了详细规划设计。

五、技术经济指标

表 A-2　戴南镇总体规划镇区用地平衡表

序号	地号	用地名称	面积			占城市建设用地比例(%)			人均用地面积(m²/人)		
			现状	近期	规划	现状	近期	规划	现状	近期	规划
		居住用地	117.19	139.05	169.14	45.58	37.99	29.49	41.85	39.73	33.83
		公共建筑用地	20.18	47.88	80.96	7.85	13.08	14.12	7.21	13.68	16.19
		行政管理	5.34	9.15	10.92	2.08	2.50	1.90	1.91	2.61	2.18
		教育机构	5.62	16.64	23.58	2.19	4.55	4.11	2.01	4.75	4.72
		文体科技	1.02	6.31	10.27	0.40	1.72	1.79	0.36	1.80	2.05
		医疗保健	0.59	2.43	2.43	0.23	0.66	0.42	0.21	0.69	0.49
		商业金融	7.23	10.67	25.42	2.81	2.92	4.43	2.58	3.05	5.08
		集贸设施	0.38	2.68	8.34	0.15	0.73	1.45	0.14	0.77	1.67
		生产建筑用地	77.94	82.48	128.00	30.32	22.54	22.32	27.84	23.57	25.60
		仓储用地	4.42	4.42	10.70	1.72	1.21	1.87	1.58	1.26	2.14
		对外交通用地	4.92	10.28	25.41	1.91	2.81	4.43	1.76	2.94	5.08
		道路广场用地	28.56	40.62	79.62	11.11	11.10	13.88	10.20	11.61	15.92

续表

序号	地号	用地名称	面积			占城市建设用地比例（%）			人均用地面积（m²/人）		
			现状	近期	规划	现状	近期	规划	现状	近期	规划
		公用工程设施用地	3.64	5.55	7.72	1.42	1.52	1.35	1.30	1.59	1.54
		绿化用地	0.27	35.70	72.00	0.11	9.75	12.55	0.10	10.20	14.40
		公共绿地	0.27	20.50	40.50	0.11	5.60	7.06	0.10	5.86	8.10
		防护绿地		15.20	31.50		4.15	5.49		4.34	6.30
		建设用地	257.12	365.98	573.55	100.00	100.00	100.00	91.83	104.27	114.91

图纸部分

主要图纸（参见 P243～246 页）：

1. 镇域现状图（图 A-1）。

2. 镇域规划图（图 A-2）。

3. 镇区用地现状图（图 A-3）。

4. 镇区用地规划图（图 A-4）。

5. 镇区近期建设规划图（图 A-5）。

实例 B　北京市平谷区金海湖镇将军关村规划[❶]

设计说明

一、现状概述

将军关村北依长城,历史悠久,始建于明代。新村建设用地距明长城将军关段仅有1.6km。2001 年 7 月,将军关段明长城及石关遗址被列为市级文物保护单位。北京申奥成功后,将军关石关遗址及长城城墙修缮工程被列入北京市"人文奥运文物保护计划"。

将军关村有深厚的文化底蕴,集自然资源与人文景观于一身,村内主要道路十字街由鹅卵石铺成,其北部有别具风格的鼓楼,延续着历史的遗迹,是一座环境优美、民风淳朴的传统村落,具有得天独厚的发展优势。此外,因部分村民住宅近邻城墙和将军关遗址,需逐步搬迁至新村。

将军关村新村建设用地位于北京市平谷区金海湖镇将军关村以南约 600m,胡陡路以西,将军关石河以东。用地形状近似平行四边形,南北长约 450m,东西宽约 260m,总用地面积约13.2ha,建设用地为 10.2ha。用地内地势东高西低,坡度较缓。现状建设用地内全部为农田,但不属于农田保护区。

二、规划设计

1. 规划设计目标

根据北京市政府的有关要求,积极做好重点文物建筑的保护及修缮工程,并合理有序地进行村庄改造建设,充分利用自然环境条件的优势,创造环境优美、配套设施齐全的集旅游、度假、观光、民俗文化、娱乐于一体的现代化生态旅游型新村。

2. 规划设计理念

本规划设计以农民为主体,以促进农村地区经济发展、增加农民收入为规划目标,从农村的经济、土地、产业、生态、能源、地域文脉等多方面进行综合性研究,并将其逐步落实到村庄的空间布局、农宅设计等方面,创造出独具魅力又切实可行的村庄规划,进而使规划成果得以有效执行与落实,为新农村的建设创造良好的前提条件和技术基础。

3. 规划设计原则

(1)尊重历史文化传统,创造具有典型北方传统村落特色的农村居住环境。

(2)规划设计坚持从实际出发,从当地农村百姓的实际需求出发,满足群众改善生活居住条件的迫切愿望。

(3)改善环境品质,通过规划延续农村人际交往的家园性特征,努力创造自然、和谐的农村新住区。

(4)重视生态环境,结合山、水、植被等自然环境特色,坚持经济与环境协调发展,力求最佳结合效益的可持续发展。

(5)引入最新设计理念,保持农村特有风貌,创造具有地方旅游特色的新农村。

(6)坚持从高标准、高要求、高品位角度出发,引入新观念、新技术、新材料,在保证与历史

---

❶ 本实例引自董艳芳、陈敏等编写的《新农村规划设计实例》第 1-8 页。

文化风貌、自然环境景观相协调的同时,实现现代化新农村的居住目标。

4. 规划设计内容

(1)调整产业结构。充分挖掘村域文化遗存和古迹胜景资源,与现代生态、观光型农业综合开发相结合,力求将将军关村建设成环境优美,配套设施齐全,集旅游、度假、观光、民俗文化、娱乐于一体的现代化生态旅游型村庄,使其成为平谷区乃至更大范围旅游设施的有效补充和延伸,逐步将将军关村的村庄产业发展导向一个全新的方向。

(2)挖掘村域资源,打造旅游村庄。在保证做好山林保护的大前提下,充分利用峡谷、溪水、飞瀑、植被、动物等自然元素,突出自然景观和山野趣味,创造以山水景观、野趣为特色的自然风光旅游环境。村庄内部保持传统村落的肌理和风貌,改建和新建的建(构)筑物均注重延续历史文脉、体现地方特色,创造与长城、石关、古村相协调,与自然环境融为一体的人文环境。

(3)集约利用土地。挖掘新村区位及其沿街土地的经济价值,在新村内结合中心步行街以及街巷步行路的设置,延续传统街巷的肌理,规划民俗游路线;在提高农户居住环境的同时,兼有旅游接待功能,可解决部分农民搬迁后的就业问题,增加农民收入,实现新村土地的高效合理利用,发挥新村土地的经济价值。考虑到新村住宅兼有旅游接待功能,在规划中采用双联的模式,每户有独立的南向或北向院落,每户占地不超过当地规定的3分地。

(4)发展民俗旅游。将军关作为金海湖镇旅游资源中的重要一环,必将随着金海湖景区的新发展而获得综合地位的提升,并进而带动全村各项事业的建设和发展。因此,将军关村面临着新的重大发展机遇。

因将军关城楼修复工程的需要,根据长城保护条例的要求,长城关楼南北两侧部分农民住宅必须进行拆迁,需逐步搬迁农民约200户。在此背景下,结合旅游发展要求,区、镇批准在村庄南部建设新村,在解决安置搬迁户的同时,发展民俗旅游。新村住区规划住宅共计202户。根据将军关村今后发展特色民俗旅游的实际需要,结合新村组团布局,划分了旅游接待组团与居住生活组团,使不同需求类型的居住各得其所,互不干扰。其北部片区89户,南部片区95户,中部底商式住宅18户,在新村用地中部布置旅游接待户型共60户,最高可容纳360人住宿。

(5)传承空间肌理。新村对于传统街巷空间的传承主要体现在步行系统。以近似"十"字形的步行街联系南北两区,形成中心文化商业街,与南北两个半环式步行路共同构成完整的新村步行体系。新村内步行系统的地面铺装均就地取材,由当地出产的石材铺就,质朴、自然。

(6)拓展住宅功能。在新村住宅单体设计中着重考虑了农居未来旅游接待的功能,新村住宅中大多数房型都进行了旅游接待的功能设计,一层大面积的房间可以布置成农家乐餐厅,二层房间均可作为过夜游客的客房,院落空间在气候较好的情况下可以结合院落绿化,作为环境清新的休闲餐饮空间。

(7)完善配套设施。公共服务设施和基础设施也是新村功能完善的另一个方面。依据人口规模进行合理配套,北部旧村公共设施在现状基础上进行改造,采用分散式布局;新村公共设施采用集中式布局,在新村居住区北部布置村委会、小学、敬老院以及运动健身场所,服务于全体村民,丰富农民的业余生活,积极发展新农村社会文化事业。

(8)营造宜居环境。规划首先利用新村用地的坡地地形和现有果树,体现当地的地形地貌特征,保护好自然生态环境;其次,注重北方村庄和长城文化人文环境的创造。新村内绿地由面积较小的集中绿地与分散布局的楔形绿地共同构成。集中绿地与村级公共活动场所结合布置,能够满足居民日常休闲、健身等活动的要求,以及人流较密集地段的空间场地要求。楔形绿地分布在居住组团之间、住区内部道路转角地段等处,结合园林设计与宅间绿地、庭院绿地等共同构成居民茶余饭后、休闲小聚的理想场所,同时,结合步行、车行道路创造出步移景易、柳暗花明的现代农村住区新景观。

三、建筑设计

新村住宅设计通过主要房间布置在南向、明厨明卫、太阳能和雨水收集系统等的设计,降低了农宅用于采暖、水、电以及将来住区物业等方面的生活支出。在户型平面功能组织中,注重合理便捷的房间布置、经济紧凑的平面设计、幽雅宜人的起居环境。在院落布置中增加了入口平台、庭院种植区及储物空间等功能单元。

充分采用太阳能采暖和供热装置,其太阳能系统采用与建筑一体化的热能利用技术,将集热装置安放于坡屋顶的玻璃窗底下,同时还利用低温地板辐射采暖系统。按照采暖设计,热负荷设置了辅助热源及管路系统,保证冬季的供暖要求。新村外墙墙体采用特殊保温措施,节能经过国家级检测验收达到国家标准。污水处理采用智能化小型生活污水处理系统,从而改善了农村生活环境,提高了村民生活质量。

图纸部分

主要图纸:(参见 P247~250 页)

1. 新村详细规划总平面图(图 B-1)。
2. 新村详细规划结构分析图(图 B-2)。
3. 新村详细规划交通分析图(图 B-3)。
4. 新村详细规划绿化景观分析图(图 B-4)。

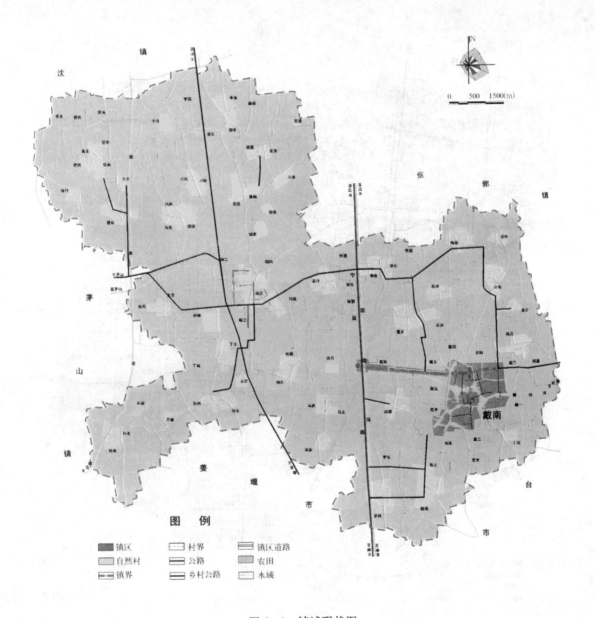

图 A-1 镇域现状图

图 A-2 镇域规划图

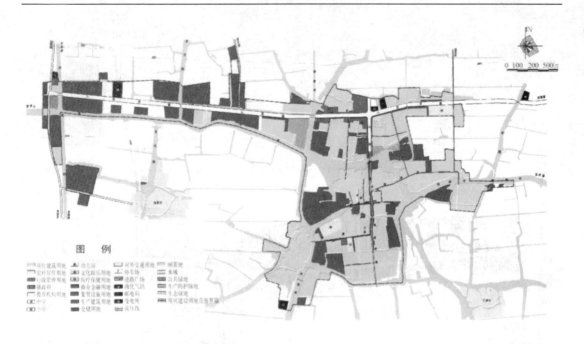

图 A-3 镇区用地现状图

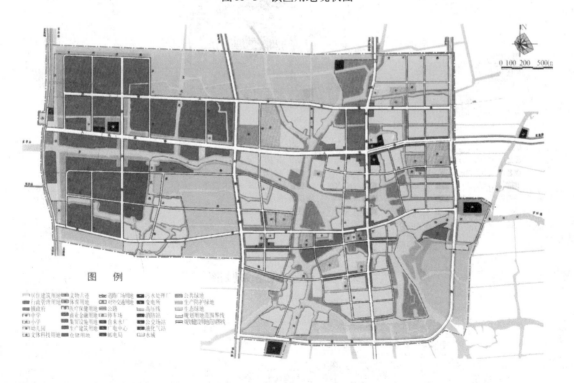

图 A-4 镇区用地规划图

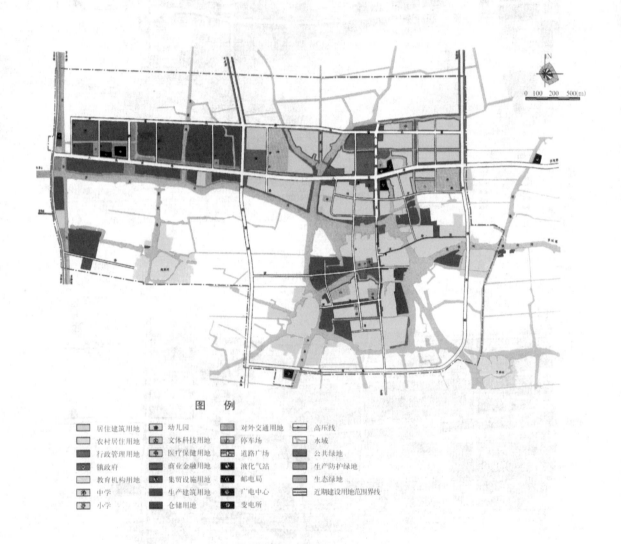

图 A-5 镇区近期建设规划图

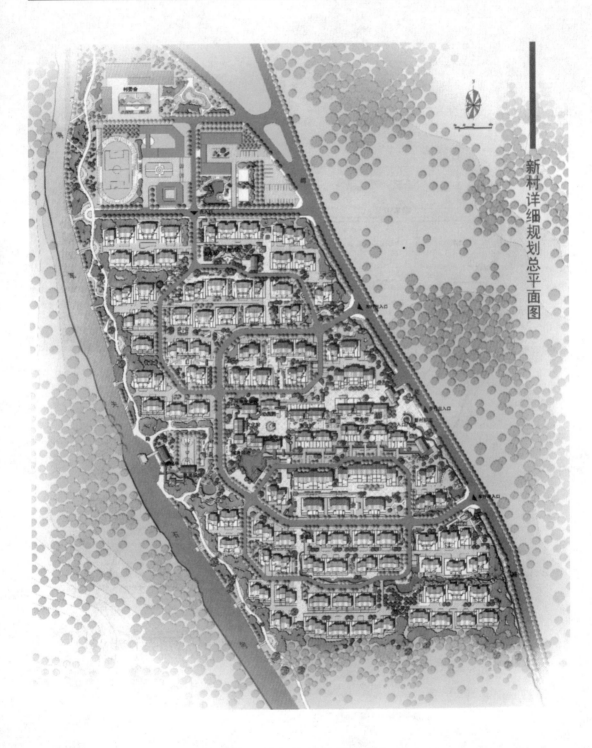

图 B-1　新村详细规划总平面图

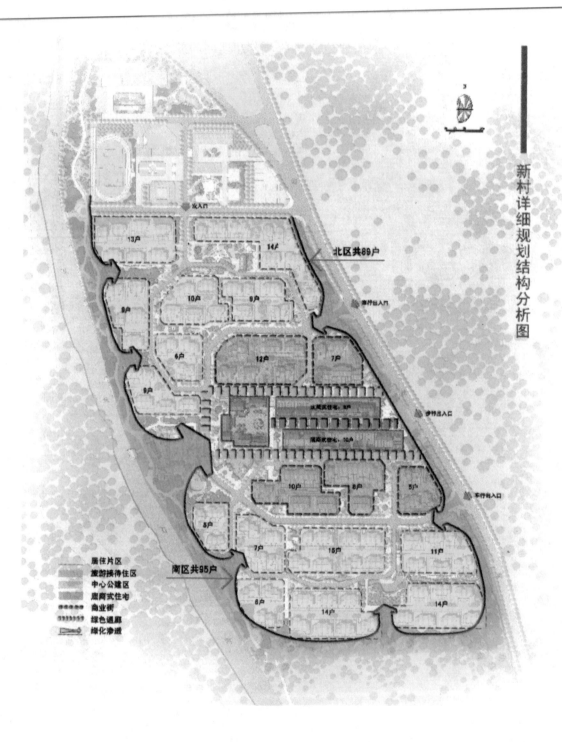

图 B-2 新村详细规划结构分析图

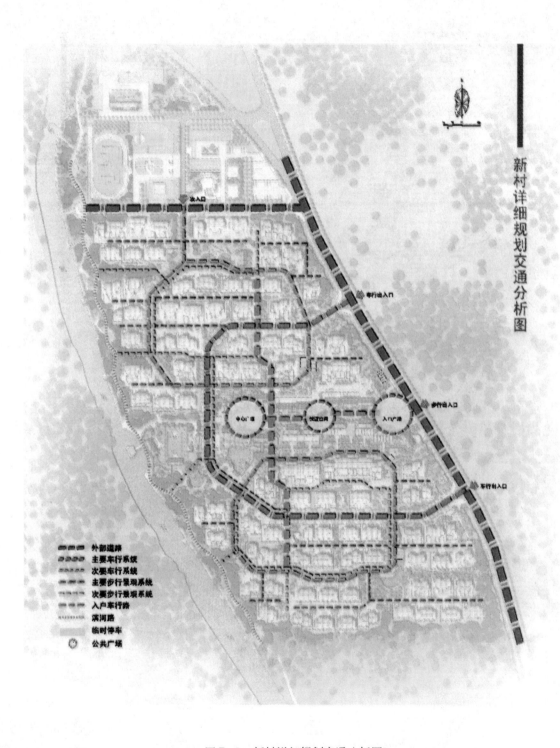

图 B-3 新村详细规划交通分析图

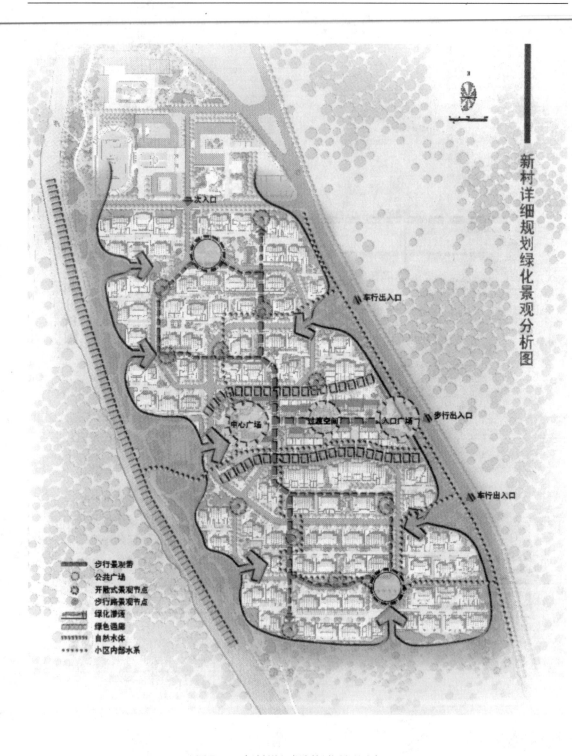

图 B-4　新村详细规划绿化景观分析图

附录二　村镇规划参考图例

图例(一)

编　号	名　　称	单 色 图 例	
		现　状	规　划
地₁	住宅建筑		
地₂	公共建筑		
地₃	生产建筑		
地₄	住宅建筑用地		
地₅	公共建筑用地		
地₆	生产建筑用地		
地₇	农　田		
地₈	菜　地		
地₉	牧草场		
地₁₀	特殊用地		
地₁₁	公共绿地		
地₁₂	防护林带		
地₁₃	树　林		
地₁₄	苗　圃		
地₁₅	果　园		
地₁₆	墓地陵地		
地₁₇	名胜古迹		

编 号	名 称	单 色 图 例	
		现 状	规 划
地₁₈	河湖水面		
地₁₉	体育场地		
地₂₀	道路广场		
地₂₁	铁路用地		
地₂₂	铁路站场		
地₂₃	汽车站场		
地₂₄	停车场	p	p
地₂₅	轮渡航线		
地₂₆	港口码头		
地₂₇	飞机场		
地₂₈	乡(镇)界		
地₂₉	村　界		
地₃₀	村镇用地边界		
地₃₁	村镇用地发展方向		
地₃₂	自来水厂		
地₃₃	火力发电厂		
地₃₄	水力发电厂		
地₃₅	变电站		
地₃₆	煤气站		
地₃₇	沼气池		
地₃₈	砂产地		

续表

编号	名　称	单色图例	
		现　状	规　划
地₃₉	采石厂		
地₄₀	污水处理场		
地₄₁	垃圾处理场		

图例(二)

编号	名　称	单色图例	编　号	名　称	单色图例
I₁	水源地		I₁₀	路　堑	
I₂	水　塔		I₁₁	公路桥	
I₃	水　闸		I₁₂	铁路桥	
I₄	泵　站		I₁₃	铁路平交道路	
I₅	无线电台		I₁₄	涵　洞	
I₆	高压电线走廊		I₁₅	公路隧道	
I₇	挡土墙		I₁₆	铁路隧道	
I₈	护　坡		I₁₇	公路跨线桥	
I₉	路　堤		I₁₈	铁路跨线桥	

图例(三)

编号	管线名称	单色图例		
		现状断面	规划断面	现状及规划平面
管₁	给水管			
管₂	雨水管			
管₃	污水管			
管₄	地下水排水沟管			

编 号	管线名称	单色图例		
		现状断面	规划断面	现状及规划平面
管5	架空高压线			
管6	架空低压线			
管7	架空路灯线			
管8	架空电缆管			
管9	电力缆管			
管10	电信线缆管			
管11	架空电信线			
管12	热力管道			
管13	工业管道			
管14	低压煤气管			
管15	中压煤气管			
管16	高压煤气管			

附录三 村庄用地分类和代号

类别代号		类别名称	范围
大类	小类		
R		居住建筑用地	各类居住建筑及其间距和内部小路、场地、绿化等用地;不包括路面宽度等于和大于3.5m的道路用地
	R1	村民住宅用地	村民户独家使用的住房和附属设施及其户间间距用地、进户小路用地;不包括自留地及其他生产性用地
	R2	居民住宅用地	居民户的住宅、庭院及其间距用地
	R3	其他居住用地	属于R1、R2以外的居住用地,如单身宿舍、敬老院等用地
C		公共建筑用地	各类公共建筑物及其附属设施,内部道路、场地、绿化等用地
	C1	行政管理用地	政府、团体、经济贸易管理机构等用地
	C2	教育机构用地	幼儿园、托儿所、小学、中学及各类高中级专业学校、成人学校等用地
	C3	文体科技用地	文化图书、科技、展览、娱乐、体育、文物、宗教等用地
	C4	医疗保健用地	医疗、防疫、保健、休养和疗养等机构用地
	C5	商业金融用地	各类商业服务业的店铺,银行、信用、保险等机构及其附属设施用地
	C6	集贸设施用地	集市贸易的专用建筑和场地;不包括临时占用街道、广场等设摊地
M		生产建筑用地	独立设置的各种所有制的生产性建筑及其设施道、广场等设摊地
	M1	一类工业用地	对居住和公共环境基本无干扰和污染的工业如缝纫、电子、工艺品等工业用地
	M2	二类工业用地	对居住和公共环境有一定干扰和污染的工业,如纺织、食品小型机械等工业用地
	M3	三类工业用地	对居住和公共环境有严重干扰和污染的工业,如采矿、冶金、化学、造纸、制革、建材、大中型机械制造等工业用地
	M4	农业生产设施用地	各类农业建筑,如打谷场、饲养场、农机站、育秧房、兽医站等及其附属设施用地;不包括农林种植地、牧草地、养殖水域
W		仓储用地	物资的中转仓库、专业收购和储存建筑及其附属道路、场地、绿化等用地
	W1	普通仓储用地	存放一般物品的仓储用地
	W2	危险品仓储用地	存放易燃、易爆、剧毒等危险品的仓储用地
T		对外交通用地	村庄对外交通的各种设施用地
	T1	公路交通用地	公路站场及规划范围内的路段、附属设施等用地
	T2	其他交通用地	铁路、水运及其他对外交通的路段和设施等用地
S		道路广场用地	规划范围内的道路、广场、停车场等设施用地
	S1	道路用地	规划范围内宽度等于和大于3.5m以上的各种道路及交叉口等用地
	S2	广场用地	公共活动广场、停车场用地;不包括各类用地内部的场地
U		公用工程设施用地	各类公用工程和环卫设施用地,包括其建筑物、构筑物及管理、维修设施等用地
	U1	公用工程用地	给水、排水、供电、邮电、供气、供热、殡葬、构筑物及管理、维修设施等用地
	U2	环卫设施用地	公厕、垃圾站、粪便和垃圾处理设施等用地

类别代号		类别名称	范围
大类	小类		
G		绿化用地	各类公共绿地、生产防护绿地;不包括各类用地内部的绿地
	G1	公共绿地	面向公众,有一定游憩设施的绿地,如公园、街巷中的绿地、路旁或临水宽度等于和大于5m的绿地
	G2	生产防护绿地	提供苗木、草皮、花卉的圃地,以及用于安全、卫生、防风等的防护林带和绿地
E		水域和其他用地	规划范围内的水域、农林种植地、牧草地、闲置地和特殊用地
	E1	水域	江河、湖泊、水库、沟渠、池塘、滩涂等水域;不包括公园绿地中的水面
	E2	农林种植地	以生产为目的的农林种植地,如农田、菜地、园地、林地等
	E3	牧草地	生长各种牧草的土地
	E4	闲置地	尚未使用的土地
	E5	特殊用地	军事、外事、保安等设施用地;不包括部队家属生活区、公安消防机构等用地

附录四　镇用地的分类和代号

类别代号 大类	类别代号 小类	类 别 名 称	范 围
R		居住用地	各类居住建筑及其间距和内部小路、场地、绿化等用地;不包括路面宽度等于和大于6m的道路用地
	R1	一类居住用地	以1~3层为主的居住建筑和附属设施及其间距内的用地,含宅间绿地、宅间路用地;不包括宅基地以外的生产性用地
	R2	二类居住用地	以4层和4层以上为主的居住建筑和附属设施及其间距、宅间路、组群绿化用地
C		公共设施用地	各类公共建筑及其附属设施、内部道路、场地、绿化等用地
	C1	行政管理用地	政府、团体、经济、社会管理机构等用地
	C2	教育机构用地	托儿所、幼儿园、小学、中学及专科院校、成人教育及培训机构等用地
	C3	文体科技用地	文化、体育、图书、科技、展览、娱乐、度假、文物、纪念、宗教等设施用地
	C4	医疗保健用地	医疗、防疫、保健、休疗养等机构用地
	C5	商业金融用地	各类商业服务业的店铺,银行、信用、保险等机构及其附属设施用地
	C6	集贸市场用地	集市贸易的专用建筑和场地;不包括临时占用街道、广场等设摊用地
M		生产设施用地	独立设置的各种生产建筑及其设施和内部道路、场地、绿化等用地
	M1	一类工业用地	对居住和公共环境基本无干扰、无污染的工业,如缝纫、工艺品制作等工业用地
	M2	二类工业用地	对居住和公共环境有一定干扰和污染的工业,如纺织、食品、机械等工业用地
	M3	三类工业用地	对居住和公共环境有严重干扰、污染和易燃易爆的工业,如采矿、冶金、建材、造纸、制革、化工等工业用地
	M4	农业服务设施用地	各类农产品加工和服务设施用地;不包括农业生产建筑用地
W		仓储用地	物资的中转仓库、专业收购和储存建筑、堆场及其附属设施、道路、场地、绿化等用地
	W1	普通仓储用地	存放一般物品的仓储用地
	W2	危险品仓储用地	存放易燃、易爆、剧毒等危险品的仓储用地
T		对外交通用地	镇对外交通的各种设施用地
	T1	公路交通用地	规划范围内的路段、公路站场、附属设施等用地
	T2	其他交通用地	规划范围内的铁路、水运及其他对外交通路段、站场和附属设施等用地
S		道路广场用地	规划范围内的道路、广场、停车场等设施用地,不包括各类用地中的单位内部道路和停车场地
	S1	道路用地	规划范围内宽度等于和大于6m的各种道路及交叉口等用地
	S2	广场用地	公共活动广场、公共使用的停车场用地;不包括各类用地内部的场地
U		工程设施用地	各类公用工程和环卫设施以及防灾设施用地,包括其建筑物、构筑物及管理、维修设施等用地
	U1	公用工程用地	给水、排水、供电、邮政、通信、燃气、供热、交通管理、加油、维修、殡仪等设施用地
	U2	环卫设施用地	公厕、垃圾站、环卫站、粪便和生活垃圾处理设施等用地
	U3	防灾设施用地	各项防灾设施的用地,包括消防、防洪、防风等

类别代号		类 别 名 称	范 围
大类	小类		
G		绿　地	各类公共绿地、防护绿地；不包括各类用地内部的附属绿化用地
	G1	公共绿地	面向公众，有一定游憩设施的绿地，如公园、路旁或临水宽度等于和大于5m 的绿地
	G2	防护绿地	用于安全、卫生、防风等的防护绿地
E		水域和其他用地	规划范围内的水域、农林用地、牧草地、未利用地、各类保护区和特殊用地等
	E1	水　域	江河、湖泊、水库、沟渠、池塘、滩涂等水域；不包括公园绿地中的水面
	E2	农林用地	以生产为目的的农林用地，如农田、菜地、园地、林地、苗圃、打谷场以及农业生产建筑等
	E3	牧草和养殖用地	生长各种牧草的土地及养殖场用地等
	E4	保护区	水源保护区、文物保护区、风景名胜区、自然保护区等
	E5	墓　地	
	E6	未利用地	未使用和尚不能使用的裸岩、陡坡地、沙荒地等
	E7	特殊用地	军事、保安等设施用地；不包括部队家属生活区等用地

参考文献

[1]   王宁．村镇规划［M］．北京：中国科学技术出版社，2003.

[2]   骆中钊,李宏伟,王炜．小城镇规划与建设管理［M］．北京：化学工业出版社，2005.

[3]   金兆森,张晖．村镇规划［M］．南京：东南大学出版社，2005

[4]   GB 50188—93《村镇规划标准》［S］．北京：中国建筑工业出版社，1993.

[5]   顾朝林．概念规划［M］．北京：中国建筑工业出版社，2003.

[6]   戴慎志．城市工程系统规划［M］．北京：中国建筑工业出版社，1999.

[7]   王宁,王炜．小城镇规划与设计［M］．北京：科学出版社，2001.

[8]   贾有源．村镇规划［M］．北京：中国建筑工业出版社，1992.

[9]   郑毅．城市规划设计手册［M］．北京：中国建筑工业出版社，2000.

[10]   林中杰,时匡．新城市主义运动的城市设计方法论［J］．建筑学报，2006(1).

[11]   方明,董艳芳,白小羽,陈敏．注重综合性思考　突出新农村特色——北京延庆县
       八达岭新农村社区规划［J］．建筑学报，2006(5).

[12]   包景岭,骆中钊．小城镇生态建设与环境保护设计［M］．北京：化学工业出版社，
       2005.

[13]   方明,邵爱云．新农村建设村庄整治研究［M］．北京：中国建筑工业出版社，2007.

[14]   李德华．城市规划原理［M］．3 版．北京：中国建筑工业出版社，2001.

[15]   JACOBS J．美国大城市的生与死［M］．金衡山,译．南京：译林出版社，2005.

[16]   HOWARD E．明日的田园城市［M］．金经元,译．北京：商务印书馆，2000.

中国建材工业出版社
China Building Materials Press

我们提供

图书出版、图书广告宣传、企业/个人定向出版、设计业务、企业内刊等外包、代选代购图书、团体用书、会议、培训，其他深度合作等优质高效服务。

编辑部	图书广告	出版咨询	图书销售	设计业务
010-68342167	010-68361706	010-68343948	010-68001605	010-88376510转1008

邮箱：jccbs-zbs@163.com　　　网址：www.jccbs.com.cn

发展出版传媒　　服务经济建设

传播科技进步　　满足社会需求